国家科学技术学术著作出版基金资助出版

Guidance and Control of
Spacecraft near Irregular Asteroids

不规则小行星附近探测器制导与控制

杨洪伟　宝音贺西　著

清华大学出版社
北　京

内 容 简 介

本书是作者近年在不规则小行星附近探测器制导与控制领域研究成果的系统总结，内容涵盖了小行星表面附近的悬停、转移、绕飞和小行星表面着陆等探测器运动的四种重要情形。全书由6章内容组成：第1章是绪论，介绍国内外学者在小行星探测器制导与控制领域的研究现状；第2章介绍探测器在小行星附近飞行的动力学模型及对小行星引力场建模的方法；第3章介绍探测器在小行星附近悬停控制的方法；第4章介绍探测器在小行星附近转移/绕飞的制导与控制方法；第5章介绍探测器着陆小行星过程中的最优制导；第6章介绍探测器着陆小行星过程中的在线制导与闭环控制。本书可供深空探测、航天动力学与控制等领域研究者参考，也可供对小行星探测制导与控制及轨道优化设计感兴趣的人员阅读。

图书在版编目(CIP)数据

不规则小行星附近探测器制导与控制/杨洪伟，宝音贺西著. —北京：清华大学出版社，2022.4

ISBN 978-7-302-60137-1

Ⅰ. ①不…　Ⅱ. ①杨…　②宝…　Ⅲ. ①小行星—外行星探测器—制导　Ⅳ. ①V476.4

中国版本图书馆CIP数据核字(2022)第025880号

责任编辑：佟丽霞
封面设计：傅瑞学
责任校对：赵丽敏
责任印制：杨　艳

出版发行：清华大学出版社
　　网　　址：http://www.tup.com.cn，http://www.wqbook.com
　　地　　址：北京清华大学学研大厦A座　　**邮　　编**：100084
　　社 总 机：010-83470000　　**邮　　购**：010-62786544
　　投稿与读者服务：010-62776969，c-service@tup.tsinghua.edu.cn
　　质量反馈：010-62772015，zhiliang@tup.tsinghua.edu.cn
印 装 者：三河市东方印刷有限公司
经　　销：全国新华书店
开　　本：170mm×240mm　　**印　　张**：13.75　　**插　　页**：2　　**字　　数**：283千字
版　　次：2022年4月第1版　　**印　　次**：2022年4月第1次印刷
定　　价：85.00元

产品编号：078551-01

前言

自1991年10月美国“伽利略号”木星探测器飞掠探测小行星951 Gaspra以来，世界各主要航天国家开展的小行星探测相关的深空探测任务已达10余次。进入21世纪以来，全球掀起了小行星探测的热潮，不断地实现了小行星探测各种任务形式的零突破：美国的“会合-舒梅克号”首次成功绕飞并着陆小行星，日本的“隼鸟号”首次实现了小行星采样返回，美国的“黎明号”首次环绕探测了主带小行星并实现了多目标小行星环绕探测，日本的“隼鸟2号”释放的巡视器首次实现在小行星表面跳跃移动。我国的“嫦娥二号”探测器在其拓展任务中成功近距离探测了图塔蒂斯小行星，也拉开了我国小行星探测的序幕。

对于大行星附近的探测器，其任务轨道设计、制导与控制的研究通常是基于球形引力场或者球谐函数模型开展的。在大行星表面着陆段动力下降段的制导方法研究中，大行星的引力可以进一步简化为常数。然而，不规则性小行星引力场具有很强的不规则性。经典的非球形引力场模型，如球谐函数和椭球谐函数展开模型，在小行星布里渊球之内存在不收敛的困难。对于小行星附近的探测器，需要关注不规则引力场环境下轨道设计与制导方法的研究，例如不规则引力场中的兰伯特问题求解方法、不规则引力场中低消耗轨道保持标称轨道的选取、不规则引力场中最优制导问题求解方法等。除了引力场不规则这一特点，小行星也具有弱引力场这一特点。小行星弱引力场使得探测器在小行星附近悬停探测变为可能。相应地，需要关注悬停点稳定性、悬停可行区域及悬停保持控制方法等研究。小行星弱引力场也对软着陆控制精度提出了更高的要求。同时，小行星表面着陆还存在力学环境不确定性、地面通信延时问题等挑战。相应的研究涉及小行星表面着陆在线制导和鲁棒性控制等。

本书是一部系统介绍作者近七年来在不规则小行星附近制导与控制领域研究的专著。书中制导相关内容包括开环制导和闭环制导两种类型。其中开环制导用于生成标称轨道和控制，又可以分为离线解算和在线解算两种情形。同样地，相关控制也包括开环控制和闭环控制两类。本书内容共包括6章，首先介绍小行星附近制导与控制领域研究现状，然后介绍部分其他学者和作者在小行星模型方面的研究结果，接着按照悬停、转移、绕飞、着陆四种情形顺序，依次介绍不规则小行星附近制导与控制方面的作者最新研究成果和与作者研究密切相关的部分其他学者成果。

各章的主要内容安排如下：第1章是绪论，介绍研究背景、意义，以及国内外学者对小行星附近悬停、转移、绕飞、着陆等制导与控制问题的研究现状。第2章介绍探测器飞行的动力学方程和不规则引力场模型并研究简化模型参数确定方法。第 3 章研究探测器在不规则小行星附近小范围飞行的悬停保持控制问题，系统研究了人工平衡点动力学特性，并研究了悬停保持线性和非线性闭环控制方法。第 4 章研究探测器在不规则小行星附近大范围飞行的转移与绕飞问题，研究了不规则引力场中轨道转移脉冲机动和连续推力机动的制导方法，并研究了小行星附近常见的赤道面逆行周期轨道设计方法和保持控制方法。第 5 章研究小行星探测任务中的着陆轨迹最优制导问题，求解方法包括小推力轨迹优化方法中有效的间接法，以及近期计算最优制导方法中的凸优化方法。第 6 章研究小行星表面着陆在线制导与闭环控制问题，介绍了推力幅值约束条件下轨迹在线规划方法和基于滑模控制理论的无标称轨迹闭环制导与控制方法。

本书可以作为从事航天动力学、轨道设计与控制、导航与制导等专业的研究人员和工程技术人员的参考书，也可供相关领域的高校教师和研究生参考。本书内容虽几经修改校正，但难免存在欠妥和错误之处，恳请读者批评指正。作者衷心感谢国家杰出青年科学基金项目“不规则引力场中的轨道理论”(No. 11525208)、江苏省自然科学基金项目“小行星引力场中在线轨迹优化与多约束控制方法研究”(No. BK20180410)、国家自然科学基金项目“不规则引力场防碰撞小推力轨迹优化与智能制导研究”(No. 12102177)、中国科协青年人才托举工程和国家科学技术学术著作出版基金的资助。

目录

第1章 绪　论

1.1 研究背景与意义

小行星是一种广泛存在于太阳系且环绕太阳运动的小天体，包括近地小行星、主带小行星和特洛伊小行星等，是太阳系的重要组成部分。根据国际天文学会小天体中心①数据，已观测的小天体约 80 万颗，其中具有编号的小天体超过 50 万颗。小行星探测具有非常重要意义和价值。第一，小行星被认为形成于太阳系初期，而小行星物质较为完整地记录了太阳系早期的信息和状态。因此，小行星预测可以帮助探索早期太阳系形成原因和过程，解释太阳系的起源和演化，甚至帮助寻找地球生命起源的原因等[1-4]。第二，小行星中许多潜在危险小行星，存在与地球相撞的风险。例如，小行星 99942 Apophis 就曾被认为在 2029 年可能经过地球重力锁眼，并在 2036 年与地球相撞而造成灾难性的后果；2013 年发生在俄罗斯车里雅宾斯克州的陨石坠落事件导致了 1200 余人受伤和 10 亿卢布经济损失的严重后果。而小行星探测可以用于探究潜在危险小行星的起源及其转移的机理，评估小行星与地球相撞风险和小行星防御策略效果等[1,5-8]。第三，部分小行星蕴藏着十分丰富的矿产(金属)资源，据评估部分稀有金属可能远超地球矿藏总和，因此通过小行星探测开采小行星存在巨大的经济价值潜力[1,2,9,10]。第四，小行星探测通常任务周期长、风险高、技术难度大[11]，涉及的技术领域多。因此，开展小行星探测能够有效地推动航天工程技术的发展，具有重要的工程意义。

自美国的木星探测器"伽利略号"在 1991 年 10 月以飞越的形式首次近距离探测了小行星 951 Gaspra 之后，全球逐步加快了小行星探测的步伐，掀起了小行星探测的热潮。最近，日本和美国的小行星采样探测器陆续到达目标小行星，更是吸引了全世界的目光。到目前为止，人类一共开展了 11 次与小行星探测相关的深空任务，如表 1.1 所示。其中，有 5 次任务是以小行星为主要探测目标，另有 6 次任务是以飞越的形式顺访了部分小行星。美国的 NEAR Shoemaker 探测器是人类第一个专门的小行星探测器，于 1996 年发射，并于 2000 年成功交会小行星 433 Eros，再完成环绕飞行任务之后，又于 2001 年 2 月进一步开展了着陆任务，成为人类首个着陆小行星的探测器[12]。日本的 Hayabusa 探测器是人类第一个小行星采样返回探测，于 2003 年发射，并在 2005 年 11 月实现了对小行星 25143 Itokawa 的采样任务，最终于 2010 年 6 月返回地球并实现小行星采样返回[13,14]。美国 Dawn 探测器是人类首个多目标小行星交会环绕探测器[15]，于 2007 年发射，并分别于 2011 年和 2015 年交会主带小行星 4 Vesta 和 1 Ceres。Hayabusa 2[14] 和 OSIRIS-REx[5] 分别是近年来日本和美国发射的小行星采样返回任务探测器，目前仍在开展任务过程之中。此外，我国的"嫦娥二号"月球探测器也在其第二次拓展任务中

① https://minorplanetcenter.net//mpc/summary

首次近距离探测了小行星 4179 Toutatis 并获得了小行星图片[16,17]。

除表 1.1 中列出的小行星探测任务之外，欧洲也曾提出过近地小行星探测任务计划——MarcoPolo-R 计划[3]；美国提出过将小行星捕获计划，即将小行星或部分小行星石块捕获至月球轨道的任务——Asteroid Redirect Mission (ARM)[18]；美国和欧洲还提出小行星防御相关的小行星撞击和偏离评估任务，即 AIDA 任务[8]。近期，美国也公布了两个小行星探测新任务——Lucy 和 Psyche 任务。

表 1.1 与小行星探测相关的深空探测任务

序号	任务名称	国家（地区）	发射时间	目标小行星及方式	分类
1	NEAR Shoemaker	美国	1996 年	433 Eros：环绕与着陆； 253 Mathilde：飞越	小行星是主要探测目标
2	Hayabusa	日本	2003 年	25143 Itokawa：采样返回	
3	Dawn	美国	2007 年	4 Vesta、1 Ceres：环绕	
4	Hayabusa 2	日本	2014 年	162173 Ryugu：采样返回	
5	OSIRIS-REx	美国	2016 年	101955 Bennu：采样返回	
6	Galileo	美国	1989 年	951 Gaspra、243 Ida：飞越	小行星非主要探测目标
7	Deep Space 1	美国	1998 年	9969 Braille：飞越	
8	Stardust	美国	1999 年	5535 Annefrank：飞越	
9	Rosetta	欧洲	2004 年	2867 Steins、21 Lutetia：飞越	
10	New Horizons	美国	2006 年	132524 APL，飞越	
11	嫦娥二号	中国	2010 年	4179 Toutatis：飞越	

但是，探测器在小行星附近飞行开展探测任务具有挑战性。例如，在 Dawn 任务中，Mondelo 等指出探测器转移至低轨的过程中由于需要穿越 1：1 共振区而可能造成混沌运动，引发危险[19]；在 Hayabusa 任务中，着陆器 MINERVA 在接触小行星 Itokawa 的表面后就发生了逃逸，因而未能实现着陆目标[14]；在 Rosetta 任务中，着陆器 Philae 在与小行星类似的彗星表面发生两次弹跳碰撞后，落入了一处峭壁的阴影之中，导致其供电不足而永久休眠。探测器在小行星附近运动的制导与控制困难原因主要有以下几个方面。

（1）小行星形状往往具有不规则性，导致其附近的引力场也具有复杂的不规则性。因此，探测器在小行星附近的轨道形式和设计方法与开普勒轨道情形不同。

（2）探测器会受到太阳光压和太阳引力等摄动力的影响[20]，并且小行星物理参数缺乏先验信息导致其引力场具有不确定性[21]，因此小行星附近力学环境复杂[2,21]。

（3）探测器与地面通信延时，以及小行星着陆任务控制精度要求高[21,22]的特点，导致小行星表面着陆极具挑战性。

本书关注小行星附近探测器制导与控制的相关问题。对于悬停探测来说，主要介绍人工平衡点、线性反馈控制和非线性滑模控制等相关方法和结果；对于转移和绕飞探测来说，主要介绍双脉冲机动转移轨道设计、连续推力轨道转移制导、绕飞轨道设计、绕飞轨道反馈控制等相关方法和结果；对于着陆探测来说，主要介绍着陆轨迹最优控制、在线制导和非线性反馈控制等相关方法和结果。

1.2 小行星附近动力学研究现状

研究小行星附近动力学相关理论和方法是开展小行星附近探测器制导与控制研究的必要基础。通过小行星附近动力学研究得知的相关现象也可以用于指导设计探测器在小行星附近的轨道及其控制方法。

小行星引力场的两个显著特点是引力场弱和引力场不规则。由于小行星相较于大行星而言引力场十分微弱，摄动力对小行星附近探测器的作用也更加明显。Scheeres 的研究论文指出太阳光压摄动力为影响最大的摄动力，可能引起探测器与小行星发射碰撞或者探测器逃逸[23,24]。Llanos 等的研究[25]也表明在太阳光压摄动远大于太阳和行星的第三体引力摄动的结论在 MarcoPolo-R 计划目标小行星 2008 EV5 附近成立。对于探测器在小行星引力和太阳光压摄动耦合作用下运动的情形则十分复杂。针对该情形，Scheeres 给出了相应的轨道动力学建模分析方法并推导了稳定性准则[23]。虽然由于小行星引力场微弱而导致太阳光压摄动影响增强，但是对于小行星附近的探测器而言，小行星引力通常是绝对的主导因素。例如，根据于洋的博士论文[26]可知，通常在小行星引力半径(约几个至几十个小行星半径)范围之内，太阳光压摄动和太阳引力摄动相比于小行星引力是小量。Llanos 等[25]和 Yang 等[27]的论文中的计算结果也印证了这一结论。因此，在小行星附近动力学的研究中，通常只考虑小行星不规则引力场的作用。针对小行星不规则引力场这一重要特点，学者们开展了关于小行星引力场模型、平衡点和周期轨道等方面的研究。

1.2.1 小行星引力场模型

小行星引力场模型大致可以分为以下几种方法：简化模型法、球谐/椭球谐函数法、质点群法和多面体法。简化模型法通过简单几何形状模型近似模拟不同形状的小行星，其优点在于涉及参数少、计算简单、可以解析分析、涉及的模型形状信息通过天文观测容易获得等。已有的简化模型形式非常丰富，包括直线段模型[28,29]、圆环模型[30]、均质环形盘[31,32]、三轴椭球体模型[33]、均质立方体[34,35]、哑铃模型[36]、旋转偶极子模型[37,38]、旋转三极子模型[39,40]、极子棒模型[41]等。简化模型法的不足在于模型形状简化而具有对称性，难以精确描述不规则小行星附近尤其是靠近表面附近区域的引力场分布。球谐/椭球谐函数法是通过球谐函数或者椭球谐函数描述小行星附近的引力场[2,22,26]。球谐/椭球谐函数法同样有计算高效的优点,计算精度也可以比三轴椭球模型更高[42]。Hu 的博士论文[43]中分析小行星附近的轨道动力学特性时采用的模型是二阶球谐函数模型。球谐/椭球谐函数法一个显著的缺陷是小行星表面附近难以收敛[26,44]。质点群法或者离散元模型[45-47]是通过质点群或者球体对小行星进行建模,方法简单、直观,而且可以描述小行星表面物质的分布。但是,质点群法的不足之处在于:当质点数目增多时计算量急剧增加;无法直接提供小行星表面碰撞检测条件[26]。多面体法是将小行星表面离散并与小行星质心构成有限个多面体对小行星进行建模从而求解引力场的方法。该方法由 Werner 和 Scheeres 提出,并应用于小行星 4769 Castalia 的引力场建模[48,49]。多面体法引力势、引力势梯度和引力势梯度矩阵均具有封闭解[49]。多面体法的优点在于可以建立高精度的不规则小行星引力场模型,而且也可以提供探测器与小行星表面碰撞的判断条件。多面体法被广泛地应用于小行星附近动力学的研究中,例如小行星平衡点及流型[50-54]、小行星周期轨道[55-59]、小行星表面运动[60-62]、小行星附近运动共振现象[63,64]等。多面体法也被用于小行星附近任务设计中,如 NEAR-Shoemaker 探测的轨迹规划[65]。

1.2.2 小行星平衡点

小行星平衡点是小行星旋转坐标系中引力与离心力相平衡的点,也即有效势导数为零的点[51,53]。小行星平衡点与三体问题中的拉格朗日点类似,可以作为探测器低消耗悬停保持的目标位置。在小行星质心惯性系中看,平衡点即小行星附近的静止轨道。小行星平衡点可以分为外部平衡点和内部平衡点。对于小行星探测器任务来说,内部平衡点无法到达,故只需关注外部平衡点。关于小行星平衡点的研究,20 世纪的研究论文中就已开展。如 Scheeres 关于三轴椭球模型的论文[33]中研究了平衡点位置条件以及平衡点的稳定性。近年来,其他学者也陆续开展了其他简化模型如立方体模型[34]、哑铃模型[36]、偶极子模型[37]等的平衡点研究。关于不规则小行星引力场中平衡点的研究,Yu 和 Baoyin[50]用多面体模型分析了 216 Kleopatra 的平衡点及其附近流形。Jiang 等[53,54]则考虑了不规则小行星引力场的一般情形,根据平衡点附近受扰运动方程特征值提出了小行星平衡点普适性的拓扑分类并发现了小行星平衡点附近流形的 8 种分类。Wang 等[51]根据现有的小天体多面体观测数据,对这些小行星计算了平衡点的数目、位置分布和拓扑分类。Wang 等[52]通过数值仿真发现,当小行星自转速度发生变化时,其平衡点可能发生碰撞消失的现象以及平衡点 Hopf 分岔的现象。Jiang 等[66]则借助数学理论,严格证明了小行星平衡点碰撞湮灭现象发生时小行星平衡点数目一定成对消失或出现。此外,Wang 和 Xu[67-71]则研究了静止轨道上探测器姿态平衡点问题以及姿轨耦合的平衡点问题。

1.2.3 小行星周期轨道

虽然小行星引力场具有不规则性，但小行星附近存在自然周期轨道。自然周期轨道可以选作探测器在小行星附近进行环绕飞行的标称轨道。对于搜索求解小行星周期轨道的方法，通常需要借助庞加莱截面进行降维处理，然后再利用参考轨迹线性化得到的状态转移矩阵进行微分修正从而求解得到精确的周期轨道[44]。Scheeres 等[44]提出了用已知的周期轨道解提供近似初值，然后通过微小改变雅可比(Jacobi)常数延拓求解相邻周期轨道的方法。Hu 和 Scheeres[72]在研究小行星二阶引力场中周期轨道时，进一步发展了一种更加自动化的周期轨道搜索和求解方法。近年来，Yu 和 Baoyin[55]提出了一种全局搜索求解小行星附近周期轨道的方法，该方法包括全局粗略搜索、精确修正和周期轨道延拓等步骤。借助该方法，Yu 和 Baoyin[55]发现了小行星 216 Kleopatra 丰富的周期轨道族。同样地，基于该方法，Yu 等[56]和 Jiang 等[57,59]研究其他不规则小行星的周期轨道，根据周期轨道单值矩阵特征值的取值对周期轨道进行分类，并研究了小行星周期轨道延拓中的分岔现象。而 Shang 等[73]则考虑了同步双小行星的系统周期轨道问题，也给出了一种周期轨道全局搜索算法。对于不规则小行星，其赤道面附近通常存在顺行和逆行周期轨道。Scheeres 等的研究论文[44]表明，小行星赤道面附近逆行周期轨道比顺行轨道更稳定。Lan 等[39]则借助简化模型对小行星赤道面附近稳定逆行周期区域分布进行了分析。

1.3 小行星附近悬停控制研究现状

探测器在小行星附近悬停是探测小行星的主要方式之一。小行星弱引力场使得探测器在其附近空间中不同区域悬停成为可能。悬停是指探测器在选定的坐标系中保持相对的静止。根据选取的参考坐标系，可以将小行星附近的悬停形式分为惯性系悬停和本体系悬停[74,75]。当探测器开展惯性系悬停时，探测器与小行星通常距离较远，在惯性系中保持位置不变而小行星则不断旋转，因此惯性系悬停有利于对小行星进行全球测绘[75]等。当探测器开展本体系悬停时，探测器相对于小行星保持相对位置不变，即探测器处于静止轨道，而在惯性系中观察时探测器的轨道则为圆轨道。因此，当探测器处于本体系悬停状态时，其下方对应的小行星表面区域不发生改变。在靠近小行星表面附近的位置悬停，可以用于对特定区域的高分辨率测量，也可以用于小行星采样返回任务中的下降和上升机动[75]。考虑到小行星附近悬停控制的研究主要是关于本体系悬停的，以下研究现状介绍将侧重介绍本体系悬停控制。

1.3.1 悬停闭环控制

探测器悬停时存在摄动、模型误差等扰动因素，并且小行星附近悬停点并不一定是稳定的，因此闭环控制可以帮助探测器在小行星附近实现稳定悬停，对于悬停任务非常重要。Scheeres 团队在 21 世纪初就开展了不规则小行星附近的悬停控制。针对小行星附近测量量获取的特点，Sawai 和 Scheeres[76]研究了仅借助测高仪测量实现稳定悬停的情形。该研究中假设探测器沿测高方向借助控制可以严格保持静止，并基于该条件推导了探测器悬停稳定性的条件，搜索给出了小行星附近可以稳定悬停的区域。但是，在工程中即使是采用闭环控制也不能严格保持某一方向位置绝对不变。Broschart 和 Scheeres[75,77]考虑到该工程应用的问题，基于死区控制方法改进了该悬停控制方法。

由于小行星悬停的重要性，近年来国内外学者陆续开展了相关的研究。对于 bang-bang 控制类型的情形，Furfaro[78]通过高阶滑模控制理论设计了滑模控制方法，实现了 bang-bang 闭环控制。Nazari 等[79]考虑了非主轴自转小行星附近悬停的问题，设计了悬停控制。此外，还有学者考虑了探测器在小行星附近悬停时的姿态控制问题。例如，Liu 等[80]在研究悬停时同时考虑了姿态和轨道控制的问题，研究了有限控制情形下悬停控制；Wang 和 Xu[81]基于非正则哈密顿(Hamilton)结构设计了姿态和轨道控制；Lee 等[82-84]基于李群与李代数的数学工具建立了探测器在小行星附近运动的姿轨耦合动力学模型，并给出了相应的姿轨耦合悬停控制策略。

由于小行星弱引力场的特点，小行星附近悬停位置并不一定限定在小行星的自然平衡点。但是对于长期悬停保持，尤其对于目标小行星体积较大的情形，自然平衡点附近悬停仍然有低消耗的优势。Woo 和 Misra[85,86]借鉴三体问题中拉格朗日点附近轨道控制的方法设计了双小行星系统平衡点附近轨道保持控制方法。Yang 等[87]在研究一类细长形小行星平衡点附近悬停时，利用旋转偶极子模型和三体问题拉格朗日点轨道闭环控制方法，给出了一种线性反馈悬停控制方法。

1.3.2 连续小推力悬停

连续小推力是深空探测任务中一种高效率的轨道机动方式。由离子电推进系统提供的小推力特点在于比冲大，但推力幅值很小。为了实现本体系悬停，探测器的推进系统必须能够提供足够的推力平衡探测器受到的小行星引力和离心力。因此，连续小推力悬停的一个研究方向即是考虑推力约束条件下，探测器可以通过主动控制实现悬停的区域。由于主动控制力作用下的平衡点又称为人工平衡点，相应的悬停区域也即人工平衡点的分布范围或者人工平衡点集[88,89]。与小行星附近悬停闭环控制策略研究不同的是，这方面研究关注的是人工平衡点处所需的标称控制加速度，属于开环控制。

Yang 等[90]基于旋转偶极子模型给出了细长形小行星附近悬停控制加速度表达式，分析了小行星模型参数对可悬停区域的影响，计算了不同区域悬停所需的控制加速度大小，讨论了连续小推力作用下在不同细长形小行星附近悬停的可行性。

此外,该论文基于悬停点附近扰动方程特征值分析了探测器在受控悬停点轨道的稳定性。对于多面体模型描述的不规则小行星,Yang 等[88]建立了人工平衡点求解的方程,讨论了人工平衡点的拓扑分类,分析了人工平衡点的分岔现象,借助数值计算的手段给出了在推力大小和方向约束条件下,小行星附近人工平衡点分布区域及稳定性。

1.3.3 太阳帆悬停

太阳帆推进也是深空探测的一种高效机动方式。理论上,太阳帆推进由于无需推进工质而可以被认为是一种零消耗推进方式。因此,关于太阳帆在小行星附近悬停的问题也受到了国内外学者们的关注。Williams 和 Abate[91]考虑了球形小行星附近悬停的问题,通过参数分析的方法研究了理想太阳帆的悬停可行区域。在此研究基础之上,Zeng 等[92]进一步考虑了非理想太阳帆的手段,研究了不同类型非理想太阳帆在小行星附近悬停的可行区域。对于不规则细长形小行星,Zeng 等[93]基于小行星旋转偶极子模型,分析了悬停可行区域的问题。

1.4 小行星附近转移和绕飞轨道制导与控制研究现状

转移和绕飞轨道是探测器在小行星附近探测的重要轨道,与本体系悬停轨道相比,属于大范围轨道,可以用于对大范围小行星表面的观测。对于转移轨道制导的研究主要包括脉冲机动转移轨道设计和连续推力转移闭环制导。通过转移轨道设计获得标称轨道和机动脉冲可以认为是开环制导。基于标称轨道附近的线性化受扰方程,求解状态转移矩阵[94],还可以进一步获得所需修正脉冲,发展闭环脉冲机动制导。对于绕飞轨道设计研究,一个重要的研究内容是小行星附近的自然周期轨道,相关研究已在 1.2.3 节中介绍。此外,Scheeres 等[23,24,44,95]提出了基于二阶球谐函数模型和受摄轨道根数变化的拉格朗日行星方程的自然绕飞轨道分析和设计方法,得到了小行星 4179 Toutatis 附近拟周期的冻结轨道。需要指出的是,许多搜索得到的小行星附近绕飞轨道(如周期轨道)是不具有稳定性的。因此,闭环控制对于绕飞轨道保持也十分必要。

1.4.1 脉冲机动转移轨道设计

小行星附近转移轨道设计的一个基本核心问题是双脉冲转移轨道设计问题,等价于不规则引力场中的兰伯特(Lambert)问题。由于小行星引力场的不规则性,转移轨道兰伯特问题不能像质点引力场兰伯特问题一样转化为非线性代数方程求解问题而需要求解常微打靶方程。针对该问题,Yang 等[27]提出了一种包括粗略搜索、初值修正和轨道延拓的双脉冲转移轨道搜索方法,并通过数值计算设计小行星 433 Eros 平衡点之间的转移轨道。Oliveira 等[96]进一步考虑了太阳光压摄动的影响，研究了双小行星系统平衡点之间的转移轨道。此外，Shen 等[97]研究了小行星表面不同点之间最优轨道转移问题，结合路径优化方法设计了最优转移路径。Surovik 和 Scheeres[98]则考虑更加复杂的含路径约束（如通过目标观测区域的约束等）的脉冲机动轨道转移问题，提出了一种目标可达性图和一种启发式的轨道搜索方法。

基于不变流形的转移轨道设计也是小行星附近转移轨道设计的一种重要方法，通常具有低消耗的优点。所需脉冲机动取决于拼接点处轨道的速度之差。若速度之差为零，则无须脉冲机动，如同宿转移轨道。相关研究包括绕飞轨道之间轨道转移和平衡点之间轨道转移。Mondelo 等[19]在研究从小行星 4 Vesta 高轨至低轨的轨道转移问题时，采用 1∶1 轨道流形设计了转移轨道。Liu 等[34]在研究立方体模型平衡点动力学时，通过在庞加莱截面拼接平衡点附近周期轨道稳定流形和不稳定流形，找到了同宿和异宿转移轨道。此外，基于不变流形理论，还可以用于设计着陆小行星表面的下降轨迹[99,100]。

1.4.2　连续推力转移闭环制导

小行星附近连续推力机动下转移轨道的研究主要是关于闭环制导方法的研究。这些闭环制导律往往具有解析表达式，容易实现在轨计算。Hawkins 等[101]基于零控脱靶量/零控速度（ZEM/ZEV）制导方法提出了一种小行星附近轨道转移制导方法，用于小行星 433 Eros 绕飞轨道之间的转移。Guelman[102,103]提出了一种沿两个方向控制的简单转移制导方法，可以将探测器控制到目标轨道并进行保持。Furfaro[78]、Lee[83]和 Yang[104]等基于滑模控制原理研究的悬停制导或控制方法也可以用于探测器转移至目标悬停点的制导，并且受控系统具有全局稳定性。

1.4.3　绕飞轨道控制

对于绕飞轨道控制的研究，可以根据探测器与小行星的距离分为两类。对于第一类，探测器并非很靠近小行星表面。此时，小行星引力不规则性甚至小行星的引力很弱，因此动力学模型采用日-小行星-探测器三体模型或者忽略小行星引力的模型。崔祜涛等[105]在研究小行星附近受控绕飞轨道时，推导了稳定性条件，给出了轨道保持控制策略。Kikuchi 等[107]提出并搜索了小行星绕飞脉冲辅助周期轨道，借助脉冲控制修正保持绕飞轨道的稳定性。Yárnoz 等[108]考虑了太阳光压力作用下的绕飞轨道控制问题，研究了轨道调整策略。对于第二类，探测接近小行星表面，需要考虑小行星引力场的不规则性。Guelman[102,103]提出的用于转移至小行星附近目标绕飞轨道的制导方法也可以用于到达目标轨道后的保持控制。陈杨在其博士论文[109]中基于线性二次型最优调节器设计了跟踪标称绕飞轨道的线性反馈控制。这种反馈控制方法也可以用于不稳定周期轨道的保持控制。

1.5 小行星表面着陆最优制导研究现状

本节讨论的小行星表面着陆最优制导是指，基于最优控制理论或轨迹优化方法求解得到最优控制律，可以认为是开环制导。小行星表面着陆最优制导问题求解与小行星表面着陆轨迹优化问题等价，研究的方法包括间接法和直接法。其中，间接法是基于庞特里亚金(Pontryagin)极小值原理将最优控制问题转换为等价的两点边值问题，然后通过打靶法等求解两点边值问题获得最优控制解。直接法是通过参数离散化将最优控制问题转换为非线性优化问题进行求解。小行星表面着陆最优制导问题的约束条件至少包括推力约束条件和轨迹两端的状态量约束条件。考虑障碍规避等要求还必须包括路径约束条件。

1.5.1 间接法

Guelman 和 Harel[110]在 20 世纪 90 年代就研究了基于庞特里亚金极小值原理的最优受控着陆轨迹研究，他们考虑了小行星为球形的理想情形，并推导了能量最优制导律。近年来更多论文关注的不规则小行星表面问题，并且研究的最优制导问题为燃料最优制导问题。对于燃料最优制导问题，由于所得的控制律为 bang-bang 控制，因此用间接法求解时存在很大的收敛性挑战。Lantoine 和 Braun[20]的研究中先用直接法粗略求解获得间接法协态变量初值求解初始点。而 Yang 和 Baoyin[111]则将质点引力场燃料最优轨迹求解方法中的同伦方法[112,113]推广至不规则引力场，求解燃料最优控制律。最近，Yang 等[114]进一步提出了一种快速同伦法，相比原来同伦方法[111]的优点在于避免了能量最优问题协态变量初值猜测，有效地提高了收敛率。前述研究都是基于小行星引力场确定性模型开展的，Ren 和 Shan[115]则针对小行星引力场具有不确定的特点，基于同伦法研究了着陆最优制导问题求解方法。

1.5.2 伪谱法

伪谱法[116,117]是基于配点法的一种直接法，在航天器轨迹优化和最优控制方面有着非常广泛的应用。Rao 课题组为伪谱法开发了专门的 MATLAB 计算软件——GPOS[118,119]，使用方便。伪谱法也被广泛用于小行星表面着陆最优制导研究相关研究[120,121]中。Hu 等[122]在研究“误差失敏型”轨迹优化时，也采用了伪谱法，并发现基于“误差失敏型”开环最优制导可以有效地降低由于各类误差导致的着陆误差。

1.5.3 凸优化方法

凸优化方法是求解优化问题的一种高效方法，可以保障求解收敛性并且所得解为凸优化问题的全局最优解。凸优化方法在航天最优制导问题中应用的难点在于非凸的控制约束条件和非线性动力学约束等。在行星表面着陆研究领域，Acikmese 和 Ploen[123]首次推导证明了常引力环境着陆最优制导问题近似等价的凸优化问题，应用凸优化求解了最优着陆轨迹。对于小行星表面着陆问题，Pinson 和 Lu[124]进一步引入序列求解的思想[125,126]消除小行星非线性引力场的影响，将燃料最优制导问题转换为了一系列的二阶锥规划问题(SOCP)，然后进行凸优化求解。Yang 等[127]进一步研究了小行星表面着陆时间最优制导问题。在该研究中将着陆时间最优制导问题与可凸化的最小着陆误差问题[128]建立了等价联系，并基于最小着陆误差问题的特性给出了一种最优飞行时间搜索点少和凸优化变量少的高效率求解方法。此外，在用凸优化方法求解最优着陆轨迹时，可以结合伪谱法实现离散点数目的大幅降低[129]，从而提升求解效率。

1.6 小行星表面着陆在线制导与控制研究现状

由于小行星与地面存在通信延时问题，并且小行星附近力学环境复杂且具有不确定性，因此基于探测器在轨测量信息进行在线制导十分重要。为了实现在线制导的目标，要么制导律表达式必须简单，要么求解制导律的方法十分高效。现有的小行星着陆在线制导方法大致可以分为以下三类：

(1) 多项式制导方法；

(2) 基于解析控制的闭环制导方法；

(3) 基于轨迹优化的计算制导方法。

其中，前两类方法可以获得简单的制导律表达式，第三类方法是基于高效的轨迹优化算法实现的。在线制导方法也容易实现闭环制导与控制，例如基于凸优化方法提供制导并结合模型预测控制方法实现小行星表面着陆在线制导与控制[130]。

1.6.1 多项式制导与控制

在小行星表面着陆多项式制导方法中，首先通过以时间 t 为变量的多项式表示探测器的位置、速度和加速度，然后利用初末时刻的边界条件确定多项式的系数。关于位置曲线的多项式，可以选取为时间 t 的四次多项式[131,132]，也可以选取为三次多项式[133-136]。若选取为时间 t 的四次多项式，则需要末端时刻关于位置、速度和加速度的边界条件；若选取为时间 t 的三次多项式，则需要末端时刻关于位置和速度的边界条件。关于坐标系的选取，除了小行星本体坐标系，也可以选择视线坐标系。相应地，位置曲线需要替换为视线角曲线[137]。

多项式制导的优势在于制导律表达式简单、解析，适合在线制导使用。但是该方法不能考虑控制和路径约束条件。若要进一步考虑过程约束条件，则需要将控制加速度的表达式写为更高次的多项式,然后通过优化的方式获得最优制导律[132]。此外,该制导方式属于开环制导,在复杂且具有不确定性的小行星力学环境中轨迹容易发散。可以通过闭环控制进行跟踪多项式轨迹,实现软着陆的目标。相关的闭环控制方法包括基于相平面误差法的跟踪控制、PD/PWPF 控制[133]、线性滑模控制[134]、终端滑模控制[135]等。

1.6.2 基于解析控制的闭环制导方法

基于表达式解析控制的制导方法属于闭环制导方法。在小行星表面着陆制导与控制的研究中,滑模控制是一种常用的非线性闭环控制方法[133-136,138]。滑模控制表达式解析,并且可以使得受控系统在扰动有限的情形下具有全局稳定性。在滑模控制应用中,通常需要跟踪标称轨迹[133-136,138]。另一方面,Furfaro 等[139]则利用高阶滑模理论[140,141]提出了一种无标称轨迹的小行星表面着陆多滑模面制导方法。若使用该方法,当时间大于设定的时间则受控系统将发散。考虑到小行星表面着陆任务过程中,探测器不直接下降到小行星表面而先下降至着陆点上方进行悬停保持的情形,Yang 等[104]基于终端滑模控制理论[142,143]设计了一种终端滑模制导方法,可以用于下降制导也可以用于到达目标点之后的悬停保持控制。除滑模制导之外,另一种无标称轨迹闭环制导方法是基于 ZEM/ZEV 制导方法[144]设计的最优反馈制导方法[101]。为了增强鲁棒性,Furfaro 团队[145,146]将 ZEM/ZEV 制导与滑模控制相结合,提出了非线性鲁棒制导方法。

与多项式制导方法类似,这类制导方法也难以考虑控制和路径约束条件。

1.6.3 基于轨迹优化的计算制导方法

计算制导是近年来提出的新概念。计算制导要求具备实时计算轨迹优化问题的能力。因此,这一概念提出也是近年来优化方法和计算能力不断提高的结果。基于轨迹优化的计算制导常见的优化方法包括凸优化方法和伪谱法[132]。尤其是凸优化方法,近年来发展迅速。在小行星表面着陆制导问题中,已开展了时间最优和燃料最优问题的凸优化求解方法研究[124,127]。近期,Sagliano[129]将伪谱法与凸优化方法相结合,提出了一种伪谱凸优化方法,进一步提升了凸优化方法用于实时计算制导的可行性。此外,Yang 等[147]通过动力学模型和控制约束解耦的思想推导得到的解耦轨迹优化问题,其最优控制切换时间点是解析的,可以实时求解相应的控制律,并且所得控制可以严格满足推力大小的约束条件。

1.7 本书各章节内容安排

本书其余各章节主要内容安排如下:

第 2 章介绍探测器在不规则小行星附近运动的动力学方程与小行星引力场模

型。包括描述动力学方程所用的坐标系，无控和受控动力学方程、平衡点附近运动线性化方程，球谐函数模型和多面体模型这两种典型的小行星引力场模型，以及细长形小行星的简化模型。

第 3 章分析探测器在不规则小行星附近悬停的人工平衡点动力学并介绍了探测器悬停的闭环控制方法。对于人工平衡点动力学，基于受扰方程特征值给出非退化非共振类型人工平衡点的 5 种拓扑分类，发现了人工平衡点随控制参数变化时，碰撞湮灭现象中存在的鞍-结分岔和鞍-鞍分岔，以及 Hopf 分岔；分别基于简化模型和多面体模型分析了连续推力作用下人工平衡点集即悬停可行区域，给出了人工平衡点稳定性判断条件并数值搜索了人工平衡点范围。对于悬停的闭环控制，依次介绍了细长形小行星共线型平衡点悬停的线性反馈控制方法，一般位置悬停的线性反馈控制方法，以及一种终端滑模控制的悬停非线性控制方法。

第 4 章分别介绍不规则小行星附近探测轨道转移的制导方法和沿赤道面附近逆行周期轨道绕飞的控制方法。对于转移制导问题，提出了脉冲机动情形下轨道设计的核心问题——不规则引力场兰伯特问题，分别给出基于粗略搜索与数值延拓和基于经典兰伯特解的不规则引力场兰伯特问题求解方法；介绍连续推力作用下轨道转移的 ZEM/ZEV 制导方法，并给出不规则小行星引力场中的制导律。对于绕飞控制问题，给出一种无须初值搜索的不规则小行星赤道面附近逆行周期轨道求解方法，并分析所得周期轨道的稳定性。对于不稳定周期轨道，介绍一种基于线性二次型无限时间最优状态调节器的轨道跟踪反馈控制方法。

第 5 章介绍不规则小行星表面着陆探测器最优制导问题求解方法。基于庞特里亚金极小值原理，对时间最优和燃料最优制导问题分别推导最优控制律和一阶必要条件。对于燃料最优着陆问题，基于指标二次型同伦函数，建立能量最优着陆问题和燃料最优着陆问题的同伦联系，给出不规则小行星引力场中燃料最优着陆轨迹同伦求解方法；进一步定义零广义重力能量最优控制问题，并与能量最优控制问题建立同伦联系，推导协态变量近似解析解，提出一种无初值随机猜测的同伦方法。除同伦法之外，还介绍不规则小行星表面着陆燃料最优制导凸优化求解方法。对于时间最优着陆问题，证明了当飞行时长等于最短飞行时长时，最小着陆误差问题和时间最优着陆问题的等价性；基于最小着陆误差问题的特性提出一种基于凸优化的时间最优着陆轨迹快速求解方法。

第 6 章介绍不规则小行星表面着陆在线制导与非线性控制方法。建立一种动力学方程和控制约束条件解耦的轨迹规划问题，推导最优控制解开关切换点解析解，提出一种求解满足推力控制约束条件的在线制导方法。介绍一种无须标称轨迹的多滑模面制导方法，所得控制可以使得受控系统具有全局稳定性。设计了一种无须跟踪标称轨迹的终端滑模制导控制方法，证明在无扰动情形下探测器与目标着陆点距离单调减小，推导下降飞行时长的上限值，受控系统在扰动有限的条件下具有全局稳定性，制导方法可以用于下降-悬停-下降着陆的情形下探测器的控制。

参考文献

[1] 徐伟彪，赵海斌．小行星深空探测的科学意义和展望[J]．地球科学进展，2005，20(11)：31-38．

[2] 于洋，宝音贺西．小天体附近的轨道动力学研究综述[J]．深空探测学报，2014，1(2)：93-104．

[3] BARUCCI M A，CHENG A F，MICHEL P，et al. MarcoPolo-R near earth asteroid sample return mission[J]. Experimental astronomy，2012，33(2-3)：645-684.

[4] CIESLA F J，CHARNLEY S B. The physics and chemistry of nebular evolution[C]//LAURETTA D S，HARRY Y M. Meteorites and the early solar system II. University of Arizona Press，2006：209-230.

[5] LAURETTA D S，TEAM O R. An overview of the OSIRIS-REx asteroid sample return mission[C]//43rd Lunar and Planetary Science Conference，March，2012，The Woodlands，Texas. Lunar and Planetary Institute.

[6] JI J H，LIU L. Revisit of dynamical mechanisms of transporting asteroids in the 3：1 resonance to the near-Earth space[J]. Chinese journal of astronomy and astrophysics，2007，7(1)：148-154.

[7] BOARD S S，NATIONAL RESEARCH COUNCIL. Defending planet earth：Near-Earth-Object surveys and hazard mitigation strategies[M]. Washington，D. C.：The National Academies Press，2010.

[8] CHENG A F，ATCHISON J，KANTSIPER B，et al. Asteroid impact and deflection assessment mission[J]. Acta astronautica，2015，115：262-269.

[9] ZACNY K，COHEN M M，JAMES W W，et al. Asteroid mining[C]//AIAA SPACE 2013 Conference and Exposition. September 10-12，2013，San Diego，CA. AIAA 2013-5304.

[10] KARGEL J S. Metalliferous asteroids as potential sources of precious metals[J]. Journal of geophysical research：planets，1994，99(E10)：21129-21141.

[11] 季江徽．开展小行星彗星深空探测的科学意义和启示[J]．国防科技工业，2011，(4)：54-55．

[12] DUNHAM D W，FARQUHAR R W，MCADAMS J V，et al. Implementation of the first asteroid landing[J]. Icarus，2002，159(2)：433-438.

[13] YOSHIMITSU T，KAWAGUCHI J，HASHIMOTO T，et al. Hayabusa-final autonomous descent and landing based on target marker tracking[J]. Acta astronautica，2009，65(5)：657-665.

[14] KAWAGUCHI J，FUJIWARA A，UESUGI T. Hayabusa—its technology and science accomplishment summary and Hayabusa-2[J]. Acta astronautica，2008，62(10)：639-647.

[15] RUSSELL C T，RAYMOND C A. The dawn mission to Vesta and Ceres[J]. Space science reviews，2011，163(1-4)：3-23.

[16] HUANG J，JI J，YE P，et al. The ginger-shaped asteroid 4179 toutatis：New observations from a successful flyby of Chang'e-2[J]. Scientific report，2013，3.

[17] 乔栋，黄江川，崔平远，等．嫦娥二号卫星飞越探测小行星的目标选择[J]．中国科学：技术科学，2013，6(43)：602-608．

[18] STRANGE N, LANDAU D, MCELRATH T, et al. Overview of mission design for NASA asteroid redirect robotic mission concept[C]//33rd International Electric Propulsion Conference (IEPC2013), October 6-10, 2013, Washington, D. C. USA. Pasadena, CA: Jet Propulsion Laboratory, National Aeronautics and Space Administration, 2013.

[19] MONDELO J M, BROSCHART S, VILLAC B. Dynamical analysis of 1:1 resonances near asteroids-application to Vesta[C]//AIAA/AAS Astrodynamics Specialist Conference, August 2-5, 2010, Toronto, Ontario, Canada. AIAA 2010-8373.

[20] LANTOINE G, BRAUN R. Optimal trajectories for soft landing on asteroids[R]. AE8900 MS Special Problems Report, Space Systems Design Lab, Georgia Institute of Technology, Atlanta, GA, 2006.

[21] 崔平远，袁旭，朱圣英，等. 小天体自主附着技术研究进展[J]. 宇航学报，2016，37(7)：759-767.

[22] 崔平远，乔栋，朱圣英，等. 行星着陆探测中的动力学与控制研究进展[J]. 航天器环境工程，2014，31(1)：1-8.

[23] SCHEERES D J. Orbit mechanics about asteroids and comets[J]. Journal of guidance, control, and dynamics, 2012, 35(3): 987-997.

[24] SCHEERES D J. Orbital mechanics about small bodies[J]. Acta astronautica, 2012, 72: 1-14.

[25] LLANOS P J, MILLER J K, HINTZ G R. Orbital evolution and environmental analysis around asteroid 2008 EV5[C]//24th AAS/AIAA Space Flight Mechanics Meeting, January 26-30, 2014, Santa Fe, New Mexico. AAS 14-360.

[26] 于洋. 小天体引力场中的轨道动力学研究[D]. 清华大学，2013.

[27] YANG H, GONG S, BAOYIN H. Two-impulse transfer orbits connecting equilibrium points of irregular-shaped asteroids[J]. Astrophysics and space science, 2015, 357(1): 66.

[28] RIAGUAS A, ELIPE A, LARA M. Periodic orbits around a massive straight segment. [C]//HENRARD J, FERRAZ-MELLO S. Impact of modern dynamics in astronomy. Springer Netherlands, 1999: 169-178.

[29] ELIPE A, LARA M. A simple model for the chaotic motion around (433) Eros[J]. Journal of the astronautical sciences, Montana, 2003, 51(4): 391-404.

[30] BROUCKE R A, ELIPE A. The dynamics of orbits in a potential field of a solid circular ring[J]. Regular and chaotic dynamics, 2005, 10(2): 129-143.

[31] ALBERTI A, VIDAL C. Dynamics of a particle in a gravitational field of a homogeneous annulus disk[J]. Celestial mechanics and dynamical astronomy, 2007, 98(2): 75-93.

[32] FUKUSHIMA T. Precise computation of acceleration due to uniform ring or disk[J]. Celestial mechanics and dynamical astronomy, 2010, 108(4): 339-356.

[33] SCHEERES D J. Dynamics about uniformly rotating triaxial ellipsoids: applications to asteroids[J]. Icarus, 1994, 110(2): 225-238.

[34] LIU X, BAOYIN H, MA X. Equilibria, periodic orbits around equilibria, and heteroclinic connections in the gravity field of a rotating homogeneous cube[J]. Astrophysics and space science, 2011, 333(2): 409-418.

[35] LIU X, BAOYIN H, MA X. Periodic orbits in the gravity field of a fixed homogeneous cube[J]. Astrophysics and space science, 2011, 334(2): 357-364.

[36] LI X,QIAO D,CUI P. The equilibria and periodic orbits around a dumbbell-shaped body [J]. Astrophysics and space science,2013,348(2): 417-426.

[37] ZENG X,JIANG F,LI J,et al. Study on the connection between the rotating mass dipole and natural elongated bodies[J]. Astrophysics and space science,2015,356(1): 29-42.

[38] ZENG X Y,LIU X D,LI J F. Extension of the rotating dipole model with oblateness of both primaries[J]. Research in astronomy and astrophysics,2017,17(1).

[39] LAN L, YANG H, BAOYIN H, et al. Retrograde near-circular periodic orbits near equatorial planes of small irregular bodies[J]. Astrophysics and space science, 2017, 362(9)

[40] YANG H W, LI S, XU C. A particle-linkage model for non-axisymmetric elongated asteroids[J]. Research in astronomy and astrophysics,2018,18(7).

[41] ZENG X,ZHANG Y,YU Y,et al. The dipole segment model for axisymmetrical elongated asteroids[J]. The astronomical journal,2018,155(2).

[42] 张振江,崔祜涛,任高峰.不规则形状小行星引力环境建模及球谐系数求取方法[J].航天器环境工程,2010,27(3): 383-388.

[43] HU W. Orbital motion in uniformly rotating second degree and order gravity fields [D]. The University of Michigan,2002.

[44] SCHEERES D J,WILLIAMS B G,MILLER J K. Evaluation of the dynamic environment of an asteroid: applications to 433 Eros[J]. Journal of guidance, control, and dynamics, 2000,23(3): 466-475.

[45] RICHARDSON D C. A self-consistent numerical treatment of fractal aggregate dynamics [J]. Icarus,1995,115(2): 320-335.

[46] SCHWARTZ S R, RICHARDSON D C, MICHEL P. An implementation of the soft-sphere discrete element method in a high-performance parallel gravity tree-code[J]. Granular matter,2012,14(3): 363-380.

[47] CHANUT T G G,ALJBAAE S,CARRUBA V. Mascon gravitation model using a shaped polyhedral source[J]. Monthly notices of the royal astronomical society, 2015, 450(4): 3742-3749.

[48] WERNER R A. The gravitational potential of a homogeneous polyhedron or don't cut corners[J]. Celestial mechanics and dynamical astronomy,1994,59(3): 253-278.

[49] WERNER R A, SCHEERES D J. Exterior gravitation of a polyhedron derived and compared with harmonic and mascon gravitation representations of asteroid 4769 Castalia [J]. Celestial mechanics and dynamical astronomy,1996,65(3): 313-344.

[50] YU Y,BAOYIN H. Orbital dynamics in the vicinity of asteroid 216 Kleopatra[J]. The astronomical journal,2012,143(3): 62-71.

[51] WANG X,JIANG Y,GONG S. Analysis of the potential field and equilibrium points of irregular-shaped minor celestial bodies[J]. Astrophysics and space science,2014,353(1): 105-121.

[52] WANG X,LI J,GONG S. Bifurcation of equilibrium points in the potential field of asteroid 101955 Bennu[J]. Monthly notices of the royal astronomical society, 2016, 455(4): 3724-3734.

[53] JIANG Y,BAOYIN H,LI J,et al. Orbits and manifolds near the equilibrium points around

a rotating asteroid[J]. Astrophysics and space science, 2014, 349(1): 83-106.

[54] JIANG Y, BAOYIN H, WANG X, et al. Order and chaos near equilibrium points in the potential of rotating highly irregular-shaped celestial bodies[J]. Nonlinear dynamics, 2016, 83(1-2): 231-252.

[55] YU Y, BAOYIN H. Generating families of 3D periodic orbits about asteroids[J]. Monthly notices of the royal astronomical society, 2012, 427(1): 872-881.

[56] YU Y, BAOYIN H, JIANG Y. Constructing the natural families of periodic orbits near irregular bodies[J]. Monthly notices of the royal astronomical society, 2015, 453(3): 3269-3277.

[57] JIANG Y, BAOYIN H, LI H. Periodic motion near the surface of asteroids[J]. Astrophysics and space science, 2015, 360(2).

[58] JIANG Y, YU Y, BAOYIN H. Topological classifications and bifurcations of periodic orbits in the potential field of highly irregular-shaped celestial bodies[J]. Nonlinear dynamics, 2015, 81(1-2): 119-140.

[59] JIANG Y, BAOYIN H. Periodic orbit families in the gravitational field of irregular-shaped bodies[J]. The astronomical journal, 2016, 152(5).

[60] YU Y, BAOYIN H. Modeling of migrating grains on asteroid's surface[J]. Astrophysics and space science, 2015, 355(1): 43-56.

[61] YU Y, BAOYIN H X. Routing the asteroid surface vehicle with detailed mechanics[J]. Acta mechanica sinica, 2014, 30(3): 301-309.

[62] JIANG Y, ZHANG Y, BAOYIN H. Surface motion relative to the irregular celestial bodies [J]. Planetary and space science, 2016, 127: 33-43.

[63] SCHEERES D J, OSTRO S J, Hudson R S, et al. Orbits close to asteroid 4769 Castalia [J]. Icarus, 1996, 121(1): 67-87.

[64] YU Y, BAOYIN H. Resonant orbits in the vicinity of asteroid 216 Kleopatra[J]. Astrophysics and space science, 2013, 343(1): 75-82.

[65] ANTREASIAN P, HELFRICH C, MILLER J, et al. Preliminary planning for NEAR's low-altitude operations at 433 Eros [C]//AAS/AIAA Astrodynamics Specialist Conference, August 16, 1999, Girdwood, Alaska. AAS 95-465.

[66] JIANG Y, BAOYIN H, LI H. Collision and annihilation of relative equilibrium points around asteroids with a changing parameter[J]. Monthly notices of the royal astronomical society, 2015, 452(4): 3924-3931.

[67] WANG Y, XU S. Equilibrium attitude and stability of a spacecraft on a stationary orbit around an asteroid[J]. Acta astronautica, 2013, 84: 99-108.

[68] WANG Y, XU S. Attitude stability of a spacecraft on a stationary orbit around an asteroid subjected to gravity gradient torque[J]. Celestial mechanics and dynamical astronomy, 2013, 115(4): 333-352.

[69] WANG Y, XU S. Analysis of the attitude dynamics of a spacecraft on a stationary orbit around an asteroid via Poincaré section[J]. Aerospace science and technology, 2014, 39: 538-545.

[70] WANG Y, XU S, ZHU M. Stability of relative equilibria of the full spacecraft dynamics around an asteroid with orbit-attitude coupling[J]. Advances in space research, 2014,

53(7): 1092-1107.

[71] WANG Y, XU S. Orbital dynamics and equilibrium points around an asteroid with gravitational orbit-attitude coupling perturbation[J]. Celestial mechanics and dynamical astronomy, 2016, 125: 265-285.

[72] HU W D, SCHEERES D J. Periodic orbits in rotating second degree and order gravity fields[J]. Chinese journal of astronomy and astrophysics, 2008, 8(1): 108-118.

[73] SHANG H, WU X, CUI P. Periodic orbits in the doubly synchronous binary asteroid systems and their applications in space missions[J]. Astrophysics and space science, 2015, 355(1): 69-87.

[74] 曾祥远,李俊峰.不规则小行星引力场内的飞行动力学[J].力学进展,2017,47: 429-451.

[75] BROSCHART S B, SCHEERES D J. Control of hovering spacecraft near small bodies: application to asteroid 25143 Itokawa[J]. Journal of guidance, control, and dynamics, 2005, 28(2): 343-354.

[76] SAWAI S, SCHEERES D J, BROSCHART S B. Control of hovering spacecraft using altimetry[J]. Journal of guidance, control, and dynamics, 2002, 25(4): 786-795.

[77] BROSCHART S B, SCHEERES D J. Boundedness of spacecraft hovering under dead-band control in time-invariant systems[J]. Journal of guidance, control, and dynamics, 2007, 30(2): 601-610.

[78] FURFARO R. Hovering in asteroid dynamical environments using higher-order sliding control[J]. Journal of guidance, control, and dynamics, 2014, 38(2): 263-279.

[79] NAZARI M, WAUSON R, CRITZ T, et al. Observer-based body-frame hovering control over a tumbling asteroid[J]. Acta astronautica, 2014, 102: 124-139.

[80] LIU X, ZHANG P, LIU K, et al. Compensator-based 6-DOF control for probe asteroid-orbital-frame hovering with actuator limitations[J]. Advances in space research, 2016, 57(9): 1914-1927.

[81] WANG Y, XU S. Body-fixed orbit-attitude hovering control over an asteroid using non-canonical Hamiltonian structure[J]. Acta astronautica, 2015, 117: 450-468.

[82] LEE D, SANYAL A K, BUTCHER E A, et al. Almost global asymptotic tracking control for spacecraft body-fixed hovering over an asteroid[J]. Aerospace science and technology, 2014, 38: 105-115.

[83] LEE D, SANYAL A K, BUTCHER E A, et al. Finite-time control for spacecraft body-fixed hovering over an asteroid[J]. IEEE Transactions on aerospace and electronic systems, 2015, 51(1): 506-520.

[84] LEE D, VUKOVICH G. Adaptive sliding mode control for spacecraft body-fixed hovering in the proximity of an asteroid[J]. Aerospace science and technology, 2015, 46: 471-483.

[85] WOO P, MISRA A K. Bounded trajectories of a spacecraft near an equilibrium point of a binary asteroid system[J]. Acta astronautica, 2015, 110: 313-323.

[86] WOO P, MISRA A K. Control of spacecraft trajectories near collinear equilibrium points of binary asteroid systems[J]. Journal of guidance, control, and dynamics, 2015, 39(4): 979-984.

[87] YANG H, BAOYIN H, BAI X, et al. Bounded trajectories near collinear-like equilibrium points of elongated asteroids using linear control[J]. Astrophysics and space science, 2017,

362(2).

[88] YANG H,BAI X,LI S. Artificial equilibrium points near irregular-shaped asteroids with continuous thrust[J]. Journal of guidance,control,and dynamics,2018,41(6): 1308-1319.

[89] BU S, LI S, YANG H. Artificial equilibrium points in binary asteroid systems with continuous low-thrust[J]. Astrophysics and space science,2017,362(8).

[90] YANG H W,ZENG X Y,BAOYIN H. Feasible region and stability analysis for hovering around elongated asteroids with low thrust[J]. Research in astronomy and astrophysics, 2015,15(9): 1571-1586.

[91] WILLIAMS T, ABATE M. Capabilities of furlable solar sails for asteroid proximity operations[J]. Journal of spacecraft and rockets,2009,46(5): 967-975.

[92] ZENG X Y,JIANG F H,LI J F. Asteroid body-fixed hovering using nonideal solar sails [J]. Research in astronomy and astrophysics,2015,15(4): 597-607.

[93] ZENG X,GONG S,LI J,et al. Solar sail body-fixed hovering over elongated asteroids[J]. Journal of guidance,control,and dynamics,2016,39(6): 1223-1231.

[94] BATTIN R. An Introduction to the mathematics and methods of astrodynamics[M]. New York: AIAA,1999.

[95] SCHEERES D J,OSTRO S J,HUDSON R S,et al. Dynamics of orbits close to asteroid 4179 Toutatis[J]. Icarus,1998,132(1): 53-79.

[96] OLIVEIRA G M C,PRADO A F B A,Sanchez D M,et al. Orbital transfers in an asteroid system considering the solar radiation pressure[J]. Astrophysics and space science,2017, 362(10).

[97] SHEN H X,ZHANG T J,LI Z,et al. Multiple-hopping trajectories near a rotating asteroid [J]. Astrophysics and space science,2017,362(3).

[98] SUROVIK D A, SCHEERES D J. Adaptive reachability analysis to achieve mission objectives in strongly non-keplerian systems [J]. Journal of guidance, control, and dynamics,2015,38(3): 468-477.

[99] HERRERA-SUCARRAT E,PALMER P L,ROBERTS R M. Asteroid observation and landing trajectories using invariant manifolds [J]. Journal of guidance, control, and dynamics,2014,37(3): 907-920.

[100] ÇELIK O,SÁNchez J P. Opportunities for ballistic soft landing in binary asteroids[J]. Journal of guidance,control,and dynamics,2017,40(6): 1390-1402.

[101] HAWKINS M,GUO Y,WIE B. ZEM/ZEV feedback guidance application to fuel-efficient orbital maneuvers around an irregular-shaped asteroid[C]//AIAA Guidance,Navigation, and Control Conference,August 13-16,2012,Minneapolis,Minnesota. AIAA 2012-5045.

[102] GUELMAN M. Closed-loop control of close orbits around asteroids [J]. Journal of guidance,control,and dynamics,2014,38(5): 854-860.

[103] GUELMAN M. Closed-loop control for global coverage and equatorial hovering about an asteroid[J]. Acta astronautica,2017,137: 353-361.

[104] YANG H,BAI X,BAOYIN H. Finite-time control for asteroid hovering and landing via terminal sliding-mode guidance[J]. Acta astronautica,2017,132: 78-89.

[105] 崔祜涛,史雪岩,崔平远,等.绕飞弱引力小天体的轨道保持控制[J].高技术通讯,2002,(3): 54-57.

[106] GUELMAN M. Closed-loop control of close orbits around asteroids[J]. Journal of guidance, control, and dynamics, 2014, 38(5): 854-860.

[107] KIKUCHI S, TSUDA Y, KAWAGUCHI J. Delta-V assisted periodic orbits around small bodies[J]. Journal of guidance, control, and dynamics, 2017, 40(1): 150-163.

[108] YÁRNOZ G D, CUARTIELLES S J P, MCINNES C R. Alternating orbiter strategy for asteroid exploration[J]. Journal of guidance, control, and dynamics, 2015, 38 (2): 280-291.

[109] 陈杨. 受复杂约束的深空探测轨道精确设计与控制[D]. 清华大学, 2013.

[110] GUELMAN M, HAREL D. Power limited soft landing on an asteroid[J]. Journal of guidance, control, and dynamics, 1994, 17(1): 15-20.

[111] YANG H, BAOYIN H. Fuel-optimal control for soft landing on an irregular asteroid[J]. IEEE Transactions on aerospace and electronic systems, 2015, 51(3): 1688-1697.

[112] BERTRAND R, EPENOY R. New smoothing techniques for solving bang-bang optimal control problems—numerical results and statistical interpretation[J]. Optimal control applications and methods, 2002, 23(4): 171-197.

[113] JIANG F, BAOYIN H, LI J. Practical techniques for low-thrust trajectory optimization with homotopic approach[J]. Journal of guidance, control, and dynamics, 2012, 35(1): 245-258.

[114] YANG H, LI S, BAI X. Fast Homotopy method for asteroid landing trajectory optimization using approximate initial costates[J]. Journal of guidance, control, and dynamics, 2019, 42(3): 585-597.

[115] REN Y, SHAN J. Reliability-based soft landing trajectory optimization near asteroid with uncertain gravitational field[J]. Journal of guidance, control, and dynamics, 2015, 38(9): 1810-1820.

[116] FAHROO F, ROSS I M. Pseudospectral methods for infinite-horizon nonlinear optimal control problems[J]. Journal of guidance, control, and dynamics, 2008, 31(4): 927-936.

[117] GARG D, HAGER W W, Rao A V. Pseudospectral methods for solving infinite-horizon optimal control problems[J]. Automatica, 2011, 47(4): 829-837.

[118] RAO A V, BENSON D A, DARBY C, et al. Algorithm 902: Gpops, a matlab software for solving multiple-phase optimal control problems using the gauss pseudospectral method [J]. ACM Transactions on mathematical software (TOMS), 2010, 37(2): 1-39.

[119] PATTERSON M A, RAO A V. GPOPS-II: A MATLAB software for solving multiple-phase optimal control problems using hp-adaptive Gaussian quadrature collocation methods and sparse nonlinear programming[J]. ACM Transactions on mathematical software (TOMS), 2014, 41(1): 1-37.

[120] 江秀强, 陶婷, 杨威, 等. 附着小天体的最优制导控制方法[J]. 深空探测学报, 2015, 2(1): 53-60.

[121] 袁旭, 朱圣英. 基于伪谱法的小天体最优下降轨迹优化方法[J]. 深空探测学报, 2016, 3(1): 51-55.

[122] HU H, ZHU S, CUI P. Desensitized optimal trajectory for landing on small bodies with reduced landing error[J]. Aerospace science and technology, 2016, 48: 178-185.

[123] ACIKMESE B, PLOEN S R. Convex programming approach to powered descent guidance

for mars landing[J]. Journal of guidance, control, and dynamics, 2007, 30(5): 1353-1366.
[124] PINSON R, LU P. Trajectory design employing convex optimization for landing on irregularly shaped asteroids[J]. Journal of guidance, control, and dynamics, 2018, 41(6): 1243-1256.
[125] LU P, LIU X. Autonomous trajectory planning for rendezvous and proximity operations by conic optimization[J]. Journal of guidance, control, and dynamics, 2013, 36(2): 375-389.
[126] LIU X, LU P. Solving nonconvex optimal control problems by convex optimization[J]. Journal of guidance, control, and dynamics, 2014, 37(3): 750-765.
[127] YANG H, BAI X, Baoyin H. Rapid generation of time-optimal trajectories for asteroid landing via convex optimization[J]. Journal of guidance, control, and dynamics, 2017, 40(3): 628-641.
[128] BLACKMORE L, ACIKMESE B, SCHARF D P. Minimum-landing-error powered-descent guidance for Mars landing using convex optimization[J]. Journal of guidance, control, and dynamics, 2010, 33(4): 1161-1171.
[129] SAGLIANO M. Pseudospectral convex optimization for powered descent and landing[J]. Journal of guidance, control, and dynamics, 2017, 41(2): 320-334.
[130] CARSON J, ACIKMESE A. A model-predictive control technique with guaranteed resolvability and required thruster silent times for small-body proximity operations[C]// AIAA Guidance, Navigation, and Control Conference and Exhibit, August 21-24, 2006, Keystone, Colorado. AIAA 2006-6780.
[131] KLUMPP A R. Apollo lunar descent guidance[J]. Automatica, 1974, 10(2): 133-146.
[132] SIMPLÍCIO P, MARCOS A, Joffre E, et al. Review of guidance techniques for landing on small bodies[J]. Progress in aerospace sciences, 2018, 103: 69-83..
[133] LI S, CUI P, CUI H. Autonomous navigation and guidance for landing on asteroids[J]. Aerospace science and technology, 2006, 10(3): 239-247.
[134] HUANG X, CUI H, CUI P. An autonomous optical navigation and guidance for soft landing on asteroids[J]. Acta astronautica, 2004, 54(10): 763-771.
[135] LAN Q, LI S, YANG J, et al. Finite-time soft landing on asteroids using nonsingular terminal sliding mode control[J]. Transactions of the institute of measurement and control, 2014, 36(2): 216-223.
[136] 刘克平，曾建鹏，赵博，等. 基于 Terminal 滑模的小行星探测器着陆连续控制[J]. 北京航空航天大学学报，2014，40 (10): 1323-1328.
[137] 崔祜涛，史雪岩，崔平远，等. 附着小行星的视线制导规律[J]. 空间科学学报，2002，22(3): 256-260.
[138] 李爽，崔平远. 着陆小行星的滑模变结构控制[J]. 宇航学报，2005，26(6): 808-812.
[139] FURFARO R, CERSOSIMO D, WIBBEN D R. Asteroid precision landing via multiple sliding surfaces guidance techniques[J]. Journal of guidance, control, and dynamics, 2013, 36(4): 1075-1092.
[140] LEVANT A. Homogeneity approach to high-order sliding mode design[J]. Automatica, 2005, 41(5): 823-830.
[141] LEVANT A. Principles of 2-sliding mode design[J]. Automatica, 2007, 43(4): 576-586.

[142] FENG Y, YU X, HAN F. On nonsingular terminal sliding-mode control of nonlinear systems[J]. Automatica,2013,49(6): 1715-1722.

[143] FENG Y,ZHENG J,YU X,et al. Hybrid terminal sliding-mode observer design method for a permanent-magnet synchronous motor control system[J]. IEEE Transactions on industrial electronics,2009,56(9): 3424-3431.

[144] GUO Y,HAWKINS M,WIE B. Applications of generalized zero-effort-miss/zero-effort-velocity feedback guidance algorithm[J]. Journal of guidance, control, and dynamics, 2013,36(3): 810-820.

[145] FURFARO R, GAUDET B, WIBBEN D R, et al. Development of non-linear guidance algorithms for asteroids close-proximity operations[C]//AIAA Guidance, Navigation, and Control (GNC) Conference,August 19-22,2013,Boston,MA. AIAA 2013-4711.

[146] BELLEROSE J,FURFARO R,CERSOSIMO D O. Sliding guidance techniques for close proximity operations at multiple asteroid systems[C]//AIAA Guidance,Navigation,and Control (GNC) Conference,August 19-22,2013,Boston,MA. AIAA 2013-4712.

[147] YANG H,BAI X,BAOYIN H. Rapid trajectory planning for asteroid landing with thrust magnitude constraint[J]. Journal of guidance,control,and dynamics,2017,40(10): 2713-2720.

第2章 动力学方程与引力场模型

2.1 引言

不规则小行星附近探测器的动力学模型是研究小行星探测器的制导与控制的基础。制导与控制研究涉及探测器在不规则小行星引力场中无控和受控情形下轨道递推计算。而探测器轨道制导律以及控制律推导、设计过程也需要使用探测器在小行星附近运动的轨道动力学方程。为了合理地设计探测器悬停、绕飞、转移、着陆等运动的制导与控制,需要建立合理的动力学模型。本章将介绍探测器在小行星附近运动时的动力学方程与小行星引力场模型。

由于小行星形状往往具有不规则性,小行星引力场与质点引力场差异很大且具有不规则性。尤其当探测器靠近小行星表面附近时,小行星引力场的不规则性则更加明显。而小行星不规则的引力场也影响着探测器制导与控制的方法和策略。例如,对于脉冲转移轨道,脉冲机动点之间探测器在不规则引力场的作用下飞行,因此不能直接应用基于质点引力场开普勒运动的兰伯特求解器进行求解;对于小行星表面着陆过程中的动力下降段,动力学模型中不规则引力场相比于火星表面着陆动力下降段制导设计中的常值引力场具有非线性的特点,从而导致计算制导方法的差异性。

小行星引力场模型包括简化模型、谐函数模型、质点群模型、多面体模型等。简化模型采用具有单个或多个简单几何形状物体的引力场来描述小行星引力场,是一种近似的小行星引力场模型。其特点在于引力场的表达式通常是解析的,并且涉及的模型参数很少。简化模型适用于小行星附近动力学分析,但难以适应探测器轨道精确计算的需求。谐函数模型包括球谐函数模型和椭球谐函数模型,是一类经典的非球形引力场计算模型。其中,球谐函数模型较多地被用于小行星探测器制导与控制的研究。谐函数模型的缺点是在小行星 Brillouin 球内难以收敛,因此不能精确地描述小行星表面附近的不规则引力场。质点群模型和多面体模型均可以用于高精度描述小行星不规则引力场。质点群模型相比于多面体模型存在收敛速度缓慢、求和过程数值误差累积、难以检测探测器与小行星碰撞等问题[1],因此,本书采用多面体模型研究小行星探测器制导与控制。

本章首先介绍本书内容涉及的主要坐标系,以及探测器在小行星附近运动的动力学方程,包括无控动力学方程、受控动力学方程及平衡点附近运动的线性化方法。然后,介绍两种常用的且在本书后续章节中将用于制导与控制的不规则小行星引力场模型,即球谐函数模型和多面体模型。最后,针对一类常见的不规则小行星即细长形小行星,介绍其简化模型并给出模型参数确定方法,为后续悬停控制分析和特殊的悬停控制方法提供基础。

2.2 坐标系

本书涉及的研究内容中主要采用小行星质心本体坐标系 $O\text{-}xyz$，如图 2-1 所示。其中，原点 O 位于小行星质心处，坐标轴 x,y,z 分别与小行星最小、中间和最大惯量主轴共线。该坐标系为旋转坐标系，旋转速率与小行星自转速率相同。

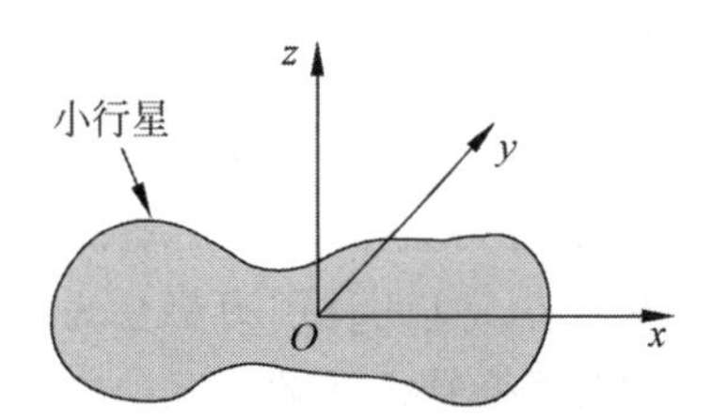

图 2-1 小行星质心本体坐标系 $O\text{-}xyz$ 示意图

书中另外一个常用的坐标系为小行星质心惯性系 $O\text{-}XYZ$，如图 2-2 所示。在本书中，假设该坐标系的 X,Y,Z 轴初始时刻分别与质心本体坐标系的 x,y,z 轴重合。对于均匀旋转的小行星，则 Z 轴与 z 轴始终保持重合。记小行星自转速率为 ω，则 x 轴与 X 轴在 t 时刻的夹角 $\theta=\omega(t-t_0)$，其中 t_0 为初始时刻。小行星质心惯性系中的位置、速度矢量与小行星质心本体坐标系中的位置、速度矢量分别可以通过以下公式进行转换：

$$\boldsymbol{r}=\begin{bmatrix}\cos\theta & \sin\theta & 0\\ -\sin\theta & \cos\theta & 0\\ 0 & 0 & 1\end{bmatrix}\boldsymbol{R} \tag{2-1}$$

$$\boldsymbol{R}=\begin{bmatrix}\cos(-\theta) & \sin(-\theta) & 0\\ -\sin(-\theta) & \cos(-\theta) & 0\\ 0 & 0 & 1\end{bmatrix}\boldsymbol{r} \tag{2-2}$$

$$\boldsymbol{v}=\begin{bmatrix}\cos\theta & \sin\theta & 0\\ -\sin\theta & \cos\theta & 0\\ 0 & 0 & 1\end{bmatrix}(\boldsymbol{V}-\boldsymbol{\omega}\times\boldsymbol{R}) \tag{2-3}$$

$$\boldsymbol{V}=\begin{bmatrix}\cos(-\theta) & \sin(-\theta) & 0\\ -\sin(-\theta) & \cos(-\theta) & 0\\ 0 & 0 & 1\end{bmatrix}\boldsymbol{v}+\boldsymbol{\omega}\times\left(\begin{bmatrix}\cos(-\theta) & \sin(-\theta) & 0\\ -\sin(-\theta) & \cos(-\theta) & 0\\ 0 & 0 & 1\end{bmatrix}\boldsymbol{r}\right) \tag{2-4}$$

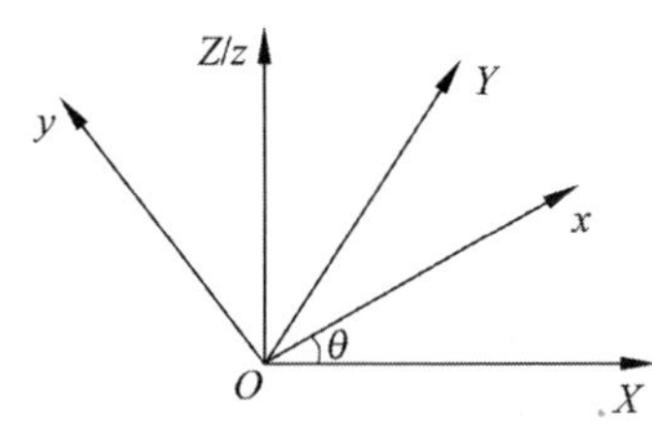

图 2-2 小行星质心惯性系与本体系关系示意图

其中，$\boldsymbol{R}=[X,Y,Z]^{\mathrm{T}}$ 表示惯性系中位置矢量，$\boldsymbol{V}=[V_X,V_Y,V_Z]^{\mathrm{T}}$ 表示惯性系中速度矢量，$\boldsymbol{r}=[r_x,r_y,r_z]^{\mathrm{T}}$ 表示本体系中位置矢量，$\boldsymbol{v}=[v_x,v_y,v_z]^{\mathrm{T}}$ 表示本体系中速度矢量，$\boldsymbol{\omega}=[0,0,\omega]^{\mathrm{T}}$ 表示小行星自转角速度。

通过坐标变换，可以进一步将图 2-2 中的坐标系与其他惯性坐标系建立联系。

2.3 动力学方程

2.3.1 无控动力学方程

考虑探测器在小行星附近引力场中无控运动，在本体坐标系中其动力学方程为[2,3]

$$\ddot{\boldsymbol{r}}+2\boldsymbol{\omega}\times\dot{\boldsymbol{r}}+\boldsymbol{\omega}\times(\boldsymbol{\omega}\times\boldsymbol{r})+\dot{\boldsymbol{\omega}}\times\boldsymbol{r}-\frac{\partial U(\boldsymbol{r})}{\partial\boldsymbol{r}}=\boldsymbol{0} \tag{2-5}$$

其中，$U(\boldsymbol{r})$表示小行星引力势。需要说明的是，在发表的文献中存在两种常用的引力势定义。这两种引力势互为负数，因此将造成方程(2-5)中关于引力势导数项之前的正负符号相反的情况。本书中若无特殊说明，则关于小行星引力势定义统一与文献[2]中相同。根据该定义方式，则对于某一引力常数为 μ 的质点，距质点 r 处的引力势 U 为 μ/r。此外，需要指出的是，方程(2-5)中未考虑摄动力。在小行星附近最主要的摄动力包括太阳光压摄动和太阳引力摄动。根据清华大学于洋博士论文[1]的研究可知，在小行星附近太阳光压摄动往往大于太阳引力摄动，并且这种摄动力在小行星引力半径(大约几个半径至数十个小行星半径)之内通常远小于小行星自身的引力。Llanos 等[4]和 Yang 等[5]对小行星附近摄动的计算结果也支持了这一观点。由于本书研究的悬停、转移、着陆等小行星附近的轨道基本属于小行星引力半径之内，因此，本书在分析小行星附近动力学和设计制导、控制时忽略摄动力的影响。

本书研究的小行星对象仅限于均匀旋转小行星，即 $\dot{\boldsymbol{\omega}}=\boldsymbol{0}$，所以方程(2-5)可以简化为

$$\ddot{\boldsymbol{r}}+2\boldsymbol{\omega}\times\dot{\boldsymbol{r}}+\boldsymbol{\omega}\times(\boldsymbol{\omega}\times\boldsymbol{r})-\frac{\partial U(\boldsymbol{r})}{\partial\boldsymbol{r}}=\boldsymbol{0} \tag{2-6}$$

若定义有效势为

$$V(\boldsymbol{r})=\frac{1}{2}(\boldsymbol{\omega}\times\boldsymbol{r})(\boldsymbol{\omega}\times\boldsymbol{r})+U(\boldsymbol{r}) \tag{2-7}$$

则方程(2-6)可以写为

$$\ddot{\boldsymbol{r}}+2\boldsymbol{\omega}\times\dot{\boldsymbol{r}}-\frac{\partial V(\boldsymbol{r})}{\partial\boldsymbol{r}}=\boldsymbol{0} \tag{2-8}$$

方程(2-8)也可以写为

$$\begin{cases}\dot{\boldsymbol{r}}=\boldsymbol{v}\\ \dot{\boldsymbol{v}}=-2\,\boldsymbol{\omega}\times\dot{\boldsymbol{r}}+\dfrac{\partial V(\boldsymbol{r})}{\partial\boldsymbol{r}}\end{cases} \tag{2-9}$$

动力学方程(2-9)对应的标量形式的一阶常微分方程组如下：

$$\begin{cases}\dot{x}=v_x\\\dot{y}=v_y\\\dot{z}=v_z\\\dot{v}_x=2\omega v_y+\omega^2 r_x+\dfrac{\partial U}{\partial x}\\\dot{v}_y=-2\omega v_x+\omega^2 r_y+\dfrac{\partial U}{\partial y}\\\dot{v}_z=\dfrac{\partial U}{\partial z}\end{cases}\tag{2-10}$$

此外，根据动力学方程(2-8)可知探测器运动的广义能量守恒，即存在如下的雅可比常数[2]：

$$J=\frac{1}{2}\dot{\boldsymbol{r}}\cdot\dot{\boldsymbol{r}}-V(\boldsymbol{r})\tag{2-11}$$

式中，$-V(\boldsymbol{r})$表示探测器在小行星质心本体坐标系中的有效势能，包含势能$-U(\boldsymbol{r})$和离心势能。本书中，有效势能记为V^*，其表达式为

$$V^*(\boldsymbol{r})=-\frac{1}{2}(\boldsymbol{\omega}\times\boldsymbol{r})(\boldsymbol{\omega}\times\boldsymbol{r})-U(\boldsymbol{r})\tag{2-12}$$

若采用有效势能，则方程(2-8)可以写为

$$\ddot{\boldsymbol{r}}+2\boldsymbol{\omega}\times\dot{\boldsymbol{r}}+\frac{\partial V^*(\boldsymbol{r})}{\partial\boldsymbol{r}}=\boldsymbol{0}\tag{2-13}$$

2.3.2 受控动力学方程

对于探测器在小行星附近引力场中受控运动，则其动力学方程为

$$\ddot{\boldsymbol{r}}+2\boldsymbol{\omega}\times\dot{\boldsymbol{r}}+\boldsymbol{\omega}\times(\boldsymbol{\omega}\times\boldsymbol{r})-\frac{\partial U(\boldsymbol{r})}{\partial\boldsymbol{r}}=\frac{\boldsymbol{T}}{m}\tag{2-14}$$

式中，$\boldsymbol{T}$ 表示推力矢量，m 表示探测器的质量。方程(2-14)写作一阶方程组则为

$$\dot{\boldsymbol{r}}=\boldsymbol{v}\tag{2-15}$$

$$\dot{\boldsymbol{v}}=-2\boldsymbol{\omega}\times\boldsymbol{v}-\boldsymbol{\omega}\times(\boldsymbol{\omega}\times\boldsymbol{r})+\frac{\partial U(\boldsymbol{r})}{\partial\boldsymbol{r}}+\frac{\boldsymbol{T}}{m}\tag{2-16}$$

而探测器在推力作用下运动，其质量将不断减少。质量的变化率可以通过以下火箭方程来表述：

$$\dot{m}=-\frac{\|\boldsymbol{T}\|}{I_{sp}g_0}\tag{2-17}$$

式中，$\|\boldsymbol{T}\|=\sqrt{T_x^2+T_y^2+T_z^2}$表示推力矢量 $\boldsymbol{T}$ 的大小。对于受控运动动力学方程，对应的标量形式的一阶常微分方程组为

$$\begin{cases} \dot{x} = v_x \\ \dot{y} = v_y \\ \dot{z} = v_z \\ \dot{v}_x = 2\omega v_y + \omega^2 r_x + \dfrac{\partial U}{\partial x} + \dfrac{T_x}{m} \\ \dot{v}_y = -2\omega v_x + \omega^2 r_y + \dfrac{\partial U}{\partial y} + \dfrac{T_y}{m} \\ \dot{v}_z = \dfrac{\partial U}{\partial z} + \dfrac{T_z}{m} \end{cases} \tag{2-18}$$

以上动力学方程均是在小行星质心本体坐标系中给出。若在小行星质心惯性系下,则动力学方程(2-6)和方程(2-14)分别变为

$$\ddot{\boldsymbol{r}} = \boldsymbol{g}(\boldsymbol{r}, t) \tag{2-19}$$

$$\ddot{\boldsymbol{r}} = \boldsymbol{g}(\boldsymbol{r}, t) + \frac{\boldsymbol{T}}{m} \tag{2-20}$$

式中,$\boldsymbol{g}$ 表示探测器所受到的小行星的引力,该函数为时变函数,可以通过下式求解获得:

$$\boldsymbol{g}(\boldsymbol{r}, t) = \begin{bmatrix} \cos(-\theta) & \sin(-\theta) & 0 \\ -\sin(-\theta) & \cos(-\theta) & 0 \\ 0 & 0 & 1 \end{bmatrix} \frac{\partial U(\boldsymbol{r})}{\partial \boldsymbol{r}} \tag{2-21}$$

2.3.3 平衡点及其附近线性化方程

与经典的圆形限制性三体问题类似,在小行星附近也存在着类似于拉格朗日点的位置,即为小行星平衡点。在小行星平衡点处,探测器的速度和加速度均为零,即

$$\dot{\boldsymbol{r}} = \boldsymbol{0}, \quad \ddot{\boldsymbol{r}} = \boldsymbol{0} \tag{2-22}$$

将式(2-22)代入方程(2-8),可得

$$\frac{\partial V(\boldsymbol{r})}{\partial \boldsymbol{r}} = \boldsymbol{0} \tag{2-23}$$

因此,小行星平衡点处探测器的有效势为零。

小行星平衡点位置的求解可以采用以下方法:

第1步,根据式(2-7)绘制小行星附近有效势分布等高线图;

第2步,根据有效势等高线图获取平衡点位置的估计值;

第3步,将估计值作为求解初值,利用非线性方程求解器(例如,用FORTRAN语言编写的MinPack-1[6])求解非线性方程(2-23)即可得到平衡点的位置。

下面推导给出平衡点附近运动的线性化方程。

记探测器受扰动后其位置与平衡点位置的偏差为

$$\boldsymbol{\delta} = \boldsymbol{r} - \boldsymbol{r}_{\mathrm{E}} \tag{2-24}$$

式中，$\boldsymbol{r}_{\mathrm{E}}$ 表示目标平衡点位置。根据方程(2-8)，可以推得平衡点附近线性化的方程为

$$\dot{\boldsymbol{X}} = \boldsymbol{A}\boldsymbol{X} \tag{2-25}$$

式中，$\boldsymbol{X} = [\boldsymbol{\delta}\ ;\ \dot{\boldsymbol{\delta}}]$表示线性化扰动方程的状态量，$\boldsymbol{A}$ 为该线性化方程的雅可比矩阵，其表达式为

$$\boldsymbol{A} = \begin{bmatrix} \boldsymbol{0}_{3\times 3} & \boldsymbol{I}_{3\times 3} \\ \dfrac{\partial^2 V}{\partial \boldsymbol{r}^2} & -2\hat{\boldsymbol{\omega}} \end{bmatrix} \tag{2-26}$$

式中，$\boldsymbol{I}$ 表示单位矩阵，$\hat{\boldsymbol{\omega}}$ 表示旋转矩阵，其形式如下：

$$\hat{\boldsymbol{\omega}} = \begin{bmatrix} 0 & -\omega & 0 \\ \omega & 0 & 0 \\ 0 & 0 & 0 \end{bmatrix} \tag{2-27}$$

此外，有效势的梯度矩阵可以写为

$$\frac{\partial^2 V}{\partial \boldsymbol{r}^2} = \begin{bmatrix} V_{xx} & V_{xy} & V_{xz} \\ V_{yx} & V_{yy} & V_{yz} \\ V_{zx} & V_{zy} & V_{zz} \end{bmatrix} \tag{2-28}$$

由于

$$V_{xy} = V_{yx},\quad V_{xz} = V_{zx},\quad V_{yz} = V_{zy} \tag{2-29}$$

因此，有效势的梯度矩阵也可以写为

$$\frac{\partial^2 V}{\partial \boldsymbol{r}^2} = \begin{bmatrix} V_{xx} & V_{xy} & V_{xz} \\ V_{xy} & V_{yy} & V_{yz} \\ V_{xz} & V_{yz} & V_{zz} \end{bmatrix} \tag{2-30}$$

线性化方程的解取决于特征方程的解即特征值。特征值的形式反映了探测器在平衡点附近运动的可能形式以及稳定性情况。因此，Jiang 等[7]提出了根据特征值的形式对小行星平衡点进行拓扑分类。

方程(2-25)对应的特征方程为

$$\det(\lambda \boldsymbol{I} - \boldsymbol{A}) = 0 \tag{2-31}$$

式中，λ 为特征值。将方程(2-31)展开可以得到如下关于 λ 的 6 次代数方程：

$$\begin{aligned} &\lambda^6 + (4\omega^2 - V_{xx} - V_{yy} - V_{zz})\lambda^4 + \\ &(V_{xx}V_{yy} + V_{yy}V_{zz} + V_{zz}V_{xx} - V_{xy}^2 - V_{yz}^2 - V_{xz}^2 - 4\omega^2 V_{zz})\lambda^2 + \\ &(V_{xx}V_{yz}^2 + V_{yy}V_{xz}^2 + V_{zz}V_{xy}^2 - V_{xx}V_{yy}V_{zz} - 2V_{xy}V_{yz}V_{xz}) = 0 \end{aligned} \tag{2-32}$$

根据文献[7,8]，方程(2-32)解的形式，也即平衡点拓扑类别，共有如下 5 种：

类别 1：$\pm \mathrm{i}\beta(\beta_j \in \mathbf{R}^+;\ j=1,2,3)$

类别 2：$\pm \alpha_j(\alpha_j \in \mathbf{R}^+;\ j=1), \pm \mathrm{i}\beta(\beta_j \in \mathbf{R}^+; j=1,2)$

类别 3：$\pm \alpha_j(\alpha_j \in \mathbf{R}^+;\ j=1,2), \pm \mathrm{i}\beta(\beta_j \in \mathbf{R}^+; j=1)$

类别 4a：$\pm \alpha_j(\alpha_j \in \mathbf{R}^+;\ j=1), \pm\sigma\pm\mathrm{i}\tau(\sigma,\tau \in \mathbf{R}^+)$

类别 4b：$\pm \alpha_j(\alpha_j \in \mathbf{R}^+;\ j=1,2,3)$

类别 5：$\pm\sigma\pm\mathrm{i}\tau(\sigma,\tau \in \mathbf{R}^+), \pm \mathrm{i}\beta(\beta_j \in \mathbf{R}^+; j=1)$

由上述平衡点拓扑类别中特征值解的形式可知，仅类别 1 对应的平衡点为线性稳定平衡点。

2.4 不规则小行星引力场模型

2.3 节中小行星附近探测器动力学方程涉及小行星的引力势及其导数。小行星的引力势必须借助小行星引力场模型进行求解。本小节侧重介绍后续章节将涉及的小行星引力场模型，包括球谐函数模型和多面体模型，以及引力场求解方法。

2.4.1 球谐函数模型

由于小行星通常具有不规则的形状，其引力场往往具有不规则性而与大行星的引力场有很大的差异。小行星不规则引力场属于非球形引力场，一种比较常见的用于计算非球形引力场的模型是球谐函数模型。该模型特点是模型函数解析，计算效率极高。

若采用球谐函数模型，则距离小行星质心 r 处的引力势为[1,9]

$$U=\frac{\mu}{r}\left\{1+\sum_{n=1}^{\infty}\sum_{m=0}^{n}\left(\frac{r_0}{r}\right)^n P_{nm}(\sin\delta)\left[C_{nm}\cos(m\lambda)+S_{nm}\sin(m\lambda)\right]\right\} \tag{2-33}$$

式中，μ 为小行星中心引力常数，r_0 为参考半径，(r,λ,δ)表示探测器所在位置矢量在球坐标系下的 3 个分量(即矢径大小、经度和纬度)，P_{nm} 表示缔合勒让德多项式，C_{nm} 和 S_{nm} 表示各阶非球形项的系数。

若仅保留至二阶二次项，则由式(2-33)可得

$$U=\frac{\mu}{r}+U_1+U_2 \tag{2-34}$$

式中，

$$U_1=\frac{\mu r_0}{r^2}\left[C_{10}\sin\delta+\cos\delta(C_{11}\cos\lambda+S_{11}\sin\lambda)\right] \tag{2-35}$$

$$U_2=\frac{\mu r_0^2}{r^3}\left[C_{20}\left(1-\frac{3}{2}\cos^2\delta\right)+\frac{3}{2}\cos2\delta(C_{21}\cos\lambda+S_{21}\sin\lambda)+3\cos^2\delta(C_{22}\cos2\lambda+S_{22}\sin2\lambda)\right] \tag{2-36}$$

由于本书选取的质心本体坐标系为惯量主轴坐标系，因此可以得到[9]：

$$C_{10}=C_{11}=S_{11}=S_{21}=S_{22}=0$$

将非球形项系数为零的条件代入式(2-34)，可以进一步得到

$$U=\frac{\mu}{r}+\frac{\mu r_0^2}{r^3}\left[C_{20}\left(1-\frac{3}{2}\cos^2\delta\right)+3C_{22}\cos^2\delta\cos 2\lambda\right] \tag{2-37}$$

式中，C_{10} 和 C_{22} 可以通过主惯性矩求解得到，具体表达式为[9]

$$C_{20}=-\frac{1}{2r_0^2}(2I_{zz}-I_{xx}-I_{yy}) \tag{2-38}$$

$$C_{22}=\frac{1}{4r_0^2}(I_{yy}-I_{xx}) \tag{2-39}$$

式中，I_{xx}，I_{yy} 和 I_{zz} 为主惯性矩。

对式(2-37)求导可以得到如下二阶二次引力势的一阶导数的表达式：

$$\frac{\partial U}{\partial x}=-\frac{\mu}{r^3}x+\mu r_0^2\left[-\frac{C_{20}x}{r^5}+\frac{5C_{20}x(x^2+y^2-2z^2)}{2r^7}+\frac{6C_{22}x}{r^5}-\frac{15C_{22}x(x^2-y^2)}{r^7}\right] \tag{2-40}$$

$$\frac{\partial U}{\partial y}=-\frac{\mu}{r^3}y+\mu r_0^2\left[-\frac{C_{20}y}{r^5}+\frac{5C_{20}y(x^2+y^2-2z^2)}{2r^7}-\frac{6C_{22}y}{r^5}-\frac{15C_{22}y(x^2-y^2)}{r^7}\right] \tag{2-41}$$

$$\frac{\partial U}{\partial z}=-\frac{\mu}{r^3}z+\mu r_0^2\left[\frac{2C_{20}z}{r^5}+\frac{5C_{20}z(x^2+y^2-2z^2)}{2r^7}-\frac{15C_{22}z(x^2-y^2)}{r^7}\right] \tag{2-42}$$

2.4.2 多面体模型

球谐函数模型方法一个主要的不足之处是在 Brillouin 球内难以收敛。因此，仅适用于非小行星表面附近区域或者初步分析计算。而多面体模型方法是一种小行星不规则引力场高精度建模方法[1,3]，在不规则小行星附近轨道设计、制导与控制等研究[5,10-14]中被广泛应用。该模型也可以方便地用于判断探测器是否与小行星表面发生碰撞[1,5]。

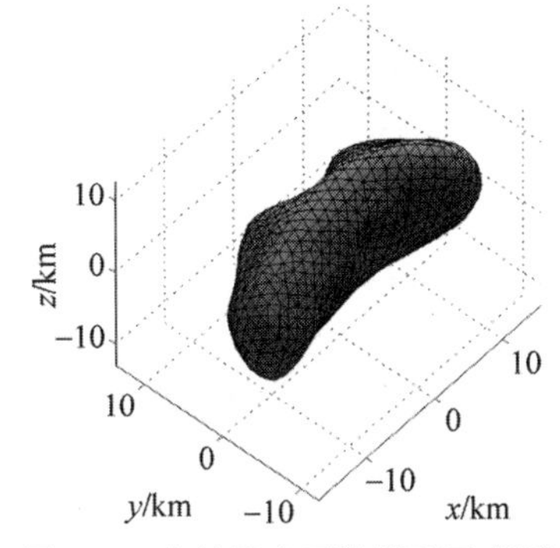

图 2-3 小行星多面体模型示意图

小行星多面体模型由 Werner 和 Scheeres[15]提出，是一种常用的不规则小行星引力场建模方法。图 2-3 显示了采用多面体模型建模的小行星 433 Eros。该模型共包括 856 个顶点和 1708 个面，相关数据通过 NASA

Planetary Data System① 获得。

下面结合图 2-4 给出小行星多面体模型引力场及其导数计算公式。至于详细的推导过程，读者可以参见文献[15]。图 2-4 给出了多面体模型中的两个四面体，其中位于小行星表面的两个三角形面分别为 f_1 和 f_2。图中数字 1、2、3 表示面 f_1 的三个顶点，$\hat{\boldsymbol{n}}_{f_1}$ 和 $\hat{\boldsymbol{n}}_{f_2}$ 分别表示面 f_1 和 f_2 的单位外法向量，$\hat{\boldsymbol{n}}_{12}^{f_1}$ 和 $\hat{\boldsymbol{n}}_{21}^{f_2}$ 分别表示与面 f_1 和 f_2 内共面且垂直于公共棱 12 的单位向量，S 表示探测器所在位置。则探测器所在位置的引力势求解公式为[15]

$$U(\boldsymbol{r})=\frac{1}{2}G\sigma\sum_{e\in \text{edges}}\boldsymbol{r}_e\cdot\boldsymbol{E}_e\cdot\boldsymbol{r}_e\cdot L_e-\frac{1}{2}G\sigma\sum_{f\in \text{faces}}\boldsymbol{r}_f\cdot\boldsymbol{F}_f\cdot\boldsymbol{r}_f\cdot\omega_f \tag{2-43}$$

式中，$G=6.674\,28\times10^{-11}\,\text{m}^3/(\text{kg}\cdot\text{s}^2)$ 为万有引力常数，σ 表示小行星的密度，edges 和 faces 表示多面体模型所有棱和面的集合，$\boldsymbol{r}_e$ 和 $\boldsymbol{r}_f$ 分别表示探测器相对于棱和面上任意一点的位置矢量(如图 2-4 所示)，$\boldsymbol{E}_e$、$\boldsymbol{F}_f$、L_e 和 ω_f 的计算公式如下所述。$\boldsymbol{E}_e$ 和 $\boldsymbol{F}_f$ 均表示并矢，其中

$$\boldsymbol{F}_f=\hat{\boldsymbol{n}}_{f_1} \tag{2-44}$$

而对于 $\boldsymbol{E}_e$，若 e 为棱 12，则其表达式为

$$\boldsymbol{E}_e=\hat{\boldsymbol{n}}_{f_1}\hat{\boldsymbol{n}}_{12}^{f_1}+\hat{\boldsymbol{n}}_{f_2}\hat{\boldsymbol{n}}_{21}^{f_2} \tag{2-45}$$

L_e 也与棱相关，若 e 为棱 12，则其表达式为

$$L_e=\ln\frac{r_1+r_2+r_{12}}{r_1+r_2-r_{12}} \tag{2-46}$$

式中，r_1 和 r_2 表示点 S 与点 1 和点 2 的距离，r_{12} 表示点 1 和点 2 之间的距离。ω_f 则与面相关。对于面 f_1，ω_f 的表达式为

$$\omega_f=\frac{\boldsymbol{r}_1\cdot\boldsymbol{r}_2\times\boldsymbol{r}_3}{r_1r_2r_3+r_1(\boldsymbol{r}_2\cdot\boldsymbol{r}_3)+r_2(\boldsymbol{r}_1\cdot\boldsymbol{r}_3)+r_3(\boldsymbol{r}_1\cdot\boldsymbol{r}_2)} \tag{2-47}$$

将引力势求解公式(2-43)代入式(2-7)即可求得有效势。进一步利用 2.3.3 节中的方法可以求解得到小行星的平衡点位置。下面给出一个示例。对于图 2-3 中的小行星 433 Eros 多面体模型，设定 $\sigma=2.67\ \text{g/cm}^3$，$\omega=0.000\,331\,182\,021\,251\,296\ \text{rad/s}$，则可以求解得到有效势分布图如图 2-5 所示。求得小行星 433 Eros 具有 4 个外部平衡点，在图中标记为 E_1、E_2、E_3 和 E_4，其位置分布为[17.100 071，−6.939 534，0.148 377] km，[0.173 978，16.581 943，−0.049 839] km，[−18.313 617，−6.313 453，0.044 204] km 和[−0.694 728，−12.147 123，−0.090 599] km。另外，小行星 433 Eros 还具有一个内部平衡点，其位置为[2.067 639，0.140 465，−0.178 684]。由于内部平衡点无法到达，因此未在图中标注。

① https://sbn.psi.edu/pds/archive/shape.html

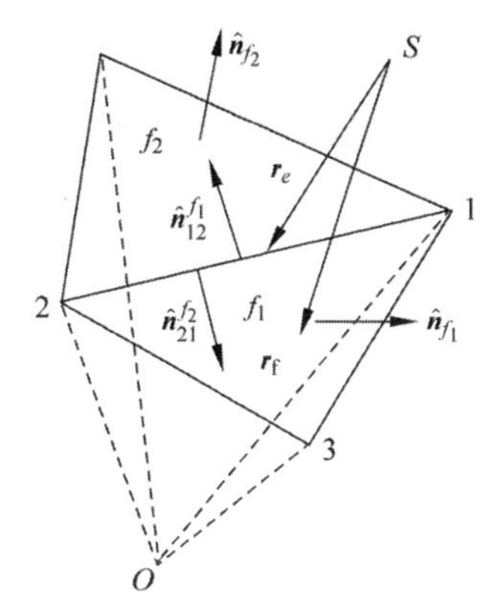

图 2-4 多面体模型计算示意图

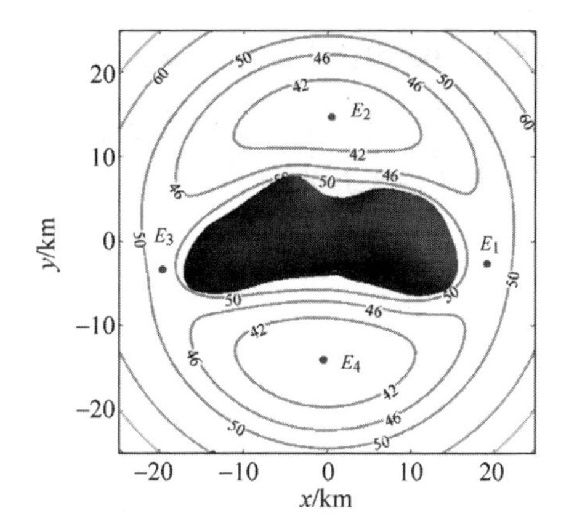

图 2-5 小行星 433 Eros 赤道面内的有效势(m^2/s^2)及平衡点分布

进一步可以求得如下引力势的一阶和二阶导数,即引力和引力梯度矩阵[15]:

$$\frac{\partial U(\boldsymbol{r})}{\partial \boldsymbol{r}}=-G\sigma\sum_{e\in \mathrm{edges}}\boldsymbol{E}_e\cdot\boldsymbol{r}_e\cdot L_e+G\sigma\sum_{f\in \mathrm{faces}}\boldsymbol{F}_f\cdot\boldsymbol{r}_f\cdot\omega_f \tag{2-48}$$

$$\frac{\partial U^2(\boldsymbol{r})}{\partial \boldsymbol{r}^2}=G\sigma\sum_{e\in \mathrm{edges}}\boldsymbol{E}_e\cdot L_e-G\sigma\sum_{f\in \mathrm{faces}}\boldsymbol{F}_f\cdot\omega_f \tag{2-49}$$

小行星多面体模型还可以用于判断探测器与小行星是否发生碰撞。定义指标 Q 为

$$Q=\sum_{f\in \mathrm{faces}}\omega_f \tag{2-50}$$

若探测器位于小行星外部,则 Q 等于零;若探测器位于小行星内部,则 Q 等于 4π。

2.5 细长形小行星简化模型

多面体模型方法存在计算效率不足的问题,并且其涉及的模型形状参数数目为数千个甚至数万个。而小行星简化模型则通常具有解析的引力势函数且涉及模型参数少,可以方便地深入分析小行星附近动力学以及模型参数对动力学的影响。小行星简化模型也可以准确地反映特定形状小行星附近的引力场分布情况。

本节将针对不规则小行星里一类常见的小行星即细长形小行星,介绍用于引力场建模的三种简化模型:旋转质量偶极子模型、对称型旋转质量三极子模型和非对称型旋转质量三极子模型。其中前二者适用于关于 x 轴具有良好对称性的细长形小行星,而后者是前者的改进,对不具有对称性的细长形小行星也有适用性。此外,本书将采用通过与多面体模型匹配平衡点位置的方法确定简化模型的参数。

2.5.1 模型定义与有效势能

本节将采用归一化的动力学方程进行分析。定义归一化长度和时间单位分别为小行星特征长度 L 和 ω^{-1}。根据方程(2-13)可得标量形式的归一化的动力学方程为

$$\begin{cases}\hat{x}''-2\hat{y}'+\hat{V}_x^*=0\\ \hat{y}''+2\hat{x}'+\hat{V}_y^*=0\\ \hat{z}''+\hat{V}_z^*=0\end{cases} \tag{2-51}$$

式中，$\hat{a}$ 表示为归一化的 a，a' 和 a'' 表示 a 关于归一化时间的一阶和二阶导数。

下面以此介绍三种细长形小行星简化模型的定义。

1. 旋转质量偶极子模型

旋转质量偶极子模型如图 2-6 所示。该模型由两个质量球和一根无质量的刚性连杆组成，是一种可以近似细长形小行星引力场的简化模型[16,17]。在 Zeng 等[16]的研究中，用该模型对小行星 216 Kleopatra、951 Gaspra、1620 Geographos 等进行建模。图中，两个质量球的质量分别为 M_1 和 M_2，两球之间的距离为 L，O 为该模型的质心。该模型的旋转角速度与小行星的自转角速度相同，总质量 M 与小行星质量相同。图中旋转坐标系与 2.2 节中小行星质心本体坐标系重合。其中，x 轴由 M_1 指向 M_2，z 轴指向角速度矢量方向。图中惯性坐标系定义与 2.2 中小行星质心惯性坐标系定义相同。$\boldsymbol{r}$、$\boldsymbol{r}_1$ 和 $\boldsymbol{r}_2$ 分别表示探测器相对于 O、M_1 和 M_2 的位置矢量。

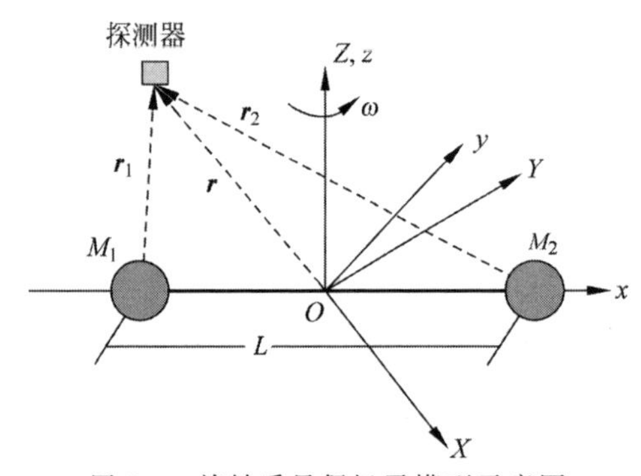

图 2-6 旋转质量偶极子模型示意图

定义质量比 $\mu=M_1/M$。若选取归一化长度单位为 L，则 M_1 和 M_2 的归一化坐标为

$$\begin{cases}\hat{x}_{M_1}=1-\mu, \quad \hat{y}_{M_1}=0, \quad \hat{z}_{M_1}=0\\ \hat{x}_{M_2}=\mu, \quad \hat{y}_{M_2}=0, \quad \hat{z}_{M_2}=0\end{cases} \tag{2-52}$$

对于该模型，引力势能的表达式为[16,17]

$$\hat{V}^*=-\frac{\hat{x}^2+\hat{y}^2}{2}-k\left(\frac{\mu}{\hat{r}_1}+\frac{1-\mu}{\hat{r}_2}\right) \tag{2-53}$$

式中，$\hat{r}_1=\sqrt{(\hat{x}-\hat{x}_{M_1})^2+(\hat{y}-\hat{y}_{M_1})^2}$ 和 $\hat{r}_2=\sqrt{(\hat{x}-\hat{x}_{M_2})^2+(\hat{y}-\hat{y}_{M_2})^2}$，$k$ 的表

达式为

$$k=\frac{GM}{\omega^2L^3} \tag{2-54}$$

根据式(2-53)可以推导,得有效势能的梯度为

$$\hat{V}_x^*=-\hat{x}+k\left[\frac{\mu}{\hat{r}_1^3}(\hat{x}-\hat{x}_{M_1})+\frac{1-\mu}{\hat{r}_2^3}(\hat{x}-\hat{x}_{M_2})\right] \tag{2-55}$$

$$\hat{V}_y^*=-\hat{y}+k\left[\frac{\mu}{\hat{r}_1^3}(\hat{y}-\hat{y}_{M_1})+\frac{1-\mu}{\hat{r}_2^3}(\hat{y}-\hat{y}_{M_2})\right] \tag{2-56}$$

$$\hat{V}_z^*=-\hat{z}+k\left[\frac{\mu}{\hat{r}_1^3}(\hat{z}-\hat{z}_{M_1})+\frac{1-\mu}{\hat{r}_2^3}(\hat{z}-\hat{z}_{M_2})\right] \tag{2-57}$$

2. 对称型旋转质量三极子模型

前述旋转质量偶极子模型对于一些关于 x 轴对称性较好的细长形小行星近似程度较好,而对于对称性差的小行星(如小行星 243 Ida),则近似程度较差、适用性不足。

考虑到部分细长形小行星呈现弓形,Lan 等[18]提出了一种关于 y 轴对称的旋转质量三极子模型,如图 2-7 所示。该模型由三个质量球组成(记为 1,2,3),质量分别为 M_1,M_1 和 M_2。其中,球 1 和球 2 之间的距离为 L,球 3 与球 1,2 连线中点的距离为 h。图中坐标系 O 为质心,x 轴方向与球 1,2 连线共线。定义质量比 $\mu=M_1/M$,长度比 $\sigma=h/L$,并选取归一化长度单位为 L,则 3 个球的归一化坐标为

$$\begin{cases}\hat{x}_1=-\dfrac{1}{2}, \quad \hat{y}_1=(1-2\mu)\sigma, \quad \hat{z}_1=0\\ \hat{x}_2=\dfrac{1}{2}, \quad \hat{y}_2=(1-2\mu)\sigma, \quad \hat{z}_2=0\\ \hat{x}_3=0, \quad \hat{y}_3=2\mu\sigma, \quad \hat{z}_3=0\end{cases} \tag{2-58}$$

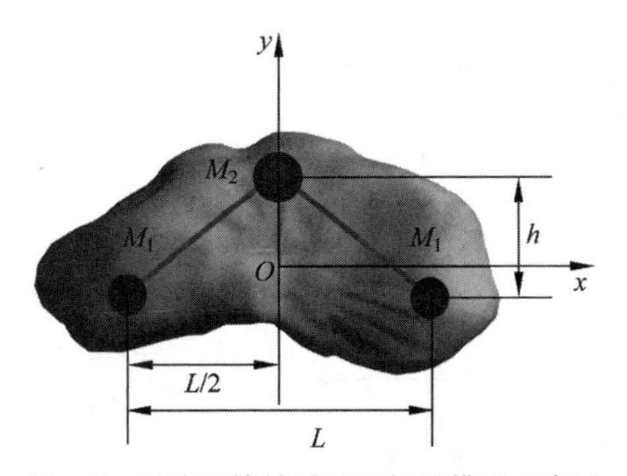

图 2-7 对称型旋转质量三极子模型示意图

对于该模型,引力势能的表达式为[18]

$$\hat{V}^{*}=-\frac{\hat{x}^{2}+\hat{y}^{2}}{2}-k\left(\frac{\mu}{\hat{r}_{1}}+\frac{\mu}{\hat{r}_{2}}+\frac{1-2\mu}{\hat{r}_{3}}\right) \tag{2-59}$$

式中,$\hat{r}_i=\sqrt{(\hat{x}-\hat{x}_i)^2+(\hat{y}-\hat{y}_i)^2}\ (i=1,2,3)$。根据式(2-59)可以推导得有效势能的梯度为

$$\hat{V}_{x}^{*}=-\hat{x}+k\left[\frac{\mu}{\hat{r}_{1}^{3}}(\hat{x}-\hat{x}_{1})+\frac{\mu}{\hat{r}_{2}^{3}}(\hat{x}-\hat{x}_{2})+\frac{1-2\mu}{\hat{r}_{3}^{3}}(\hat{x}-\hat{x}_{3})\right] \tag{2-60}$$

$$\hat{V}_{y}^{*}=-\hat{y}+k\left[\frac{\mu}{\hat{r}_{1}^{3}}(\hat{y}-\hat{y}_{1})+\frac{\mu}{\hat{r}_{2}^{3}}(\hat{y}-\hat{y}_{2})+\frac{1-2\mu}{\hat{r}_{3}^{3}}(\hat{y}-\hat{y}_{3})\right] \tag{2-61}$$

$$\hat{V}_{z}^{*}=-\hat{z}+k\left[\frac{\mu}{\hat{r}_{1}^{3}}(\hat{z}-\hat{z}_{1})+\frac{\mu}{\hat{r}_{2}^{3}}(\hat{z}-\hat{z}_{2})+\frac{1-2\mu}{\hat{r}_{2}^{3}}(\hat{z}-\hat{z}_{3})\right] \tag{2-62}$$

3. 非对称型旋转质量三极子模型

前述的一种旋转质量偶极子模型虽然不关于 x 轴对称,但是仍然关于 y 轴对称。对于一些关于 y 轴对称性不够好的细长形小行星,如 243 Ida 和 433 Eros,该模型仍需改进。下面给出一种一般情形下非对称的旋转质量三极子模型[19],如图 2-8 所示。前述两种模型可以认为是该模型的特殊情形。该模型由 3 个质量球组成,质量分别为 M_1,M_2 和 M_3。在如图所示本体坐标系 $O_1\text{-}x_1y_1z$ 中,M_1,M_2 和 M_3 的坐标分别为$(-L/2,0,0)$,$(L/2,0,0)$,$(l_1,l_2,0)$。定义质心本体坐标系 $O\text{-}xyz$,x 轴和 y 轴与本体坐标系 $O_1\text{-}x_1y_1z$ 平行。定义三球的归一化质量为 μ_1,$\mu_2(1-\mu_1)$和$(1-\mu_2)(1-\mu_1)$,以及 M_3 球的归一化位置偏离量为 $\sigma_1=l_1/L$,$\sigma_2=l_2/L$,并选取归一化长度单位为 L,则 3 个球在坐标系 $O\text{-}xyz$ 下的归一化坐标为

$$\begin{cases}\hat{x}_{M_1}=-\dfrac{1}{2}+\dfrac{\mu_1}{2}-\dfrac{\mu_2(1-\mu_1)}{2}-\dfrac{(1-\mu_2)(1-\mu_1)}{2}\sigma_1\\[2mm] \hat{y}_{M_1}=-\dfrac{(1-\mu_2)(1-\mu_1)}{2}\sigma_2\\[2mm] \hat{z}_{M_1}=0\end{cases} \tag{2-63}$$

$$\begin{cases}\hat{x}_{M_2}=\dfrac{1}{2}+\dfrac{\mu_1}{2}-\dfrac{\mu_2(1-\mu_1)}{2}-\dfrac{(1-\mu_2)(1-\mu_1)}{2}\sigma_1\\[2mm] \hat{y}_{M_2}=-\dfrac{(1-\mu_2)(1-\mu_1)}{2}\sigma_2\\[2mm] \hat{z}_{M_2}=0\end{cases} \tag{2-64}$$

$$\begin{cases}\hat{x}_{M_3}=\sigma_1+\dfrac{\mu_1}{2}-\dfrac{\mu_2(1-\mu_1)}{2}-\dfrac{(1-\mu_2)(1-\mu_1)}{2}\sigma_1\\[2mm] \hat{y}_{M_3}=\dfrac{(1-\mu_2)(1-\mu_1)}{2}\sigma_2\\[2mm] \hat{z}_{M_3}=0\end{cases} \tag{2-65}$$

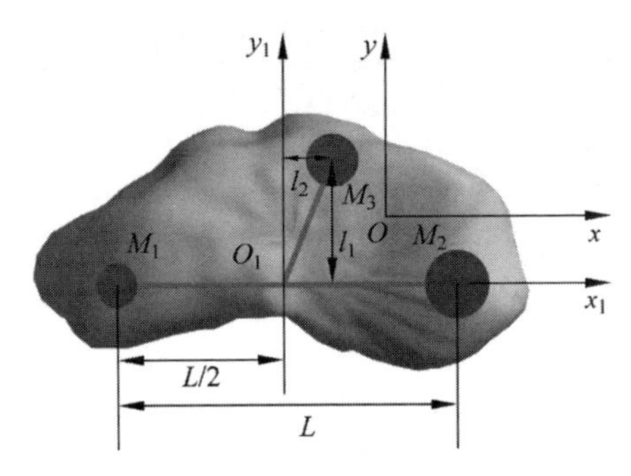

图 2-8 非对称型旋转质量三极子模型示意图

对于该模型,引力势能的表达式为

$$\hat{V}^* = -\frac{\hat{x}^2 + \hat{y}^2}{2} - k\left[\frac{\mu_1}{\hat{r}_1} + \frac{\mu_2(1-\mu_1)}{\hat{r}_2} + \frac{(1-\mu_2)(1-\mu_1)}{\hat{r}_3}\right] \tag{2-66}$$

式中,$\hat{r}_i = \sqrt{(\hat{x}-\hat{x}_{Mi})^2 + (\hat{y}-\hat{y}_{Mi})^2}$,$i=1,2,3$。

根据式(2-66)可以推导得有效势能的梯度为

$$\hat{V}_x^* = -\hat{x} + k\left[\frac{\mu_1}{\hat{r}_1^3}(\hat{x}-\hat{x}_{M_1}) + \frac{\mu_2(1-\mu_1)}{\hat{r}_2^3}(\hat{x}-\hat{x}_{M_2}) + \frac{(1-\mu_2)(1-\mu_1)}{\hat{r}_3^3}(\hat{x}-\hat{x}_{M_3})\right] \tag{2-67}$$

$$\hat{V}_y^* = -\hat{y} + k\left[\frac{\mu_1}{\hat{r}_1^3}(\hat{y}-\hat{y}_{M_1}) + \frac{\mu_2(1-\mu_1)}{\hat{r}_2^3}(\hat{y}-\hat{y}_{M_2}) + \frac{(1-\mu_2)(1-\mu_1)}{\hat{r}_3^3}(\hat{y}-\hat{y}_{M_3})\right] \tag{2-68}$$

$$\hat{V}_z^* = k\left[\frac{\mu_1}{\hat{r}_1^3}\hat{z} + \frac{\mu_2(1-\mu_1)}{\hat{r}_2^3}\hat{z} + \frac{(1-\mu_2)(1-\mu_1)}{\hat{r}_3^3}\hat{z}\right] \tag{2-69}$$

根据 2.3.3 节可知,分析平衡点拓扑分类时需要用到有效势的梯度矩阵。由于 $\hat{V}_{rr} = -\hat{V}_{rr}^*$,根据式(2-67)~式(2-69)可得非对称型旋转质量三极子模型梯度矩阵的分量分别为

$$\begin{aligned}\hat{V}_{xx} = -\hat{V}_{xx}^* = 1 - k\Bigg[&\frac{\mu_1}{\hat{r}_1^3} - \frac{3\mu_1}{\hat{r}_1^5}(\hat{x}-\hat{x}_{M_1})^2 + \frac{\mu_2(1-\mu_1)}{\hat{r}_2^3} - \\ &\frac{3\mu_2(1-\mu_1)}{\hat{r}_2^5}(\hat{x}-\hat{x}_{M_2})^2 + \frac{(1-\mu_2)(1-\mu_1)}{\hat{r}_3^3} - \\ &\frac{(1-\mu_2)(1-\mu_1)}{\hat{r}_3^5}(\hat{x}-\hat{x}_{M_3})^2\Bigg]\end{aligned} \tag{2-70}$$

$$\hat{V}_{yy} = -\hat{V}_{yy}^* = 1 - k\left[\frac{\mu_1}{\hat{r}_1^3} - \frac{3\mu_1}{\hat{r}_1^5}(\hat{y}-\hat{y}_{M_1})^2 + \frac{\mu_2(1-\mu_1)}{\hat{r}_2^3} - \right.$$

$$\frac{3\mu_2(1-\mu_1)}{\hat{r}_2^5}(\hat{y}-\hat{y}_{M_2})^2+\frac{(1-\mu_2)(1-\mu_1)}{\hat{r}_3^3}-\frac{(1-\mu_2)(1-\mu_1)}{\hat{r}_3^5}(\hat{y}-\hat{y}_{M_3})^2\Bigg] \tag{2-71}$$

$$\hat{V}_{zz}=-\hat{V}_{zz}^*=-k\left[\frac{\mu_1}{\hat{r}_1^3}-\frac{3\mu_1}{\hat{r}_1^5}\hat{z}^2+\frac{\mu_2(1-\mu_1)}{\hat{r}_2^3}-\frac{3\mu_2(1-\mu_1)}{\hat{r}_2^5}\hat{z}^2+\frac{(1-\mu_2)(1-\mu_1)}{\hat{r}_3^3}-\frac{(1-\mu_2)(1-\mu_1)}{\hat{r}_3^5}\hat{z}^2\right] \tag{2-72}$$

$$\hat{V}_{xy}=-\hat{V}_{xy}^*=3k\left[\frac{\mu_1}{\hat{r}_1^5}(\hat{x}-\hat{x}_{M_1})(\hat{y}-\hat{y}_{M_1})+\frac{\mu_2(1-\mu_1)}{\hat{r}_2^5}(\hat{x}-\hat{x}_{M_2})(\hat{y}-\hat{y}_{M_2})+\frac{(1-\mu_2)(1-\mu_1)}{\hat{r}_3^5}(\hat{x}-\hat{x}_{M_3})(\hat{y}-\hat{y}_{M_3})\right] \tag{2-73}$$

$$\hat{V}_{xz}=-\hat{V}_{xz}^*=3k\hat{z}\left[\frac{\mu_1}{\hat{r}_1^5}(\hat{x}-\hat{x}_{M_1})+\frac{\mu_2(1-\mu_1)}{\hat{r}_2^5}(\hat{x}-\hat{x}_{M_2})+\frac{(1-\mu_2)(1-\mu_1)}{\hat{r}_3^5}(\hat{x}-\hat{x}_{M_3})\right] \tag{2-74}$$

$$\hat{V}_{yz}=-\hat{V}_{yz}^*=3k\hat{z}\left[\frac{\mu_1}{\hat{r}_1^5}(\hat{y}-\hat{y}_{M_1})+\frac{\mu_2(1-\mu_1)}{\hat{r}_2^5}(\hat{y}-\hat{y}_{M_2})+\frac{(1-\mu_2)(1-\mu_1)}{\hat{r}_3^5}(\hat{y}-\hat{y}_{M_3})\right] \tag{2-75}$$

2.5.2 旋转质量偶极子模型参数确定

根据旋转质量偶极子模型的定义，该模型中涉及的未知变量较少（M 和 ω 设定为和小行星相关物理参数一致）。对于未知变量的确定，Zeng 等[16]提出通过匹配简化模型平衡点位置和小行星自然平衡点位置（可由多面体模型求解获得）进行求解。这里简要地给出其求解方法（详细求解方法可以参见文献[16]）：

（1）计算小行星 4 个外部平衡点的位置 $[x_{E_i},y_{E_i},z_{E_i}]^{\mathrm{T}}$，$i=1,2,3,4$。

（2）根据以下两式：

$$\begin{cases} x_s(E_2)=x_{E_2} \\ y_s(E_i)=0, \quad i=1,2 \end{cases} \tag{2-76}$$

$$\begin{cases} x_s(E_4)=x_s(E_3)=\dfrac{|x_{E_3}|+|x_{E_4}|}{2} \\ y_s(E_4)=-y_s(E_3)=\dfrac{|y_{E_3}|+|y_{E_4}|}{2} \end{cases} \tag{2-77}$$

计算简化模型平衡点的位置(下标为 s),并通过

$$\Lambda_{Xs}=\frac{x_s(E_4)}{x_s(E_2)},\quad \Lambda_{Ys}=\frac{y_s(E_4)}{x_s(E_2)} \tag{2-78}$$

计算 Λ_{Xs} 和 Λ_{Ys}。

(3) 定义

$$\Lambda_P=\Lambda_X+|\Lambda_{Ys}-\Lambda_{Xs}| \tag{2-79}$$

绘制 Λ_Y 和 Λ_P 关于参数$[\mu,k]$的曲线。在同一图中绘制常值直线 Λ_{Ys}。

(4) 搜索三条线的交点即满足如下条件的点:

$$\Lambda_P=\Lambda_Y=\Lambda_{Ys} \tag{2-80}$$

交点的 x 轴坐标为 μ,y 轴坐标为 k。然后通过下式求解小行星的特征长度 L:

$$L=\frac{x_s(E_2)}{\hat{x}_s(E_2)} \tag{2-81}$$

文献[16]中根据上述方法求解得到了部分细长形小行星(如 216 Kleopatra、951 Gaspra、1620 Geographos 等)的参数,如表 2.1 所示。旋转质量偶极子模型也可以通过优化的方法进行,参见 2.5.3 节。

表 2.1 细长形小行星旋转质量偶极子模型参数[16,17]

小行星	μ	k	T/h	M/kg	L/km
216 Kleopatra	0.486 115	0.909 481	5.385	$2.613\,695\times10^{18}$	122.2113
951 Gaspra	0.229 884	6.639 437	7.042	$2.279\,868\times10^{15}$	7.1982
1620 Geographos	0.436 185	1.343 057	5.223	$2.267\,664\times10^{13}$	2.0988
1996 HW1	0.409 375	4.259 323	8.757	$1.546\,198\times10^{13}$	1.8268
2063 Bacchus	0.443 313	13.898 275	14.900	$2.716\,549\times10^{11}$	0.4563
25 143 Itokawa	0.434 122	16.083 610	12.132	$4.726\,067\times10^{10}$	0.2115

2.5.3 旋转质量三极子模型参数确定

1. 模型参数确定方法

旋转质量三极子模型参数确定思路与旋转质量偶极子模型参数确定的思路一致,即通过匹配简化模型和小行星平衡点的位置来确定参数。但是,旋转质量三极子模型相比于旋转质量偶极子模型所涉及的参数更多。因此,不能直接应用旋转质量偶极子模型的参数确定方法。本小节给出一种基于非线性优化方法的模型参数确定方法。

以非对称型旋转质量三极子模型为例,该方法如下所述:

选取待确定的模型参数为优化变量,即 $X=[L,\sigma_1,\sigma_2,\mu_1,\mu_2]$。在优化前设定每个优化变量的上界约束$[L_{max},\sigma_{1max},\sigma_{2max},\mu_{1max},\mu_{2max}]$和下界约束$[L_{min}$,

$\sigma_{1\min},\sigma_{2\min},\mu_{1\min},\mu_{2\min}]$。选取非线性优化的性能指标为

$$J_0=\sum_{i=1}^{n}\sqrt{(\hat{x}_{E_i}L-x_{E_i}^*)^2+(\hat{y}_{E_i}L-y_{E_i}^*)^2+(z_{E_i}^*)^2} \tag{2-82}$$

其中，$[\hat{x}_{E_i},\hat{y}_{E_i},\hat{z}_{E_i}]$为归一化的简化模型平衡点位置，$[x_{E_i}^*,y_{E_i}^*,z_{E_i}^*]$为小行星平衡点的位置(本书通过多面体模型方法[15]确定)，下标 i 为平衡点的编号，n 表示平衡点总数。根据文献[8]数据可知，细长形小行星通常具有 4 个外部平衡点。因此，$n=4$。

式(2-82)中的性能指标可以通过非线性优化求解器(如 MATLAB 中 fmincon 函数)求解得到。

若对于对称型旋转质量三极子模型，则优化变量 X 应为 $X=[L,0,\sigma,\mu,\mu/(1-\mu)]$。

2. 仿真算例与结果

下面针对三颗细长形小行星 243 Ida、433 Eros 和 1996 HW1，采用前述方法确定简化模型的参数，并分析结果。

仿真所用小行星物理参数及用于求解小行星平衡点位置的多面体模型参数如表 2.2 所示。基于小行星多面体模型方法，使用 2.3.3 节中所述的平衡点位置求解方法可以获得小行星的平衡点位置，如表 2.3 所示。

表 2.2 小行星物理参数和多面体模型参数

小行星	密度/(g/cm^3)	ω/(rad/s)	M/kg	面和顶点/数目
243 Ida	2.6	0.000 376 960 961 553 851	$4.077\,860\times10^{16}$	2522,5040[20]
433 Eros	2.67	0.000 331 182 021 251 296	$6.652\,614\times10^{15}$	856,1708[21]
1996 HW_1	3.56	0.000 199 306 754 824 064	$1.543\,656\times10^{13}$	1392,2780[22]

表 2.3 小行星多面体模型平衡点位置

小行星	E_1/km	E_2/km	E_3/km	E_4/km
243 Ida	[31.3950,−5.9630,0.0340]	[−1.4150,25.4106,−0.3786]	[−33.3547,−4.8504,−1.0886]	[−2.1609,−23.5709,0.0975]
433 Eros	[19.1304,−2.6118,0.1414]	[0.4717,14.6974,−0.0615]	[−19.6938,−3.3419,0.1218]	[−0.4475,−13.9483,−0.0734]
1996 HW1	[3.2117,0.1338,−0.0023]	[−0.1501,2.8076,0.0005]	[−3.2684,0.0841,−0.0010]	[−0.1811,−2.8258,0.0001]

在仿真中所用的对称型和非对称型旋转质量三极子模型参数的上下界约束条件分别如下：

(1) 对称型旋转质量三极子模型：对小行星 243 Ida、433 Eros 和 1996 HW1，分别设定 $[L_{\max},L_{\min}]$为[30,60] km、[20,40] km 和[1,4] km。对 3 颗小行星，$[\sigma_{\min},\sigma_{\max}]$均设定为[−0.3,0.3]，$[\mu_{\min},\mu_{\max}]$均设定为[0.001,0.499]。

(2) 非对称型旋转质量三极子模型：对小行星 243 Ida、433 Eros 和 1996 HW1，分别设定 $[L_{max}, L_{min}]$为[30,60] km,[20,40] km and [1,4] km。对 3 颗小行星，$[\sigma_{1min}, \sigma_{1max}]$均设定为[−0.5,0.5]，$[\mu_{1min}, \mu_{1max}]$和$[\mu_{2min}, \mu_{2max}]$均设定为[0.001,0.999]。对小行星 243 Ida 和 433 Eros，设定$[\sigma_{2min}, \sigma_{2max}]$为[−0.2,0.2]；对小行星 1996 HW1，设定$[\sigma_{2min}, \sigma_{2max}]$为[−0.4,0.4]。

上述约束条件的选定过程如下所述：

对于几何参数 L、σ_1、σ_2 和 σ，则根据小行星的实际形状选取。若优化后发某一几何参数的最优值落在边界上，则扩大其范围并重新优化使得最优值落在上下界之间。而对于质量比例参数，上下界约束条件则选取为其理论范围。

此外，优化中所用的参数猜测初值分别如下：

(1) 对称型旋转质量三极子模型：对 3 颗小行星，$[L, \sigma, \mu]$分别选取为[40,0.2,0.4]，[30,0.2,0.4]和[2,0.2,0.4]。

(2) 非对称型旋转质量三极子模型：对 3 颗小行星，$[L, \sigma_1, \sigma_2, \mu_1, \mu_2]$ 分别选取为[40,0.0,0.2,0.5,0.5]，[30,0.0,0.2,0.5,0.5]和[2,0.0,0.0,0.5,0.5]。

根据上述的优化参数设定和模型参数确定方法，可以获得旋转质量三极子模型参数结果，分别如表 2.4 和表 2.5 所示。其中，表中性能指标 J_1 和 J_2 的定义为

$$J_1 = \max\left(\frac{\sqrt{(\hat{x}_{E_i}L - x_{E_i}^*)^2 + (\hat{y}_{E_i}L - y_{E_i}^*)^2 + (z_{E_i}^*)^2}}{L} \times 100\%\right) \tag{2-83}$$

$$J_2 = \min\left(\frac{\sqrt{(\hat{x}_{E_i}L - x_{E_i}^*)^2 + (\hat{y}_{E_i}L - y_{E_i}^*)^2 + (z_{E_i}^*)^2}}{L} \times 100\%\right) \tag{2-84}$$

对比表 2.5 和表 2.4，可以看到非对称型旋转质量三极子模型相比于对称型旋转质量三极子模型对 3 颗小行星均具有更小的平衡点位置匹配总偏差 J_0。采用该模型，单个平衡点的相对误差最大值仅分别为 3.0860%、3.7642% 和 0.6936%。而对于单个平衡点的相对误差最大值，也仅小行星 433 Eros 的情形中非对称型旋转质量三极子模型略大。因此，非对称型旋转质量三极子模型具有更佳的性能。

表 2.4 对称型旋转质量三极子模型参数结果

小行星	L/km	σ	μ	k	J_0/km	J_1/%	J_2/%
243 Ida	33.7302	0.2097	0.2465	0.4990	6.3052	6.7963	0.7076
433 Eros	21.0353	0.1717	0.2601	0.4348	2.1849	3.5865	1.3244
1996 HW1	2.0174	−0.2596	0.4434	3.1580	0.1409	3.1797	0.4126

表 2.5 非对称型旋转质量三极子模型参数结果

小行星	L/km	σ_1	σ_2	μ_1	μ_2	k	J_0/km	J_1/%	J_2/%
243 Ida	37.1096	0.0500	0.1719	0.1893	0.3132	0.3747	1.9082	3.0860	0.1038
433 Eros	21.3237	0.0074	0.1604	0.2373	0.3597	0.4174	1.6342	3.7642	0.3464
1996 HW1	1.9931	0.0913	−0.3929	0.4014	0.9097	3.2749	0.0183	0.6936	0.0089

下面进一步给出非对称型旋转质量三极子模型的平衡点拓扑分类以及有效势能与多面体模型的对比,分析该模型的有效性。

根据2.3.3节所述方法,可以得到对三颗目标小行星平衡点的拓扑分类结果,如表2.6所示。对比该结果与多面体模型平衡点拓扑分类结果,可知该简化模型可以获得与多面体模型具有相同拓扑分类的平衡点。

表2.6 小行星平衡点拓扑分类

小行星	E_1	E_2	E_3	E_4
243 Ida	类别2	类别5	类别2	类别5
433 Eros	类别2	类别5	类别2	类别5
1996 HW1	类别2	类别5	类别2	类别5

小行星243 Ida、433 Eros和1996 HW1的附近比有效势能的分布如图2-9所示。其中,图2-9(a)、(c)和(e)为非对称型旋转质量三极子模型结果,而图2-9(b)、(d)和(f)为多面体模型结果。首先,由该图可见,非对称型旋转质量三极子模型每一个平衡点(由点标记)与相应的多面体模型平衡点几乎都具有相同的位置。其次,对比图2-9(a)和(b)、图2-9(c)和(d)、图2-9(e)和(f)可知两种模型有效势能的分布也非常接近。

进一步对比非对称型旋转质量三极子模型和多面体模型关于有效势和引力势的相对误差。这两种相对误差的计算表达式为

$$E_V=\left|\frac{V_{\text{简化模型}}-V_{\text{多面体模型}}}{V_{\text{多面体模型}}}\right|\times 100\%,\quad E_U=\left|\frac{U_{\text{简化模型}}-U_{\text{多面体模型}}}{U_{\text{多面体模型}}}\right|\times 100\% \tag{2-85}$$

结果如图2-10所示。其中,图2-10(a)、(c)和(e)表示有效势相对误差,而图2-10(b)、

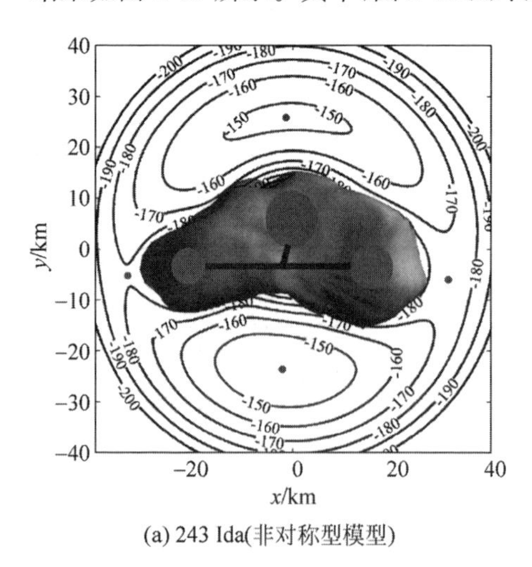

(a) 243 Ida(非对称型模型)

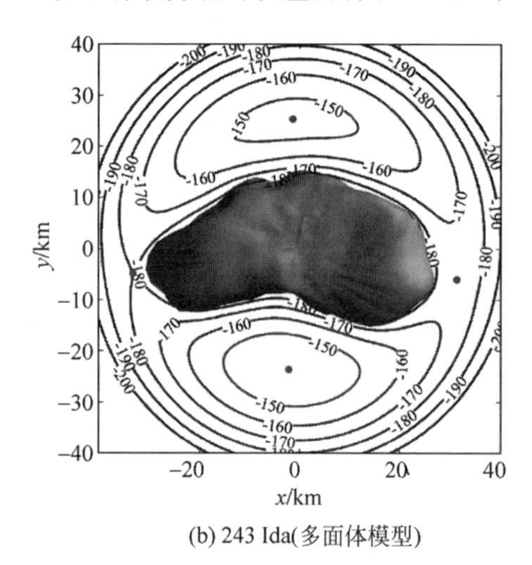

(b) 243 Ida(多面体模型)

图2-9 小行星附近比有效势能(m^2/s^2)分布

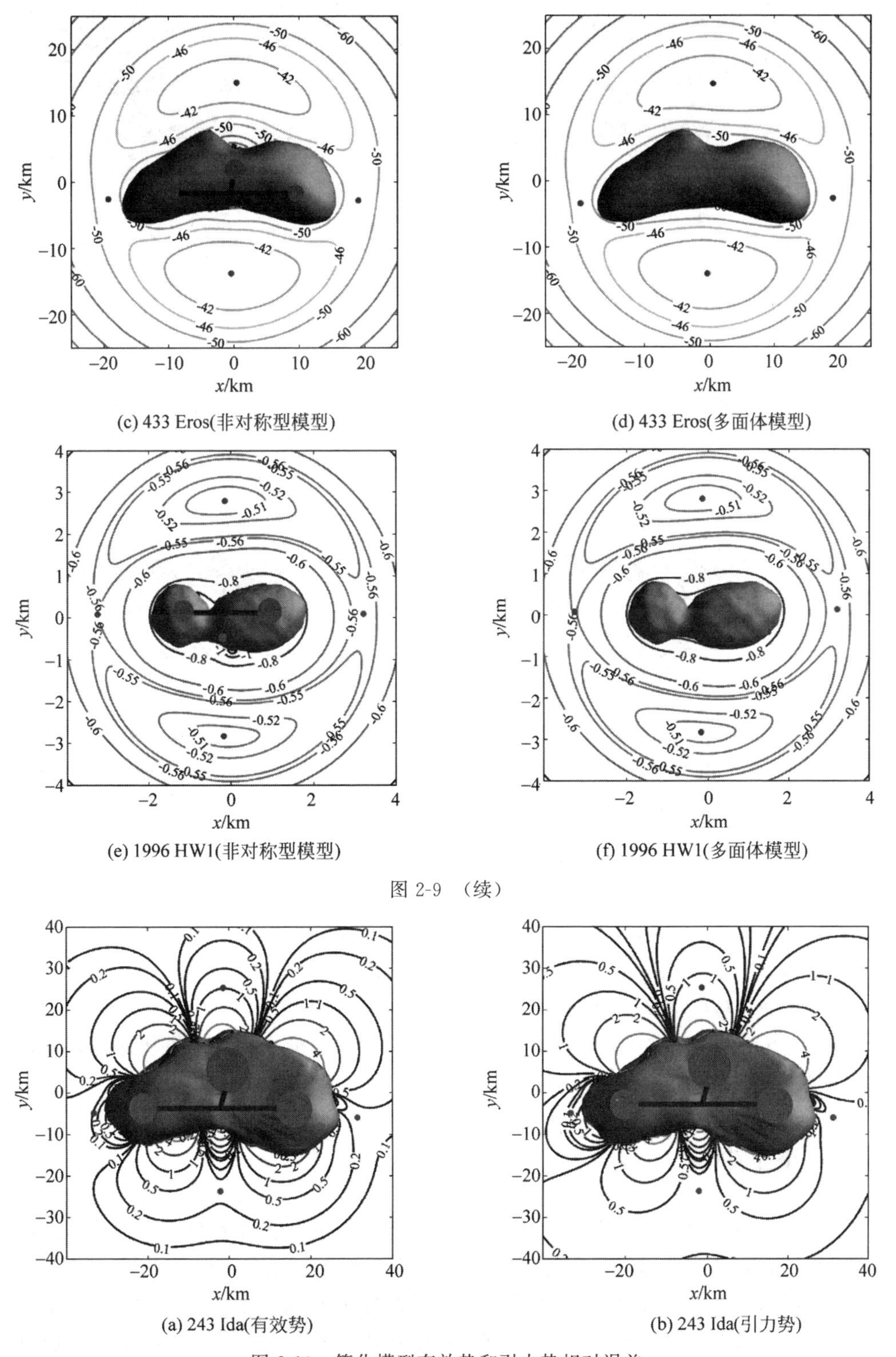

(c) 433 Eros(非对称型模型)

(d) 433 Eros(多面体模型)

(e) 1996 HW1(非对称型模型)

(f) 1996 HW1(多面体模型)

图 2-9 (续)

(a) 243 Ida(有效势)

(b) 243 Ida(引力势)

图 2-10 简化模型有效势和引力势相对误差

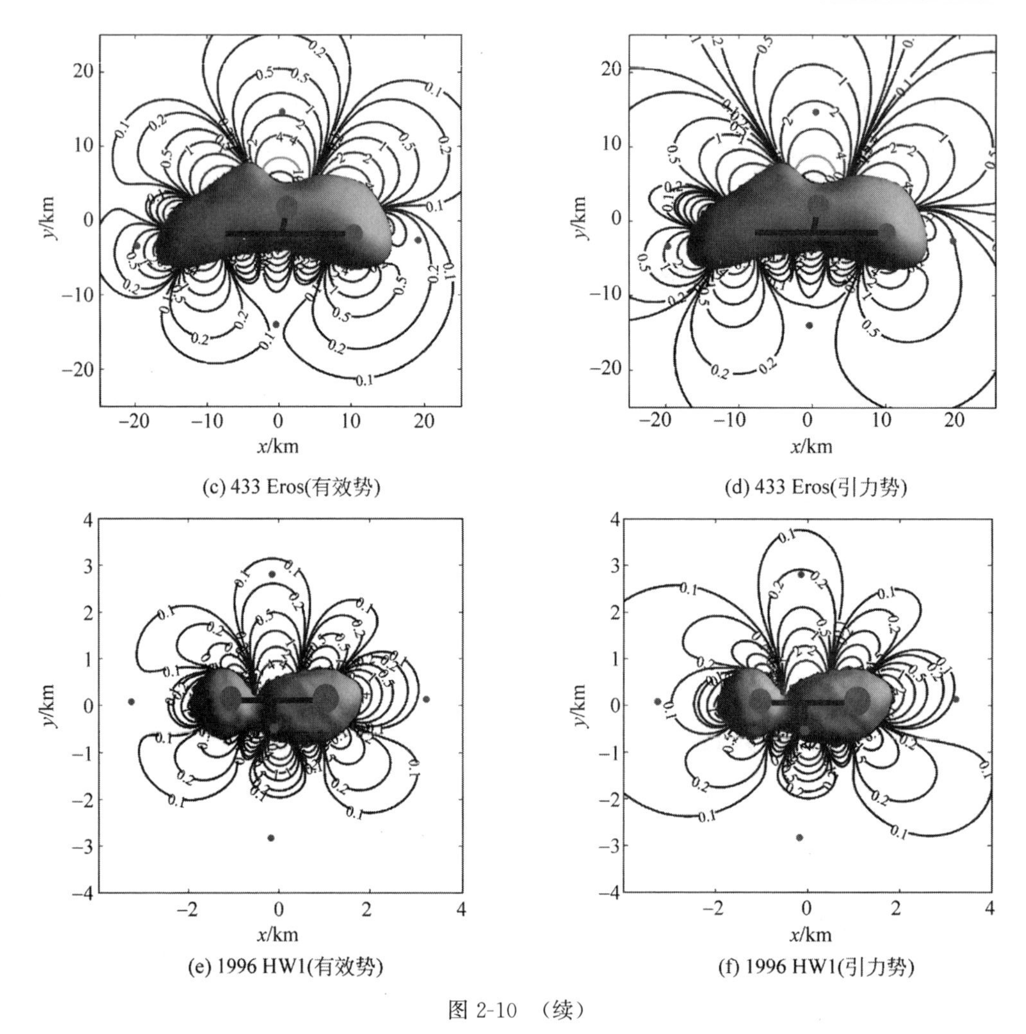

(c) 433 Eros(有效势)

(d) 433 Eros(引力势)

(e) 1996 HW1(有效势)

(f) 1996 HW1(引力势)

图 2-10 (续)

(d)和(f) 表示引力势相对误差。由该图可知,相对误差仅在靠近小行星表面附近的小区域内大于 4%。而在小行星平衡点以外的区域,相对误差几乎都小于 2%。对于小行星 1996 HW1,相对误差在这些区域甚至可以小于 0.2%。

图 2-9 和图 2-10 结果均表明,非对称型旋转质量三极子模型能够较好地近似建模非对称的细长形小行星。

2.6 本章小结

本章介绍了用于后续章节中小行星探测器制导与控制的小行星质心本体坐标系和小行星质心惯性坐标系。针对探测器无控运动和受控运动两种情形,给出了矢量和标量形式的动力学方程,为探测器制导与控制提供基础。针对可用于小行星本体系悬停的特殊位置即平衡点,介绍了其位置的数值求解方法。基于探测器在平衡点附近受扰运动的线性化方程特征值，介绍了平衡点的拓扑分类。

对于不规则小行星，介绍了两种用于描述其引力场的一般方法即球谐函数模型方法和多面体模型方法。其中，多面体模型在后续章节的制导与控制方法研究中将广泛使用；球谐函数模型也将用于部分方法的仿真分析案例之中。针对不规则小行星中的一类常见的不规则小行星即细长形小行星，介绍了三种简化模型，包括旋转质量偶极子模型、对称型旋转质量三极子模型和非对称型旋转质量三极子模型，并介绍了两种模型参数确定的方法。细长形简化模型可用于小行星附近探测器悬停控制参数分析以及特殊控制律的设计。

参考文献

[1] 于洋. 小天体引力场中的轨道动力学研究[D]. 清华大学，2013.

[2] SCHEERES D J, OSTRO S J, HUDSON R S, et al. Orbits close to asteroid 4769 Castalia[J]. Icarus, 1996, 121(1): 67-87.

[3] 杨洪伟. 小行星附近轨迹优化与控制研究[D]. 清华大学，2017.

[4] LLANOS P J, MILLER J K, HINTZ G R. Orbital evolution and environmental analysis around asteroid 2008 EV5[C]//24th AAS/AIAA Space Flight Mechanics Meeting, January 26-30, 2014, Santa Fe, New Mexico. AAS 14-360.

[5] YANG H, GONG S, BAOYIN H. Two-impulse transfer orbits connecting equilibrium points of irregular-shaped asteroids[J]. Astrophysics and space science, 2015, 357(1).

[6] MORÉ J J, GARBOW B S, HILLSTROM K E. User guide for MINPACK-1[R]. United States: Argonne National Lab, 1980.

[7] JIANG Y, BAOYIN H, Li J, et al. Orbits and manifolds near the equilibrium points around a rotating asteroid[J]. Astrophysics and space science, 2014, 349(1): 83-106.

[8] WANG X, JIANG Y, GONG S. Analysis of the potential field and equilibrium points of irregular-shaped minor celestial bodies[J]. Astrophysics and space science, 2014, 353(1): 105-121.

[9] HU W. Orbital motion in uniformly rotating second degree and order gravity fields[D]. University of Michigan, 2002.

[10] SAWAI S, SCHEERES D J, BROSCHART S B. Control of hovering spacecraft using altimetry [J]. Journal of guidance, control, and dynamics, 2002, 25(4): 786-795.

[11] SUROVIK D A, SCHEERES D J. Adaptive reachability analysis to achieve mission objectives in strongly non-keplerian systems[J]. Journal of guidance, control, and dynamics, 2015, 38(3): 468-477.

[12] YANG H, BAI X, BAOYIN H. Rapid generation of time-optimal trajectories for asteroid landing via convex optimization[J]. Journal of guidance, control, and dynamics, 2017, 40(3): 628-641.

[13] YANG H, BAI X, BAOYIN H. Finite-time control for asteroid hovering and landing via terminal sliding-mode guidance[J]. Acta astronautica, 2017, 132: 78-89.

[14] PINSON R, LU P. Trajectory design employing convex optimization for landing on irregularly shaped asteroids[J]. Journal of guidance, control, and dynamics, 2018, 41(6): 1243-1256.

[15] WERNER R A, SCHEERES D J. Exterior gravitation of a polyhedron derived and compared

with harmonic and mascon gravitation representations of asteroid 4769 Castalia[J]. Celestial mechanics and dynamical astronomy,1996,65(3): 313-344.

[16] ZENG X,JIANG F,LI J,et al. Study on the connection between the rotating mass dipole and natural elongated bodies[J]. Astrophysics and space science,2015,356(1): 29-42.

[17] YANG H W,ZENG X Y,BAOYIN H. Feasible region and stability analysis for hovering around elongated asteroids with low thrust[J]. Research in astronomy and astrophysics,2015,15(9): 1571-1586.

[18] LAN L,YANG H,BAOYIN H,et al. Retrograde near-circular periodic orbits near equatorial planes of small irregular bodies[J]. Astrophysics and space science,2017,362(9).

[19] YANG H W,LI S,XU C. A particle-linkage model for non-axisymmetric elongated asteroids [J]. Research in astronomy and astrophysics,2018,18(7).

[20] STOOKE P. Stooke Small Body Shape Models V2. 0. NASA Planetary Data System,EAR-A-5-DDR-STOOKE-SHAPE-MODELS-V2. 0 [EB/OL]. (2016-10-04) [2018-08-15]. https://sbnarchive. psi. edu/pds3/non_mission/EAR_A_5_DDR_STOOKE_SHAPE_MODELS_V2_0/.

[21] THOMAS P C,JOSEPH J,CARCICH B T,et al. NEAR MSI SHAPE MODEL FOR 433 EROS V1. 0. NASA Planetary Data System,NEAR-A-MSI-5-EROS-SHAPE-MODELS-V1. 0 [EB/OL]. (2004-08-02)[2018-03-05]. https://sbn. psi. edu/pds/resource/nearmod. html.

[22] MAGRI C,HOWELL E S,NOLAN M C,et al. Shape and Rotation of (8567) 1996 HW1 V1. 0. NASA Planetary Data System, EAR-A-I0037-5-SHAPE8567-V1. 0 [EB/OL]. (2017-10-24)[2018-08-15]. https://sbn. psi. edu/pds/resource/shape8567. html.

第3章 小行星引力场中的悬停控制

3.1 引言

本章介绍探测器在小行星引力场中的悬停控制。小行星附近悬停是探测小行星的一种重要且有效的方式。理想的探测器悬停是指探测器在某一小行星坐标系下保持位置不变。根据探测器悬停描述的坐标系可以将悬停分为惯性系悬停和本体系悬停[1]。若探测器执行惯性系悬停,则其轨道在小行星本体系下为闭合的圆形轨道。惯性系悬停对小行星表面大范围测绘较为有利。若探测器执行本体系悬停,则其轨道在小行星本体系下为一个固定的点,即探测器与小行星相对位置保持静止。本体系悬停可以用于对特定区域的高分辨率测量,而且有利于简化小行星采样返回任务中的下降和上升机动[1]。小行星近距离探测悬停的研究主要针对本体系悬停,因此本章内容将针对本体系悬停情形进行分析和讨论。下面将本体系悬停简称为悬停。本章介绍的小行星附近悬停点可以作为后续章节中转移轨道和着陆下降轨迹的起始点。

为了实现悬停,探测器需要提供主动控制抵消小行星引力和离心力的合力。悬停所需控制仅在小行星附近自然平衡点处为零。对于非自然平衡点悬停的情形,由于探测器所需主动控制不为零,相应的悬停点称为人工平衡点。根据人工平衡点求得的标称控制为开环控制。但是,探测器除了受到引力和离心力之外还受到太阳第三体摄动等其他摄动力的影响。由于并非所有的(人工或自然)平衡点均为稳定平衡点,为了实现探测器在目标平衡点处的悬停保持,也有必要对探测器施加除人工平衡点标称控制之外的反馈闭环控制。

本章首先介绍悬停所需的动力学方程以及悬停相关的约束条件。然后,将对探测器悬停所在位置即人工平衡点开展动力学分析,包括其拓扑分类与分岔现象、人工平衡点集分布、稳定性条件与稳定平衡点分布以及在人工平衡点观测小行星表面时可以覆盖的区域。之后,依次介绍悬停反馈线性化控制和滑模控制。其中,反馈线性化控制分别讨论特定小行星自然平衡点的控制和一般悬停点处的控制。而滑模控制是一种非线性闭环控制方法,可以使受控系统具有全局稳定性。本章介绍一种具有有限时间稳定性的终端滑模控制方法。本章涉及的悬停控制方法的有效性均通过数值仿真算例进行验证。

3.2 悬停动力学方程和约束条件

本节考虑探测器在小行星本体系悬停情形,给出探测器悬停动力学方程和约束条件。

记探测器控制加速度为 $\boldsymbol{u}$,则根据方程(2-6)可得

$$\ddot{\boldsymbol{r}}+2\boldsymbol{\omega}\times\dot{\boldsymbol{r}}+\boldsymbol{\omega}\times(\boldsymbol{\omega}\times\boldsymbol{r})-\frac{\partial U(\boldsymbol{r})}{\partial\boldsymbol{r}}=\boldsymbol{u} \tag{3-1}$$

由第 2 章可知，当 $\boldsymbol{u}=\mathbf{0}$ 时，式(3-1)存在广义能量积分。而当 $\boldsymbol{u}$ 为某一非零常值时，上述方程也存在广义能量积分。根据第 2 章中有效势的定义：

$$V(\boldsymbol{r})=\frac{1}{2}(\boldsymbol{\omega}\times\boldsymbol{r})(\boldsymbol{\omega}\times\boldsymbol{r})+U(\boldsymbol{r}) \tag{3-2}$$

可以定义常值控制加速度情形下的广义有效势[2,3]，即

$$\widetilde{V}(\boldsymbol{r})=\frac{1}{2}(\boldsymbol{\omega}\times\boldsymbol{r})(\boldsymbol{\omega}\times\boldsymbol{r})+U(\boldsymbol{r})+\boldsymbol{u}\cdot\boldsymbol{r} \tag{3-3}$$

根据式(3-2)和式(3-3)，可以推导得到如下关系：

$$\begin{cases}\widetilde{V}(\boldsymbol{r})=V(\boldsymbol{r})+\boldsymbol{u}\cdot\boldsymbol{r}\\[2mm]\dfrac{\partial\widetilde{V}(\boldsymbol{r})}{\partial\boldsymbol{r}}=\dfrac{\partial V(\boldsymbol{r})}{\partial\boldsymbol{r}}+\boldsymbol{u}\\[2mm]\dfrac{\partial^2\widetilde{V}(\boldsymbol{r})}{\partial\boldsymbol{r}^2}=\dfrac{\partial^2 V(\boldsymbol{r})}{\partial\boldsymbol{r}^2}\end{cases} \tag{3-4}$$

将式(3-3)代入式(3-1)，则可以重新得到探测器的动力学方程为

$$\ddot{\boldsymbol{r}}=-2\boldsymbol{\omega}\times\dot{\boldsymbol{r}}+\frac{\partial\widetilde{V}}{\partial\boldsymbol{r}} \tag{3-5}$$

动力学方程(3-5)的广义能量是守恒的，即雅可比常数为

$$J=\frac{1}{2}\dot{\boldsymbol{r}}\cdot\dot{\boldsymbol{r}}-\widetilde{V}(\boldsymbol{r}) \tag{3-6}$$

式(3-6)与式(2-11)形式一致。

在理想情形下，本体系悬停时探测器相对于与小行星保持静止，即 $\dot{\boldsymbol{r}}=\ddot{\boldsymbol{r}}=\mathbf{0}$。该条件与探测器在小行星平衡点处需满足的条件一致。在下文中，探测器保持相对静止的位置称为人工平衡点。将 $\dot{\boldsymbol{r}}=\ddot{\boldsymbol{r}}=\mathbf{0}$ 代入式(3-1)可得

$$\boldsymbol{u}_{\mathrm{E}}=\boldsymbol{\omega}\times(\boldsymbol{\omega}\times\boldsymbol{r})-\frac{\partial U(\boldsymbol{r})}{\partial\boldsymbol{r}} \tag{3-7}$$

其中，下标 E 表示人工平衡点。式(3-7)表示探测器在某人工平衡点处悬停所需的控制加速度，其分量为

$$\begin{cases}u_x=\omega^2 r_x-\dfrac{\partial U}{\partial x}\\[2mm]u_y=-\omega^2 r_y-\dfrac{\partial U}{\partial y}\\[2mm]u_z=-\dfrac{\partial U}{\partial z}\end{cases} \tag{3-8}$$

根据式(3-7)可知，探测器悬停所需控制取决于其位置。

由于探测器控制能力有限，因此

$$\|\boldsymbol{u}_{\mathrm{E}}\|\leqslant u_{\max} \tag{3-9}$$

式中,下标 max 表示最大值。结合式(3-7)和式(3-9)可知,人工平衡点的位置也即探测器可悬停位置需满足

$$\left\|\boldsymbol{\omega}\times(\boldsymbol{\omega}\times\boldsymbol{r})-\frac{\partial U(\boldsymbol{r})}{\partial \boldsymbol{r}}\right\|\leqslant u_{\max} \tag{3-10}$$

此外,探测器在人工平衡点悬停时也可能存在控制方向约束。如探测器使用光学相机观测小行星表面时,需要考虑推力方向约束以避免推力羽流干扰目标。控制方向约束条件可以记为[4]

$$\|\gamma(\boldsymbol{u}_{\mathrm{E}},\boldsymbol{r}_{\mathrm{E}})\|\leqslant\gamma_{\max} \tag{3-11}$$

其中,γ 为控制角,其定义为

$$-\frac{\boldsymbol{u}_{\mathrm{E}}\cdot\boldsymbol{\rho}}{\|\boldsymbol{u}_{\mathrm{E}}\|\ \|\boldsymbol{\rho}\|}=\cos\gamma \tag{3-12}$$

式(3-12)中观测方向$\boldsymbol{\rho}$ 的计算式为

$$\boldsymbol{\rho}=\boldsymbol{r}_{\mathrm{E}}-\boldsymbol{r}_{\mathrm{tar}} \tag{3-13}$$

其中,$\boldsymbol{r}_{\mathrm{tar}}$ 表示小行星表面上点的位置。

下面考虑探测器在某一人工平衡点附近受扰运动的方程。记探测器扰动量为

$$\boldsymbol{\delta}=\boldsymbol{r}-\boldsymbol{r}_{\mathrm{E}} \tag{3-14}$$

将式(3-14)代入式(3-5)可以推得该人工平衡点附近运动的线性化方程为

$$\dot{\boldsymbol{X}}=\boldsymbol{A}\boldsymbol{X} \tag{3-15}$$

其中,$\boldsymbol{X}=[\boldsymbol{\delta}\ ;\ \dot{\boldsymbol{\delta}}]$,并且 $\boldsymbol{A}$ 为该线性系统的雅可比矩阵,其表达式为

$$\boldsymbol{A}=\begin{bmatrix}\boldsymbol{0}_{3\times3} & \boldsymbol{I}_{3\times3}\\ \dfrac{\partial^2\widetilde{V}}{\partial\boldsymbol{r}^2} & -2\hat{\boldsymbol{\omega}}\end{bmatrix} \tag{3-16}$$

式中 $\boldsymbol{I}$ 为单位矩阵,$\hat{\boldsymbol{\omega}}$ 为旋转矩阵并且其形式如下:

$$\hat{\boldsymbol{\omega}}=\begin{bmatrix}0 & -\omega & 0\\ \omega & 0 & 0\\ 0 & 0 & 0\end{bmatrix} \tag{3-17}$$

3.3 人工平衡点动力学分析

在本节中,首先分析受控系统(3-5)平衡点的拓扑分类,然后分析控制加速度大小这一参数发生变化时平衡点的分岔现象。

3.3.1 人工平衡点拓扑分类与分岔

根据方程(3-15),人工平衡点附近运动线性化系统的特征方程为

$$\det(\lambda\boldsymbol{I}-\boldsymbol{A})=0 \tag{3-18}$$

式中，λ 为特征值。记 $V_{ij}=\frac{\partial^2 V}{\partial i\partial j}$，其下标 i,j 表示 x,y 或 z。根据 $\frac{\partial^2 \widetilde{V}(\boldsymbol{r})}{\partial \boldsymbol{r}^2}=\frac{\partial^2 V(\boldsymbol{r})}{\partial \boldsymbol{r}^2}$，以及 $V_{xy}=V_{yx}, V_{xz}=V_{zx}, V_{yz}=V_{zy}$，基于式(3-18)可以推导得到关于 λ 的多次多项式：

$$\begin{aligned}&\lambda^6+(4\omega^2-V_{xx}-V_{yy}-V_{zz})\lambda^4+(V_{xx}V_{yy}+V_{yy}V_{zz}+\\&V_{zz}V_{xx}-V_{xy}^2-V_{yz}^2-V_{xz}^2-4\omega^2 V_{zz})\lambda^2+\\&(V_{xx}V_{yz}^2+V_{yy}V_{xz}^2+V_{zz}V_{xy}^2-V_{xx}V_{yy}V_{zz}-2V_{xy}V_{yz}V_{xz})=0\end{aligned}\tag{3-19}$$

根据特征值在复平面内分布，可以对人工平衡点进行拓扑分类。由于特征方程(3-18)与第 2 章中自然平衡点的特征方程(2-31)完全一致，人工平衡点的拓扑分类也与自然平衡点拓扑分类相同。因此，根据文献[5-8]中结论，可以直接得到非退化非共振人工平衡点具有如下 5 种分类：

类别 1：$\pm i\beta(\beta_j\in\mathbf{R}^+;\ j=1,2,3)$

类别 2：$\pm\alpha_j(\alpha_j\in\mathbf{R}^+;\ j=1), \pm i\beta(\beta_j\in\mathbf{R}^+;\ j=1,2)$

类别 3：$\pm\alpha_j(\alpha_j\in\mathbf{R}^+;\ j=1,2), \pm i\beta(\beta_j\in\mathbf{R}^+;\ j=1)$

类别 4a：$\pm\alpha_j(\alpha_j\in\mathbf{R}^+;\ j=1), \pm\sigma\pm i\tau(\sigma,\tau\in\mathbf{R}^+)$

类别 4b：$\pm\alpha_j(\alpha_j\in\mathbf{R}^+;\ j=1,2,3)$

类别 5：$\pm\sigma\pm i\tau(\sigma,\tau\in\mathbf{R}^+), \pm i\beta(\beta_j\in\mathbf{R}^+;\ j=1)$

此外，人工平衡点附近周期轨道族数目也取决于其拓扑分类，其中根据文献[6-8]：类别 1 具有三族周期轨道，类别 2 有两族周期轨道，类别 3 和 5 仅有一族周期轨道。

人工平衡点位置的求解方法与第 2 章中自然平衡点位置求解方法基本相同。但是，非线性方程需修改为

$$\boldsymbol{\Phi}(\boldsymbol{r})=\frac{\partial U(\boldsymbol{r})}{\partial \boldsymbol{r}}-\boldsymbol{\omega}\times(\boldsymbol{\omega}\times\boldsymbol{r})+\boldsymbol{u}=\boldsymbol{0}\tag{3-20}$$

下面分析当 xy 平面内控制分量大小发生变化时平衡点的分岔现象。在仿真计算中，选取 NEAR 任务[9]探测的目标小行星 433 Eros 为例。通过多面体模型计算其引力场，其中多面体模型数据参见表 2.2。之所以选取 433 Eros 为例，是因为其自然平衡点数目和拓扑分类与许多细长形小行星如 243 Ida、951 Gaspra、1620 Geographos、2063 Bacchus、4769 Castalia 和 25 143 Itokawa 相同[5]。

平衡点移动路径的计算通过以下方法进行求解计算。首先，通过某一给定 $\boldsymbol{u}$ 时的广义有效势等高线图(见图 3-1)获得非线性方程(3-20)解的近似值。当求解得到精确解之后，逐步以一定小步长(例如，$1\times10^{-5}\ \mathrm{m/s^2}$)改变控制加速度大小进行数值延拓。在此过程中，前一步求解得到的人工平衡点位置作为新系统解的近似值并重新求解方程(3-20)获得精确解。需要指出的是，随着控制加速度增加或

降低,可能出现新的人工平衡点。新的人工平衡点出现的现象将借助等高线图进行检测。当延拓过程中发现人工平衡点消失,则在其附近搜索可能的新的人工平衡点。当发现某一给定 u 时出现了新的人工平衡点,则以该点为起始点,通过增大或者减小控制加速度进行数值延拓计算其路径。

值得指出的是,由图 3-1 可知小行星内部也存在一个平衡点。虽然这样的平衡点对于探测器悬停来说是不可行的,但是为了更好地理解受控系统(3-5)平衡点的分岔,计算平衡点路径时也将考虑小行星内部平衡点。

此外,图 3-1 中显示的平衡点为 $u=0$ 时的自然平衡点,其位置分别为(19.123,−2.612,0.141),(0.472,14.688,−0.062),(−19.687,−3.342,0.122),(−0.447,−13.938,−0.073)和(0.503,0.748,−0.177) km[10]。可以发现这些自然平衡点的位置并非正好落在赤道面内,故图 3-1 和之后的图中绘制的实际上是这些平衡点的投影。当 $u=0$ 时,平衡点的拓扑分类为:E_1 和 E_3 属于类别 2,E_2 和 E_4 属于类别 4,E_5 属于类别 1。

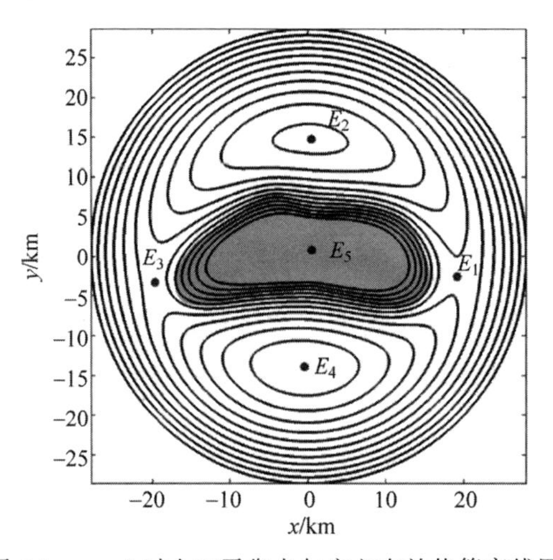

图 3-1 $u=0$ 时人工平衡点与广义有效势等高线图

根据前人[8,11]的研究,小行星自然平衡点的数目会随着小行星自转角速度变化而发生改变。他们的研究发现,非退化平衡点数目发生变化时总是成对改变。Jiang 等[11]同时指出两个平衡点分属类别 1 和类别 2 或者类别 2 和类别 5,可能发生碰撞和湮灭。对应的分岔类型为鞍-结分岔和鞍-鞍分岔。

在本小节中,将基于如下 4 种情形展示并讨论受控系统(3-5)平衡点的碰撞与分岔现象。

情形(a):$u_x>0$ 且 $u_y=u_z=0$

在情形(a)中,u_x 从 0 增加至 5.0×10^{-3} m/s^2。对应的平衡点路径如图 3-2 所示。由该图可知,E_3 和 E_4 相互碰撞并消失。相应地,u_x 的临界值为 0.85×10^{-3} m/s^2。由于碰撞前 E_3 属于拓扑类别 2 而 E_4 属于拓扑类别 5,该分岔为鞍-鞍分岔。此外,

可以看到 E_1 和 E_5 也相互碰撞并消失。u_x 的临界值为 $3.28\times10^{-3}\ \mathrm{m/s^2}$。由于碰撞前 E_5 属于拓扑类别 1 而 E_1 属于拓扑类别 2，该分岔为鞍-结分岔。

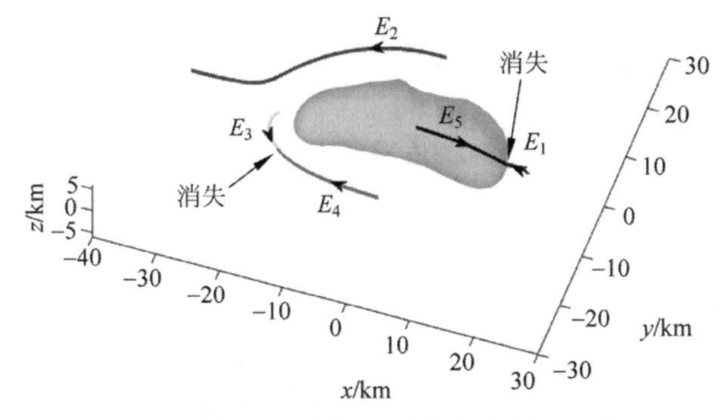

图 3-2 情形(a)平衡点路径

不同 u_x 对应的广义有效势等高线图如图 3-3 所示。当 $u_x=5\times10^{-4}\ \mathrm{m/s^2}$ 时，共有 5 个平衡点。然后，当 $u_x=10\times10^{-4}\ \mathrm{m/s^2}$ 时，E_3 和 E_4 消失并只剩下 3 个平衡点。当 $u_x=35\times10^{-4}\ \mathrm{m/s^2}$ 时，仅剩下 E_2 一个平衡点。

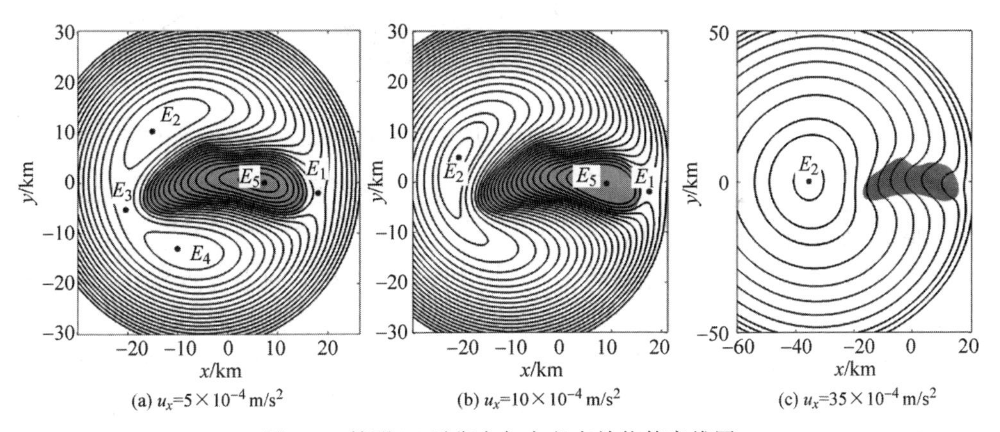

图 3-3 情形(a)平衡点与广义有效势等高线图

情形(b)：$u_x<0$ 且 $u_y=u_z=0$

在情形(b)中，u_x 从 0 减少至 $-5.0\times10^{-3}\ \mathrm{m/s^2}$。对应的平衡点路径如图 3-4 所示。由该图可知，E_1 和 E_4 相互碰撞并消失。u_x 的临界值为 $-0.73\times10^{-3}\ \mathrm{m/s^2}$。由于碰撞前 E_1 属于拓扑类别 2 而 E_4 属于拓扑类别 1，该分岔为鞍-结分岔。此外，可以看到 E_3 和 E_5 也相互碰撞并消失。u_x 的临界值为 $-2.59\times10^{-3}\ \mathrm{m/s^2}$。由于碰撞前 E_5 属于拓扑类别 1 而 E_3 属于拓扑类别 2，该分岔也是鞍-结分岔。

情形(b)的平衡点和广义有效势等高线图如图 3-5 所示。该图同样验证了平衡点的数目成对消失。与情形(a)相似，当其他平衡点都消失后仅剩下平衡点 E_2。

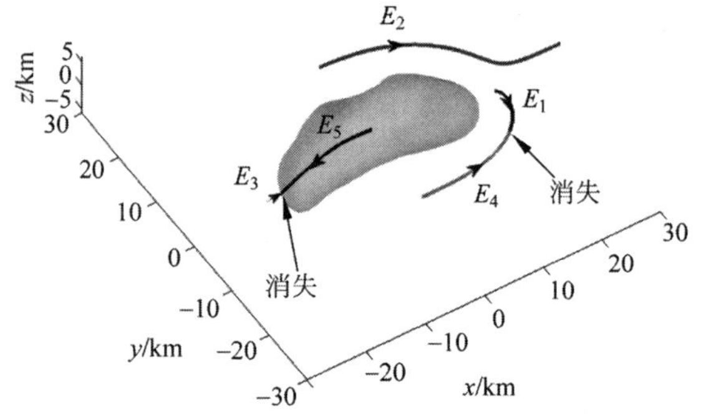

图 3-4 情形(b)平衡点路径

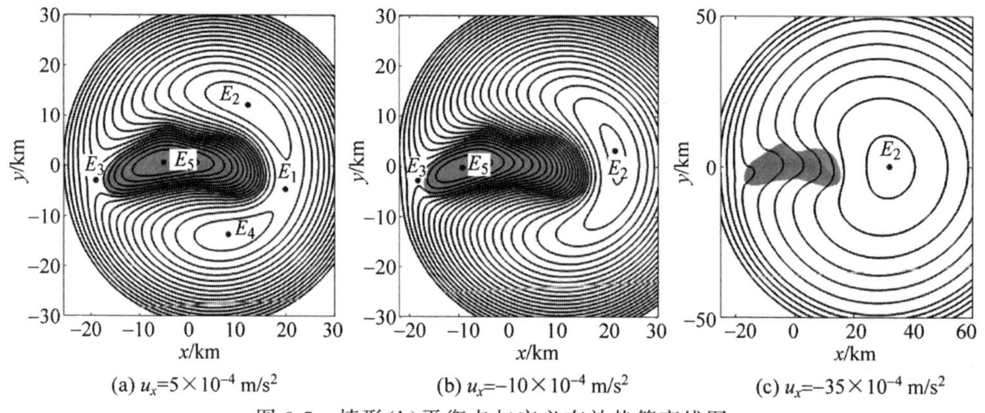

图 3-5 情形(b)平衡点与广义有效势等高线图

情形(c)：$u_y>0$ 且 $u_x=u_z=0$

在情形(c)中，u_y 从0增加至 5.0×10^{-3} m/s^2。对应的平衡点路径如图3-6所示。由该图可知，E_1 和 E_2 相互碰撞并消失。u_y 的临界值为 1.32×10^{-3} m/s^2。由于碰撞前 E_1 属于拓扑类别5而 E_2 属于拓扑类别2，该分岔为鞍-鞍分岔。此外，可以看到 E_3 和 E_5 也相互碰撞并消失。u_y 的临界值为 4.32×10^{-3} m/s^2。由于碰撞前 E_5 属于拓扑类别1而 E_3 属于拓扑类别2，该分岔也是鞍-结分岔。

当 $u_y=5\times10^{-4}$、15×10^{-4} 和 45×10^{-4} m/s^2 时，广义有效势等高线图如图3-7所示。由该图可以看到，平衡点的数目也成对减少。

情形(d)：$u_y<0$ 且 $u_x=u_z=0$

在情形(d)中，u_y 从0减少至 -5.0×10^{-3} m/s^2。对应的平衡点路径如图3-8所示。由该图可知，E_6 和 E_7 一起出现。u_y 的临界值为 -2.91×10^{-3} m/s^2。E_6 和 E_7 分离后，E_6 属于拓扑类别2而 E_7 属于拓扑类别1。因此，该分岔为鞍-结分岔。此后，E_3 和 E_6 相互碰撞并消失。u_y 的临界值为 -3.71×10^{-3} m/s^2。由于碰撞前 E_3 属于拓扑类别2而 E_6 属于拓扑类别1，该分岔为鞍-结分岔。然后，E_1 和 E_5 相互碰撞并消失。u_y 的临界值为 -4.25×10^{-3} m/s^2。由于碰撞前 E_1 属于拓扑类别2而 E_5 属于拓扑类别1，该分岔也是鞍-结分岔。最后，E_4 和 E_7 相互

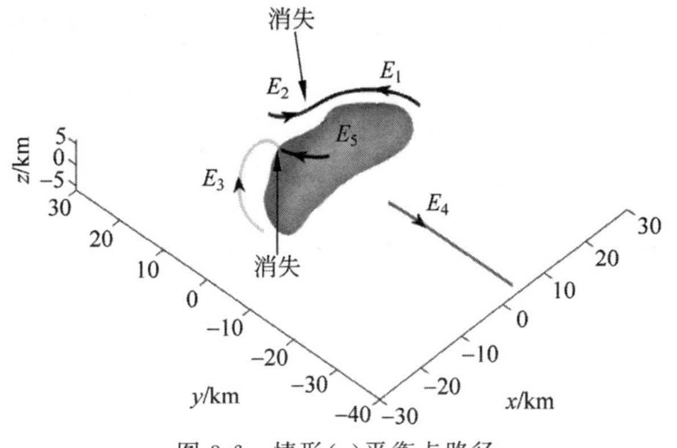

图 3-6 情形(c)平衡点路径

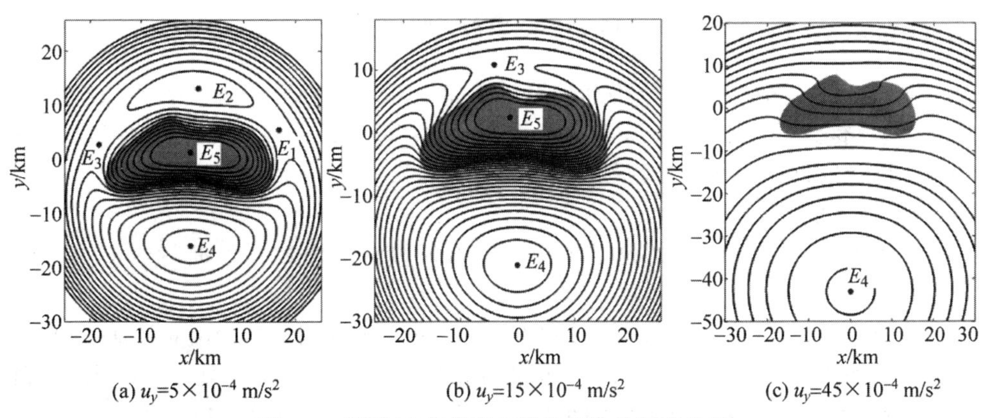

图 3-7 情形(c)平衡点与广义有效势等高线图

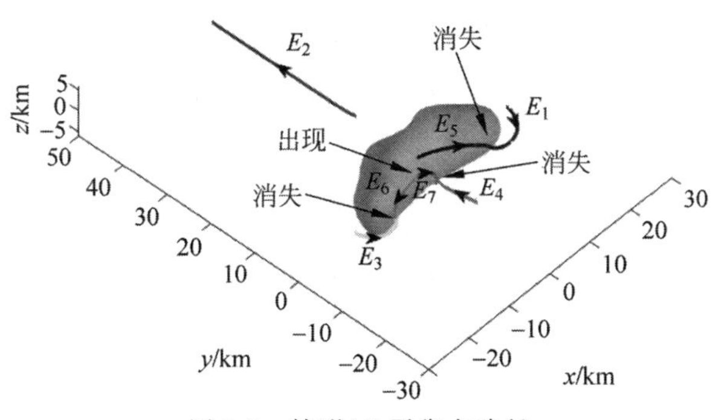

图 3-8 情形(d)平衡点路径

碰撞并消失。u_y 的临界值为-4.91×10^{-3} m/s^2。由于碰撞前 E_4 属于拓扑类别 5 而 E_7 属于拓扑类别 2,该分岔也是鞍-鞍分岔。

当 $u_y=-5\times10^{-4}$ 和-35×10^{-4} m/s^2 时,平衡点和广义有效势等高线图如图 3-9 所示。最初,共有 5 个平衡点。然后,平衡点的数目增加至 7 个,如图 3-9(b)所示。为了简化起见,此处仅给出当 $u_y<-35\times10^{-4}$ m/s^2 时的等高线图。

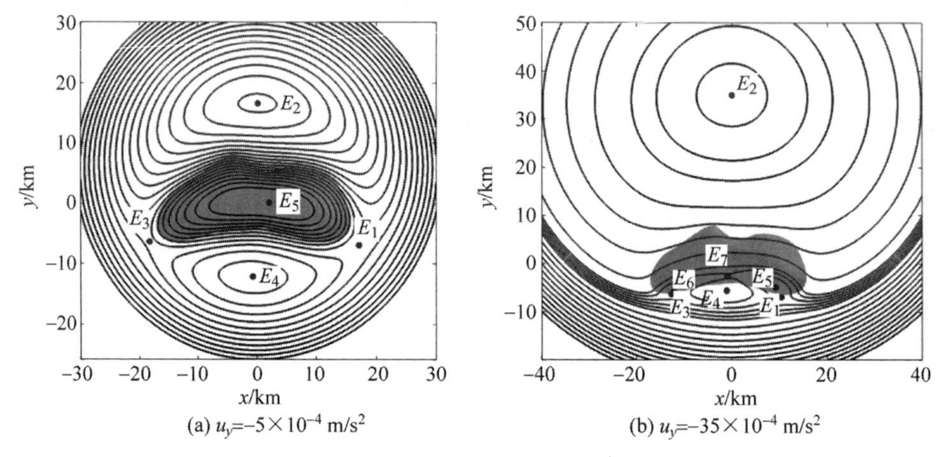

图 3-9 情形(d)平衡点与广义有效势等高线图

总结上述4种情形，可以得到受控系统(3-5)的非退化非共振平衡点数目成对变化。该结论与 Jiang 等[11]关于自然平衡点数目的结论一致。共有两种分岔类型即鞍-结分岔和鞍-鞍分岔被观察到。

Hopf 分岔

在前面的分析中已经讨论了平衡点相对碰撞时的分岔。下面将给出受控系统(3-5)的 Hopf 分岔。

根据 Jiang 等[11]的研究，当一个平衡点为共振平衡点时即至少两对特征值相同，拓扑分类和线性化运动是敏感的。Hopf 分岔发生于共振平衡点处。Jiang 等[11]和 Wang 等[8]均发现当不规则形状的小行星自转速度发生改变时的 Hopf 分岔现象。

在前述的情形(b)中，E_4 的拓扑类型从类别5改变为了类别1。该现象表示 E_4 变为线性稳定平衡点并且其附近的周期轨道从一族变为三族。为了分析这一现象，将 u_x 从 -4.8×10^{-4} 减小至 -7.2×10^{-4} 并绘制 E_4 特征值的运动，如图 3-10

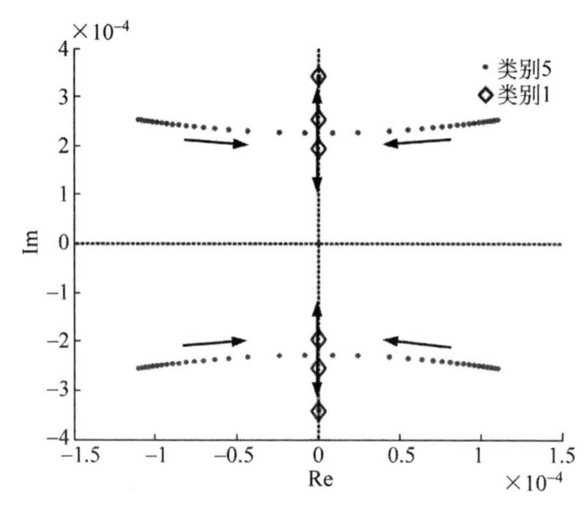

图 3-10 u_x 从 -4.8×10^{-4} 减少至 -7.2×10^{-4} m/s² 过程中 E_4 点特征值的运动

所示。由该图可知,两对共轭复数特征值在虚轴互相碰撞。在碰撞时刻,E_4 为共振平衡点。同时,发生了 Hopf 分岔现象。此后,E_4 的特征值变为三对纯虚根。

3.3.2 人工平衡点集分析

本小节分析考虑控制加速度大小约束条件(3-10)下的探测器悬停可行范围[12,13],也即人工平衡点集[2,3]。下面分别针对简化模型和多面体模型开展分析。其中简化模型以细长形小行星旋转偶极子模型(参见第 2 章)为例,分析模型参数和控制加速度大小对人工平衡点集的影响;多面体模型分析中则仍选取小行星 433 Eros 为目标小行星,分析控制加速度大小对人工平衡点集的影响。

1. 简化模型

小行星简化模型采用旋转偶极子模型,且计算过程采用归一化参数。根据式(2-52)、式(2-55)~式(2-57)及式(3-8)可以得悬停所需控制加速度为

$$\begin{cases} u_x = -\hat{x} + k\left[\dfrac{\mu}{\hat{r}_1^3}(\hat{x}-1+\mu) + \dfrac{1-\mu}{\hat{r}_2^3}(\hat{x}-\mu)\right] \\ u_y = -\hat{y} + k\left[\dfrac{\mu}{\hat{r}_1^3}\hat{y} + \dfrac{1-\mu}{\hat{r}_2^3}\hat{y}\right] \\ u_z = -\hat{z} + k\left[\dfrac{\mu}{\hat{r}_1^3}\hat{z} + \dfrac{1-\mu}{\hat{r}_2^3}\hat{z}\right] \end{cases} \tag{3-21}$$

首先,分析赤道面内($z=0$)的人工平衡点集。根据上式可以直接得到 $u_z=0$,也可以绘制出不同模型参数下所需控制加速度大小的等高线图。这些等高线图可以反应不同控制加速度大小对应的人工平衡点集的边界。下面给出具体分析。

(1) 设置 $\mu=0.5$,$k=1$,相应的等高线图如图 3-11(a)所示。图中 $E_1 \sim E_4$ 表示小行星外部的自然平衡点。在以下分析中,E_1 和 E_2 记为共线平衡点(CEP),而 E_3 和 E_4 记为三角平衡点(TEP)。图中等高线对应控制加速度沿着箭头方向增加,其归一化值分别为 0.2、0.4、0.6、0.8 和 1.0。需要指出的是,虽然质量球连杆中心点附近也存在等高线,但是该区域由于在小行星内部而在下面分析中被认为不可行。由图可以看出,当 $u_{\max}=0.2$ 时共有 4 个分离的人工平衡点集,每一个点集均包含一个自然平衡点。随着最大控制加速度的增加,这些人工平衡点集会扩张并相互连接。定义如下参数表示自然平衡点向着小行星的偏离量:

$$\mathrm{d}p = \begin{cases} |x - x_{E_i}|, & i=1,2 \\ |y - y_{E_i}|, & i=3,4 \end{cases} \tag{3-22}$$

则控制加速度与 $\mathrm{d}p$ 之间的关系如图 3-12 所示。由图 3-12(a)可知,当人工平衡点偏离共线平衡点至质量球的过程中,所需控制单调增加并趋向于无穷大。但是,对于偏离三角平衡点的情形,则所需控制加速度是有限的,并且在到达无质量杆时变为零。图 3-12(a)结果和图 3-11(a)中等高线结果相符。另外,图 3-12(a)中的曲线

表明，对于探测器靠近小行星表面悬停则在细长形小行星颈部附近相对于两端附近更省燃料。

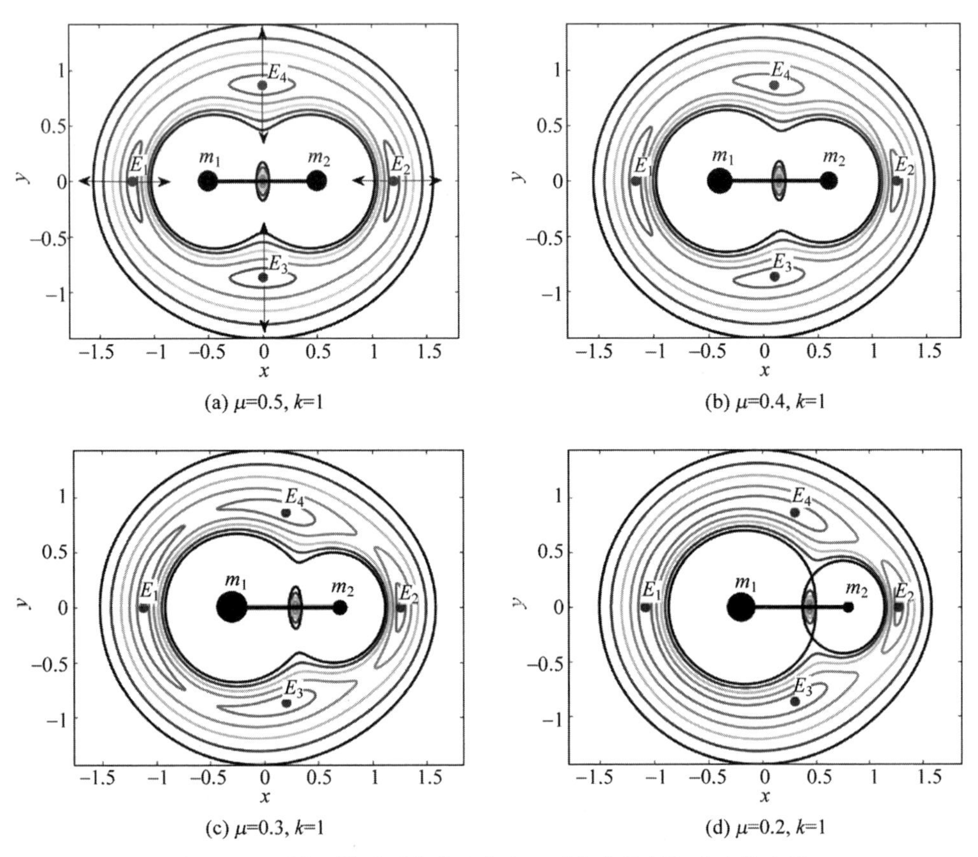

(a) μ=0.5, k=1　(b) μ=0.4, k=1

(c) μ=0.3, k=1　(d) μ=0.2, k=1

图 3-11　不同 μ 情形下赤道面内人工平衡点控制加速度等高线

(2) 固定 $k=1$ 并改变 μ 而获得图 3-11(b)～(d)。由该图可以得到两个关于人工平衡点集与参数 μ 关系的现象。第一，靠近质量球 1 附近的点集区域扩大而靠近质量球 2 附近的点集区域则缩小。对于 $u_{\max}=0.2$ 情形，包含 E_1 的区域扩展并与包含 E_3 和 E_4 的区域相连接而包含 E_2 的区域随着 μ 减小而减小。此外，对于 $u_{\max}=0.4$ 情形，当 $\mu=0.5$ 时 E_2 与 E_3 或 E_4 之间的区域是联通的。但是，该区域随着 μ 减小而收缩并断裂。当等高线($u_{\max}=0.4$)断裂为两个部分之后(见图 3-11(c)～(d))，则中间不相连的区域不能再用于悬停。第二，小行星外部的等高线和内部等高线(内部平衡点附近)随着 μ 减小而可能相连接。这个现象发生于图中 $u_{\max}=1.0$ 的情形。一旦外部等高线和内部等高线相连接，则人工平衡点距小行星表面最低的高度为 0。因此，探测器可能悬停于非常靠近小行星表面区域。此外，当 μ 小于 0.5 时控制加速度与 dp 关系如图 3-12(b)～(d)所示。由图可知，偏离三角平衡点所需的控制加速度在无质量杆处不再为零。这是因为当 μ 不等于

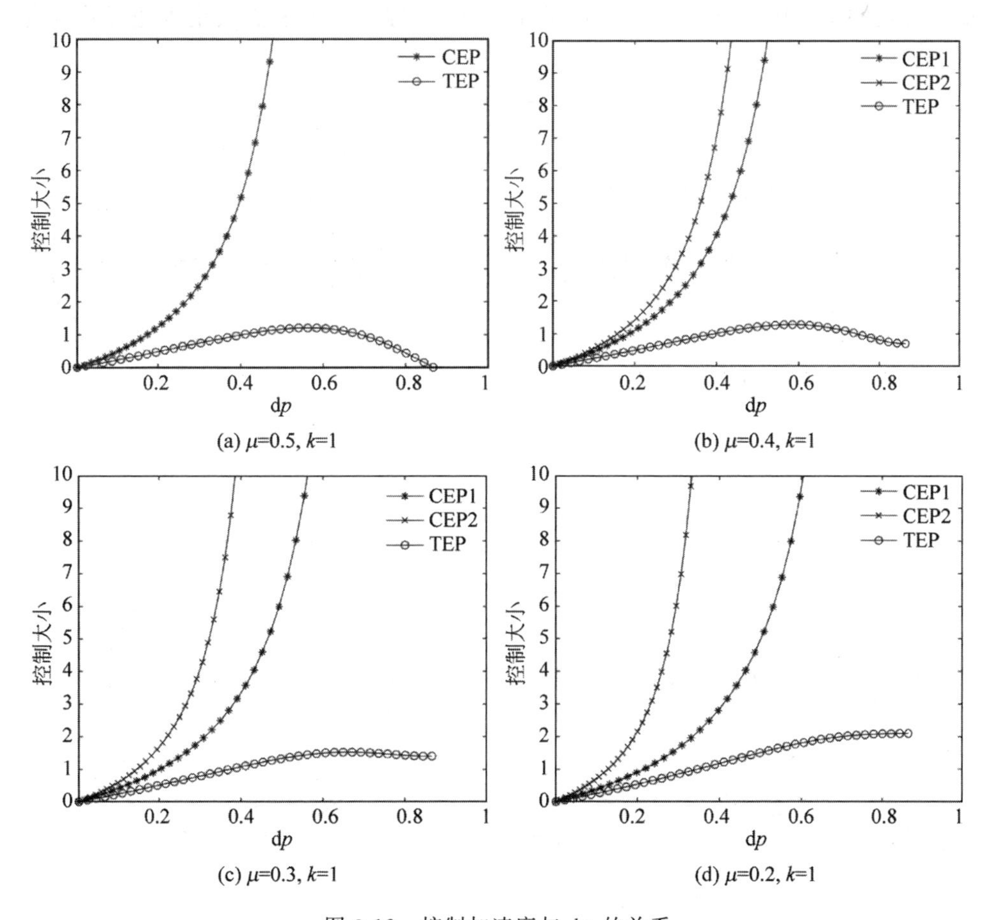

图 3-12 控制加速度与 dp 的关系

0.5 时,无质量杆上内部自然平衡点的 x 坐标与三角平衡点的 x 坐标有差异。但是,对于偏离自然平衡点很大的情形,目标自然平衡点为三角平衡点所需的控制仍远小于目标自然平衡点为共线平衡点所需的控制。因此,在小行星颈部附近实现较近距离悬停的燃料消耗仍然较少。此外,对比图 3-12(b)~(d)也可以看到偏离第一个共线平衡点(CEP1)比偏离第二个共线平衡点(CEP2)稍容易。

(3) 通过固定 $\mu=0.5$ 并改变 k 分析 k 的作用。相应的等高线图如图 3-13(a)~(d)所示。对于 $u_{\max}=0.2$ 情形,当 $k=1$ 时人工平衡点集是分离的。随着 k 不断增加,4 个区域逐渐伸展并当 $k=10$ 时互相连接。对于 $u_{\max}\geqslant 0.4$ 情形,随着 k 不断增加,人工平衡点集内边界逐渐趋向于圆形并远离小行星。因此,对于较大的 k 则需要更强的控制以实现近距离悬停。这一现象可以解释如下。根据第 2 章中 k 的定义可知,该参数可以认为是在 d 处中心引力和离心力的比值。随着 k 的增加,自然平衡点与小行星质心的距离需要变大从而离心力可以平衡引力。因为人工平衡点集所在区域均包含自然平衡点,因此这些区域也随之远离小行星。此外,小行星引力场的不规则性随着远离小行星而降低。因此,人工平衡点集内边界形状趋向于圆形。

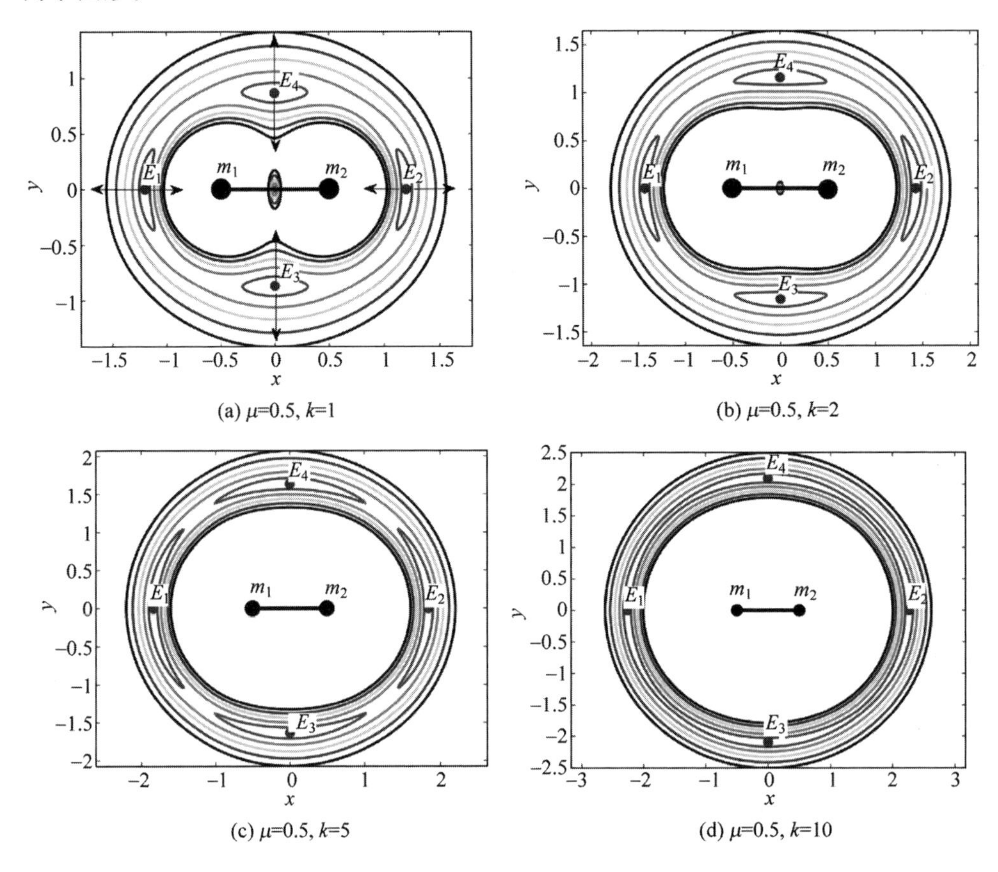

图 3-13 不同 k 情形下赤道面内人工平衡点控制加速度等高线

其次,选择两个垂直于赤道面的特殊平面分析赤道面外人工平衡点集。记包含 E_1 和 E_2、E_3 和 E_4 的平面分别为平面 E_1E_2 和平面 E_3E_4。考虑到这些平面的对称性,下面仅分析 $z>0$ 的半平面。这两个平面内不同 μ 对应的控制加速度等高线图如图 3-14 所示。这些等高线仍然具有 5 个不同数值,分别为 0.2、0.4、0.6、0.8 和 1.0。所需控制加速度沿着箭头方向增加。同样忽略内部自然平衡点附近的等高线。人工平衡点集所在区域可以分为两类:第一类是围绕自然平衡点的区域;第二类是小行星的北极上空区域。当最大控制加速度较小时(例如 $u_{\max}=0.2$),这两类区域是分离的。随着最大控制加速度增加,这些区域扩展并互相连接。降低 μ 对人工平衡点所在区域的影响如下:在平面 E_1E_2 内,当 μ 小于 0.5 时 E_1 附近的区域变得比 E_2 附近的区域更大并且内边界与质量球 1 之间的距离变得比内边界与质量球 2 之间的距离更远;在平面 E_3E_4 内,当 μ 小于 0.5 时 E_1 和 E_4 附近的区域由于对称性保持相同,但是两边的区域均发生收缩。其理由如下：当 μ 小于 0.5 时，小行星自转轴偏离平面 E_3E_4，导致离心力的增加。因此，平面内同一位置所需控制加速度随着 μ 减小而增加。

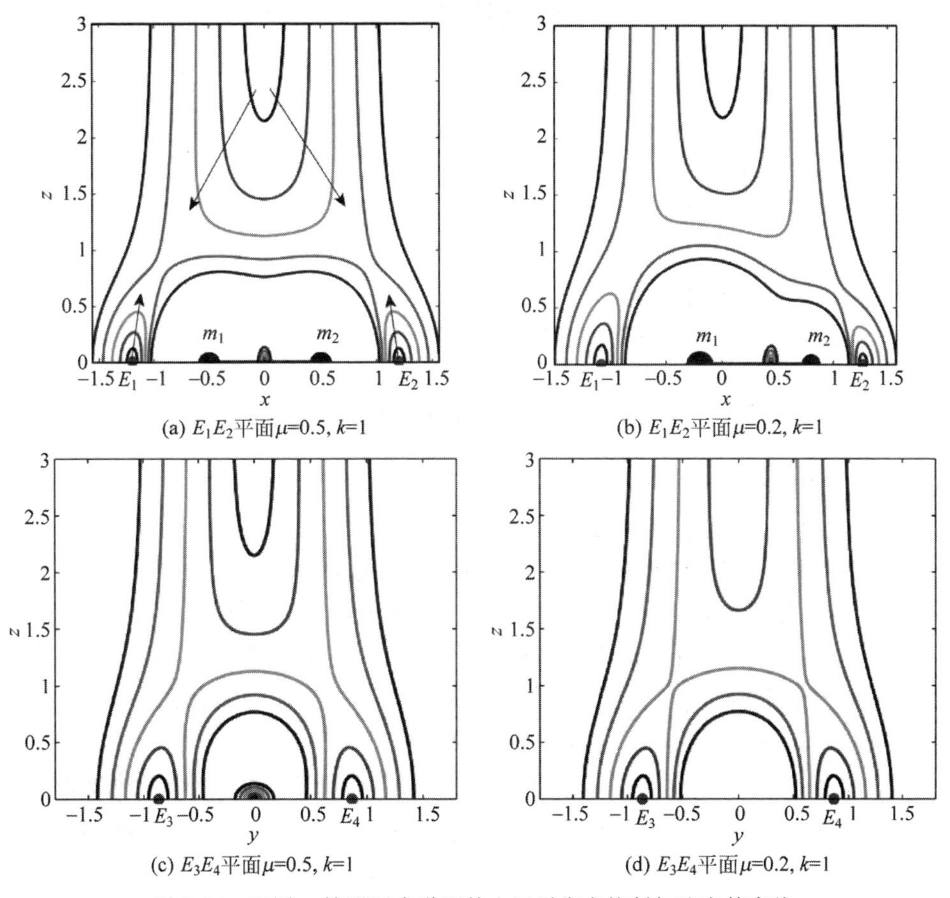

(a) E_1E_2平面μ=0.5, k=1

(b) E_1E_2平面μ=0.2, k=1

(c) E_3E_4平面μ=0.5, k=1

(d) E_3E_4平面μ=0.2, k=1

图 3-14　不同 μ 情形下赤道面外人工平衡点控制加速度等高线

前述分析的图 3-11、图 3-13 和图 3-14 中，控制加速度等高线数值均为归一化值。而给定 ω 和 L 后，控制加速度实际值可以通过归一化值乘以 ωL^2 获得。根据文献[12,14]中数据，可以得到不同细长形小行星附近悬停所需控制加速度归一化值和实际值的关系，如图 3-15 所示。图中的虚线表示一个质量为 1000 kg 且配备两台 0.08 N 小推力发动机的探测器所能提供的最大控制加速度。由图 3-15 可知，对于较小的小行星(1996 HW1，2063 Bacchus 和 25 143 Itokawa)，小推力发动机可提供的最大控制加速度归一化值远大于 1.0。因此，可以采用小推力实现这三颗小行星附近的悬停。

2. 多面体模型

下面选取小行星 433 Eros 为目标小行星，通过多面体模型建模，分析 xy、xz 和 yz 平面内的人工平衡点集。此处，给定控制大小约束条件下人工平衡点集边界

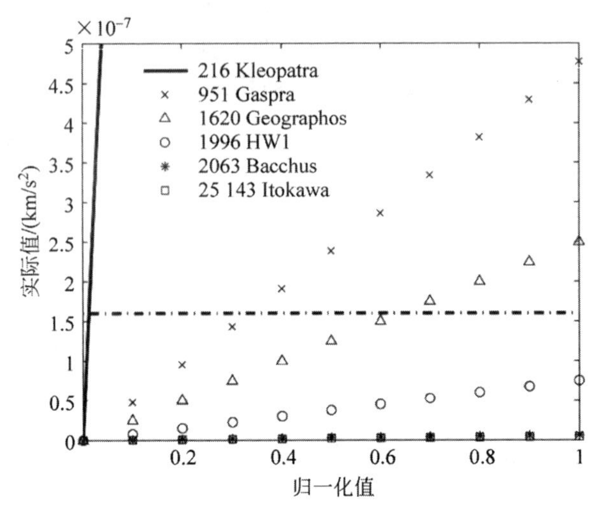

图 3-15 不同小行星悬停控制加速度归一化值与实际值关系

的确定方法如下：

(1) 通过网格离散目标平面。

(2) 根据式(3-7)计算每一个离散点处所需的控制加速度。

(3) 绘制给定控制大小的等高线并确定人工平衡点集的边界。

在 xy 平面内，不同最大控制加速度对应的人工平衡点集结果如图 3-16 所示。由该图可以看到，当 $u_{\max}=4\times10^{-4}$ m/s^2 时共有 4 个分离的集合且各个人工平衡点集均围绕某一自然平衡点。这些集合的形状是新月形的且面积均不相同。当 $u_{\max}$ 增大至 6×10^{-4} m/s^2 时，E_1 和 E_3 附近的集合与 E_2 附近的集合相连接。当 $u_{\max}$ 增大至 8×10^{-4} m/s^2 时，所有集合相连接并变为一个集合。进一步增加 $u_{\max}$ 至 20×10^{-4} m/s^2。对比图 3-16(c)和(d)，可以看到随着 $u_{\max}$ 增加，集合的外边界远离小行星而内边界靠近小行星。并且还可以看到外边界趋向于圆形。这是因为引力场的不规则性随着与小行星之间距离变大而减弱[12]。

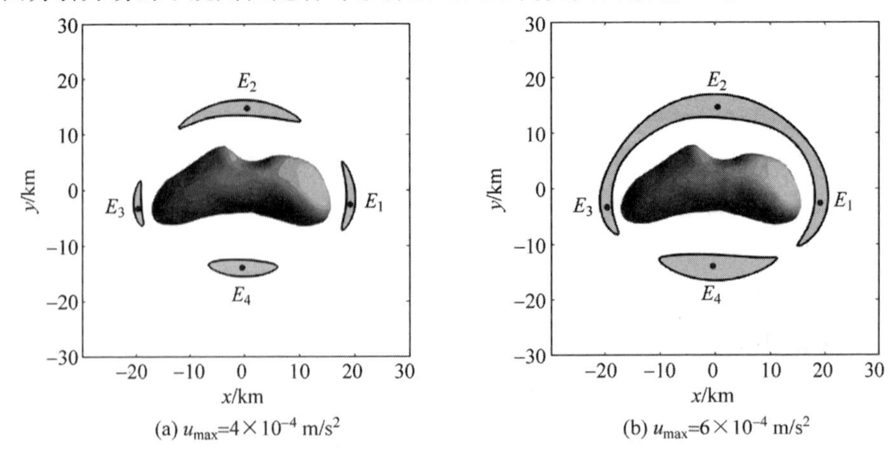

(a) $u_{\max}=4\times10^{-4}$ m/s^2 (b) $u_{\max}=6\times10^{-4}$ m/s^2

图 3-16 xy 平面内人工平衡点集合

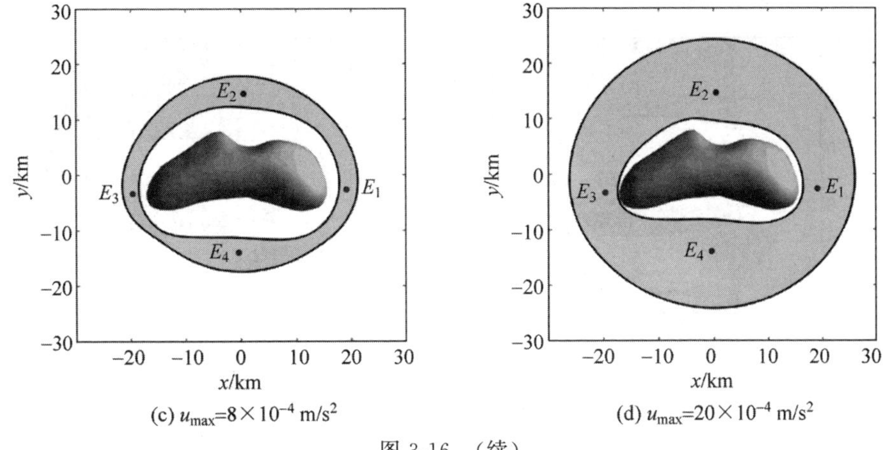

(c) u_{max}=8×10^-4 m/s² (d) u_{max}=20×10^-4 m/s²

图 3-16 （续）

考虑一个质量为 560 kg 的探测器，其配备由三个 165 mN 波音 702 发动机组成的氙气离子推进系统[15]。该探测器的最大控制加速度约为 8.8×10^{-4} m/s²。在此情形下，围绕自然平衡点的所有集合都可以相互连接。因为 433 Eros 是第二大的近地小行星，因此推测对于大多数近地小行星而言，通过小推力获得的可悬停区域在赤道面内可以环绕整颗目标小行星。

在 xz 和 yz 平面内，不同最大控制加速度对应的人工平衡点集分别如图 3-17 和图 3-18 所示。根据图中结果可知，人工平衡点集不仅存在于自然平衡点附近，也存在于北极和南极上方。随着 u_{max} 增加，分离的集合逐渐变大并相互连接。对比图 3-17 和图 3-18，可以看到当 $u_{max}=6\times10^{-4}$ m/s² 或 10×10^{-4} m/s² 时围绕 E_2 和 E_4 的集合比围绕 E_1 和 E_3 的集合具有更大的面积。也可以得到当 u_{max} 不大于 10×10^{-4} m/s² 时，若需要更大偏离赤道面悬停则 E_2 和 E_4 附近比 E_1 和 E_3 附近更好。此外，若要靠近小行星表面悬停，则围绕自然平衡点的集合比南北极上方集合需要更少的控制。另外，根据图 3-17(c)和图 3-18(c)可知，围绕自然平衡点的集合并不同时与南北极上空的集合相连接。这是因为小行星引力场不具有对称性。

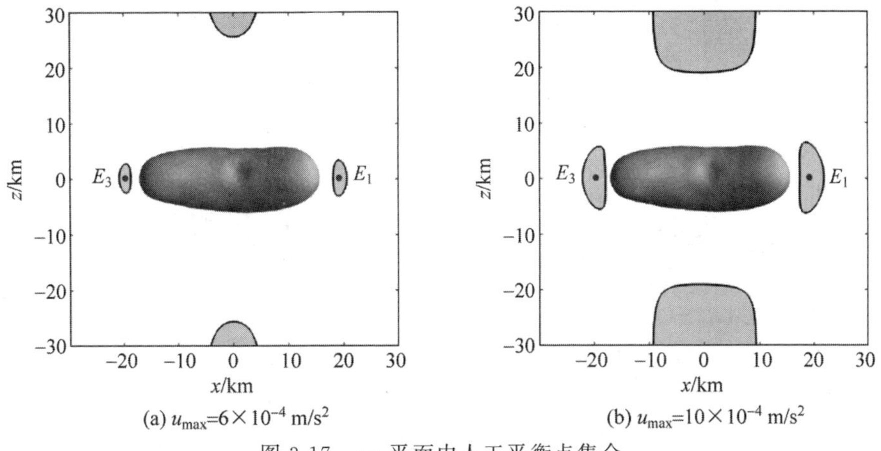

(a) u_{max}=6×10^-4 m/s² (b) u_{max}=10×10^-4 m/s²

图 3-17 xz 平面内人工平衡点集合

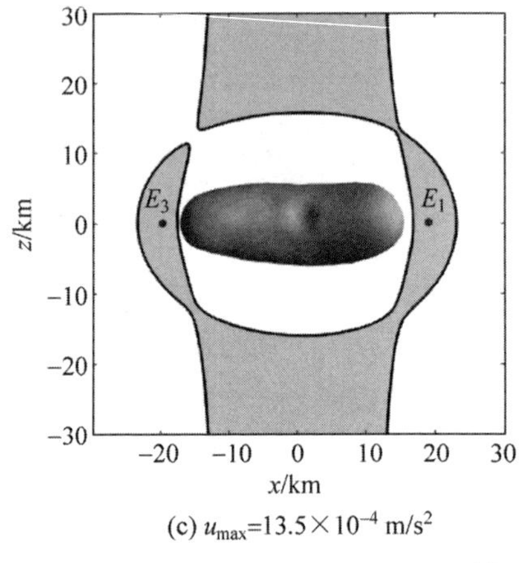

(c) $u_{\max}=13.5\times10^{-4}\ \text{m/s}^2$

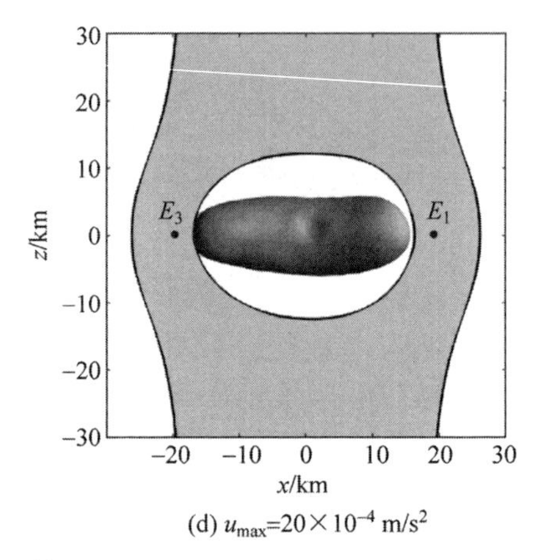

(d) $u_{\max}=20\times10^{-4}\ \text{m/s}^2$

图 3-17 （续）

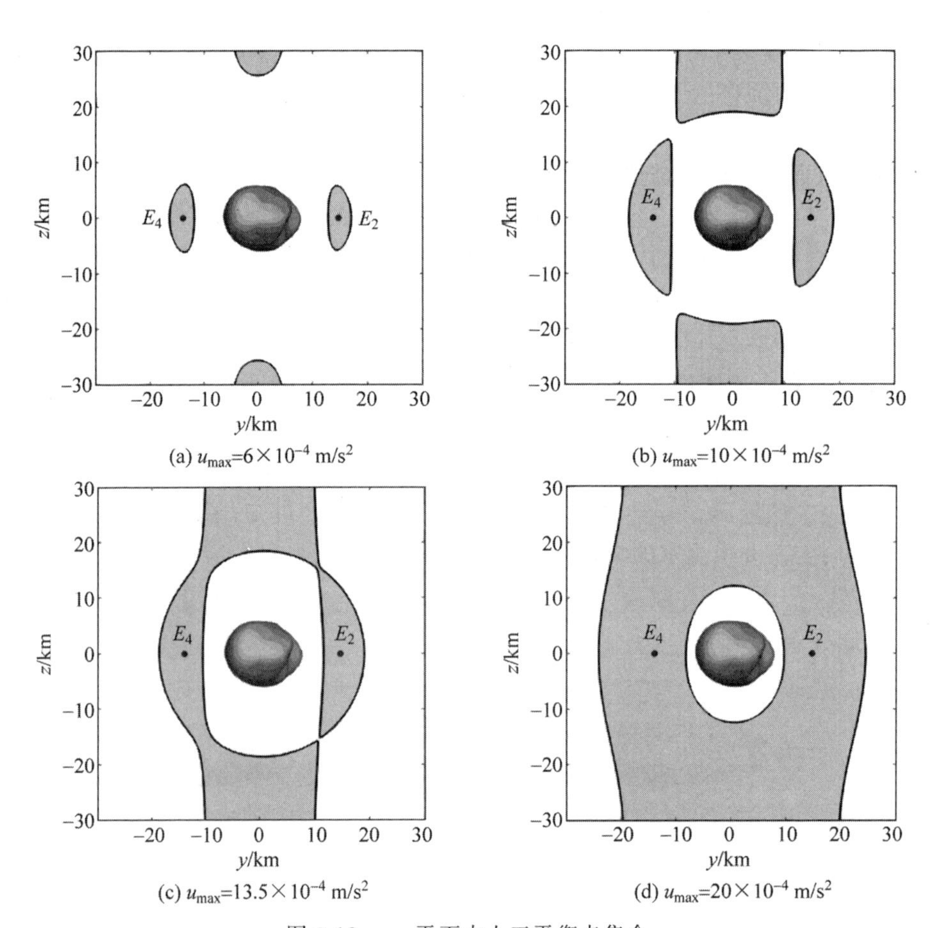

(a) $u_{\max}=6\times10^{-4}\ \text{m/s}^2$

(b) $u_{\max}=10\times10^{-4}\ \text{m/s}^2$

(c) $u_{\max}=13.5\times10^{-4}\ \text{m/s}^2$

(d) $u_{\max}=20\times10^{-4}\ \text{m/s}^2$

图 3-18 yz 平面内人工平衡点集合

3.3.3 人工平衡点稳定性分析

3.3.2 节中分析的人工平衡点集为探测器悬停提供了可能的位置。本小节将分析人工平衡点的稳定性。

记 $s=\lambda^2$,特征方程(3-19)可以写为

$$s^3+Ps^2+Qs+R=0 \tag{3-23}$$

式中,

$$\begin{cases} P=4\omega^2-V_{xx}-V_{yy}-V_{zz} \\ Q=V_{xx}V_{yy}+V_{yy}V_{zz}+V_{zz}V_{xx}-V_{xy}^2-V_{yz}^2-V_{xz}^2-4\omega^2V_{zz} \\ R=V_{xx}V_{yz}^2+V_{yy}V_{xz}^2+V_{zz}V_{xy}^2-V_{xx}V_{yy}V_{zz}-2V_{xy}V_{yz}V_{xz} \end{cases} \tag{3-24}$$

根据式(3-23)和式(3-24)可知,主动控制并不直接影响人工平衡点的稳定性。其稳定性仅取决于探测器所在的位置。

对于某一人工平衡点而言,仅当相应的特征值均为虚数或零时才是线性稳定的。因此,s 应为复数或零。三次方程(3-23)的判别式为

$$\Delta=18PQR-4P^3R+P^2Q^2-4Q^3-27R^2 \tag{3-25}$$

根据文献[2,12]可知,线性稳定性条件为

$$\Delta\geqslant 0,\quad P\geqslant 0,\quad Q\geqslant 0,\quad R\geqslant 0 \tag{3-26}$$

与 3.3.2 节分析人工平衡点集类似,此处也分别针对简化模型(旋转偶极子模型)和多面体模型(小行星 433 Eros)进行分析。具体参数和平面定义与 3.3.2 节相同。

1. 简化模型

选取三个特殊平面,包括赤道面,E_1E_2 平面和 E_3E_4 平面,分析线性稳定区域。具体线性稳定区域确定采用二维网格搜索的方法。两个方向的归一化离散步长均选取为 0.01。在这三个平面内不同 μ 和 k 对应的线性稳定区域如图 3-19～图 3-21 所示。

在赤道面内,当 $\mu=0.5$ 和 $k=1$ 时共有两个分离的且窄的稳定区域环绕自然平衡点 E_1 和 E_2。当 μ 变为小于 0.5 时(例如 $\mu=0.2$),靠近 E_1 的线性稳定区域则变得大于靠近 E_2 的线性稳定区域。随着 k 的增加,这两个分离的区域可以相互连接,如图 3-19(c)和(d)所示。由图 3-19(c)和(d)可以看到,共线平衡点在小行星稳定区域内侧而三角平衡点在该区域外侧。当 k 较大时,采用小推力方式获得偏离三角平衡点的人工平衡点则可以实现更近且稳定的悬停。此外,随着 k 增加,图中线性稳定区域趋向于圆形。

在 E_1E_2 平面内,共有两类线性稳定区域。如图 3-20 所示,第一类线性稳定区域包括四个远离共线平衡点且互相分离的区域;第二类线性稳定区域包括两个在共线平衡点外侧的区域。对比图 3-20(a)和(b),可以看到随着 μ 的减小第二类

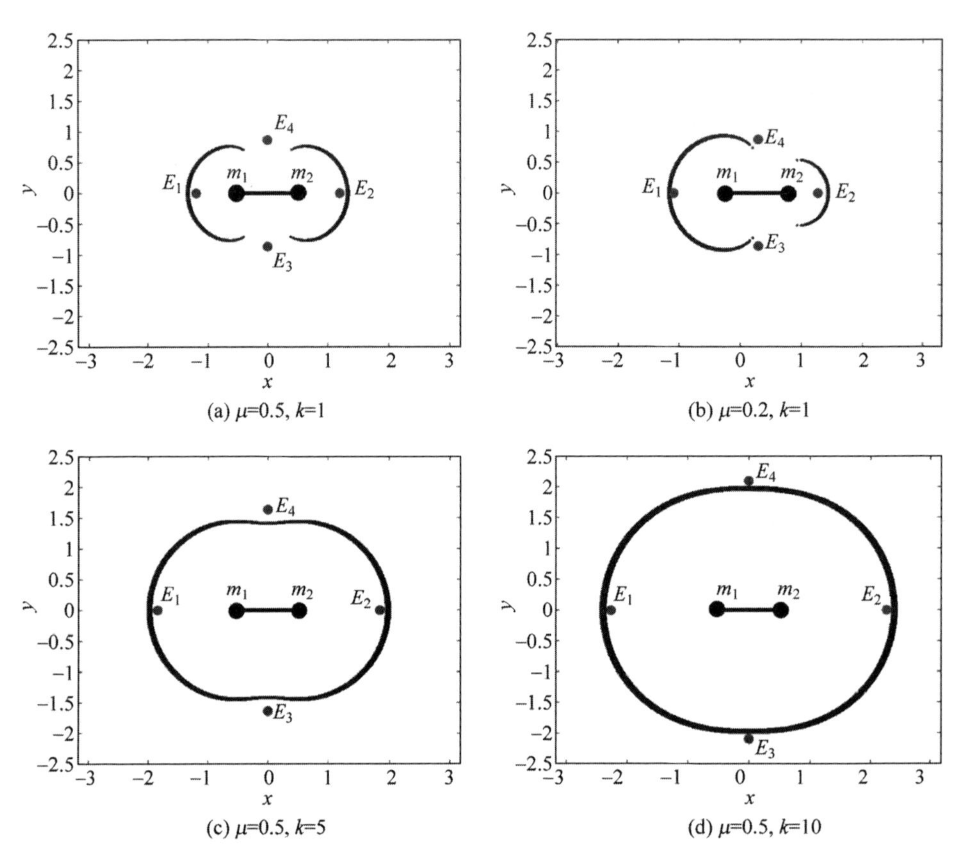

图 3-19 不同 μ 和 k 情形下赤道面内线性稳定人工平衡点区域

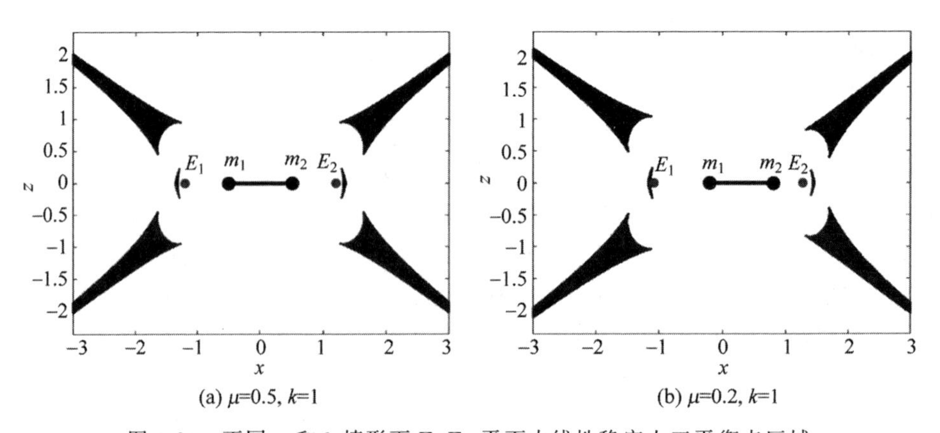

图 3-20 不同 μ 和 k 情形下 E_1E_2 平面内线性稳定人工平衡点区域

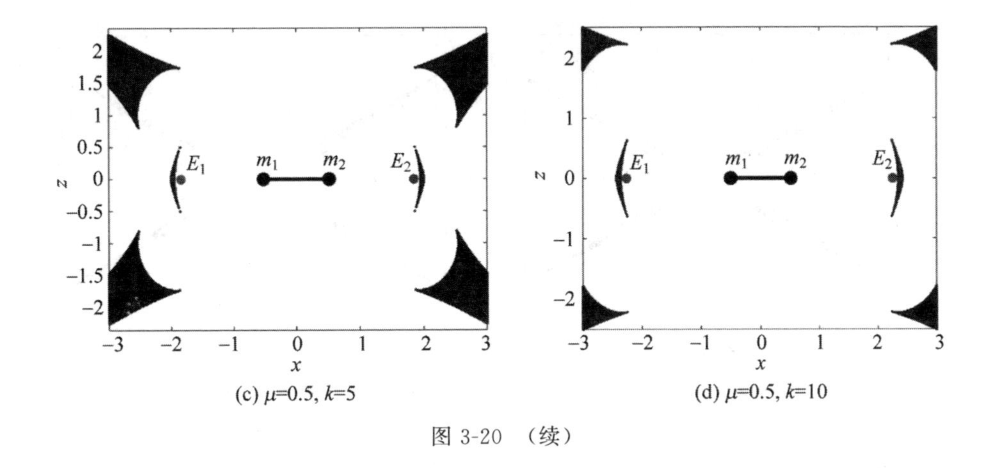

(c) μ=0.5, k=5

(d) μ=0.5, k=10

图 3-20 （续）

线性稳定区域与 E_1 的距离变得比与 E_2 的距离稍近。此外，对比图 3-20(a)、(c)和(d)可知，对于较大的 k，这两类线性稳定区域均会远离小行星。另外，当 k 增加时，靠近自然平衡点的两个较小线性稳定区域变得更大。

在 E_3E_4 平面内，当 $\mu=0.5$ 和 $k=1$ 时共有 4 个线性稳定区域。每个区域的末端比两个三角平衡点更加靠近小行星。如图 3-21(b)所示，这些末端区域会随着 μ 减小而远离小行星并变宽。保持 $\mu=0.5$ 并增加 k 至 10，左右两边的线性稳定区域均收缩并断裂为两部分，如图 3-21(d)、(e)和(f)所示。每一个原有的线性稳定区域的主要部分均伸展并互相连接。相互连接部分的区域仍然比三角平衡点更接近小行星。此外，4 个离散的小线性稳定区域离小行星很近，适合悬停。如图 3-21(d)、(e)和(f)所示，这四个区域面积随着 k 增加而减小。

根据图 3-19～图 3-21 可知，线性稳定区域随着 k 增加而远离小行星。此外，可以发现小行星两端附近的线性稳定区域在共线平衡点之外，而小行星颈部附近的线性稳定区域在三角平衡点之内。因此，从稳定性的角度在细长形小行星颈部附近更适于近距离悬停。

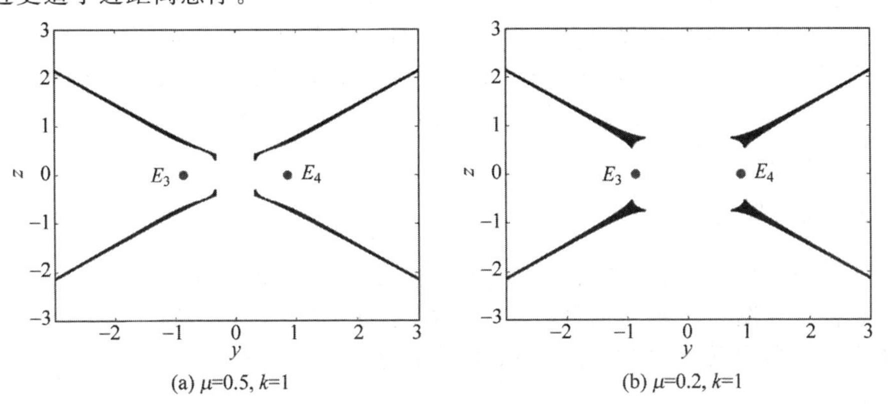

(a) μ=0.5, k=1

(b) μ=0.2, k=1

图 3-21 不同 μ 和 k 情形下 E_3E_4 平面内线性稳定人工平衡点区域

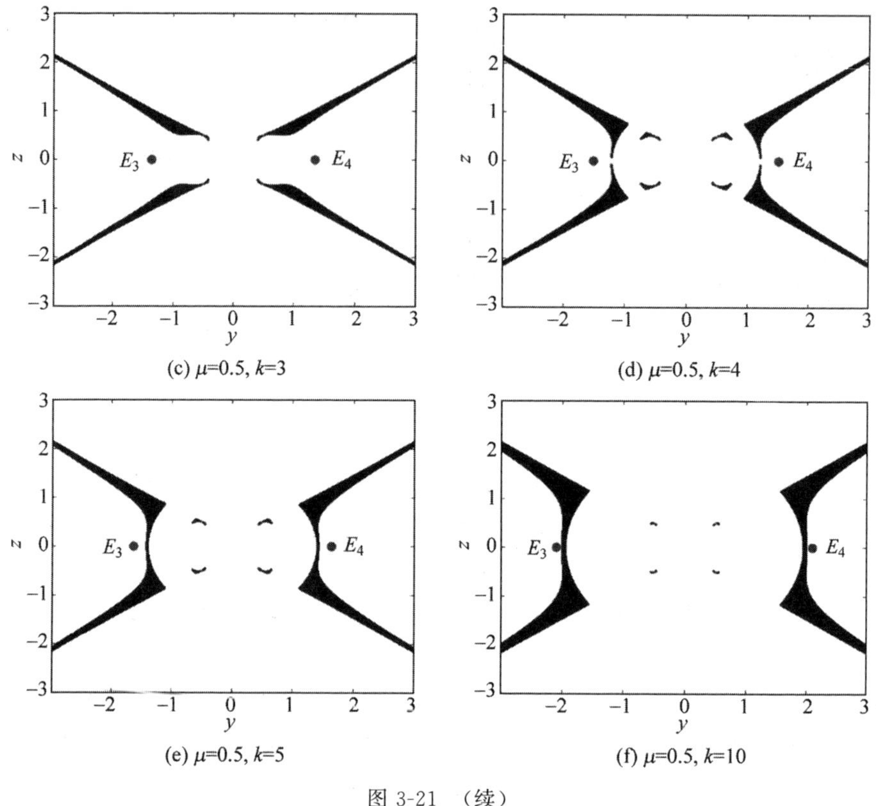

图 3-21 （续）

2. 多面体模型

下面选取小行星 433 Eros 为目标小行星，通过多面体模型进行引力场建模，并采用数值搜索方法在 xy、xz 和 yz 寻找线性稳定区域。沿每个轴的离散步长均设置为 0.1 km。任意一点处满足式(3-26)即认为该点为稳定点。在这三个平面内的线性稳定区域如图 3-22 所示。由图 3-22(a)可知，在赤道面内，除了非常靠近小行星表面的一些区域之外，E_1 和 E_3 外侧有两个形状为带状的稳定区域。由图 3-22(b)和(c)可知，在 xz 或 yz 平面内有 4 个远离自然平衡点且分离的稳定区域。也可以看到 xz 平面内 E_1 和 E_3 附近有小的稳定区域，这说明 E_1 和 E_3 附近有可能实现赤道面外的稳定悬停。

3.3.4 观测覆盖区域分析

本小节给出一种基于多面体模型的方法，用于筛选可以观测小行星表面的人工平衡点。如图 3-23 所示的多面体模型中，小行星被分为许多四面体并且其表面由许多小三角形近似。图中小行星表面网格数据来自于形状模型数据[16]。已有

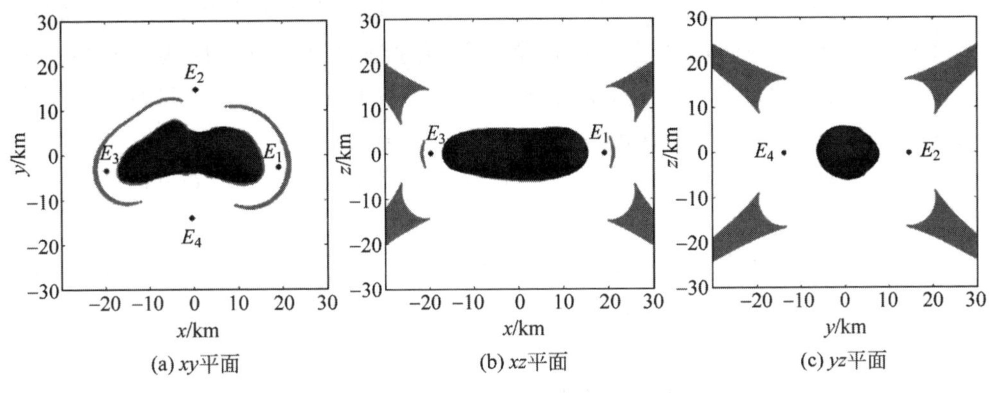

(a) xy平面 (b) xz平面 (c) yz平面

图 3-22 线性稳定人工平衡点区域

的其他小行星形状模型参数可以通过 *Planetary Data System*① 获得。

对于小行星表面的一个区域 A_i，若以下两个约束条件[17]被满足则认为此区域是可以观测到的。第一，探测器与该区域的相对位置矢量 $\boldsymbol{\rho}_i$ 和该区域的法向量 $\boldsymbol{n}_i$ 须小于容许的角度 $\theta_{\max}$，即

$$\frac{\boldsymbol{\rho}_i \cdot \boldsymbol{n}_i}{\|\boldsymbol{\rho}_i\| \|\boldsymbol{n}_i\|} \geqslant \cos\theta_{\max} \tag{3-27}$$

第二，探测器与该区域的中心之间的距离须小于容许值 $\rho_{\max}$，即

$$\|\boldsymbol{\rho}_i\| \leqslant \rho_{\max} \tag{3-28}$$

由于以上两个约束条件的作用，探测器必须停留于如图 3-23 所示的一个球锥之中从而实现对目标区域的观测。

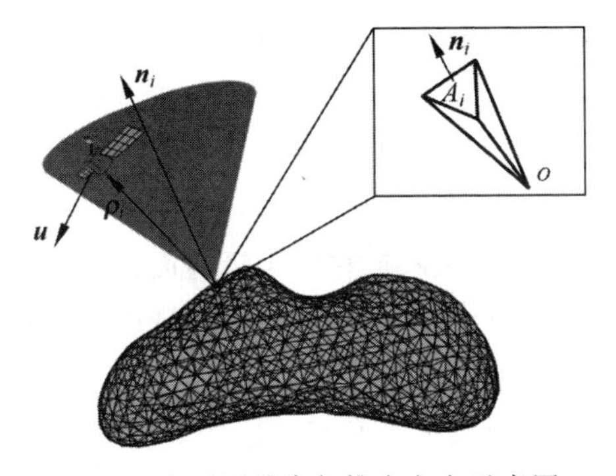

图 3-23 观测约束与推力方向示意图

根据式(3-11)和式(3-12)，图 3-23 中控制 $\boldsymbol{u}$ 须满足如下方向约束条件：

$$\frac{-\boldsymbol{\rho}_i \cdot \boldsymbol{u}}{\|\boldsymbol{\rho}_i\| \|\boldsymbol{u}\|} \geqslant \cos\gamma_{\max} \tag{3-29}$$

① https://sbn.psi.edu/pds/archive/shape.html

至此,已经推导得到了观测小行星表面某一特定区域的推力方向和观测约束条件。需要指出的是,探测器必须位于小行星外侧以保证以上约束条件的正确性。由式(2-49)可知,指标 Q 可以用于判断某一点是否在小行星内部。若探测器位于小行星外部,则 Q 等于零;若探测器位于小行星内部,则 Q 等于 4π。

将采用如下方法选择可行的人工平衡点并计算在人工平衡点处可以观测到的小行星表面三角形数目。

(1) 初始化:通过多面体模型的网格参数将表面离散;计算并存储每一个三角形表面的面积、中心位置和法向量;将目标空间或平面离散以获得离散点。

(2) 对于每一个离散点,检测该点是否位于小行星表面以下。若是,则设定该点可观测三角形面积为零;若否,则对每一个三角形面检测约束条件(3-27)和(3-29),同时计算可以观测三角形面的面积。

(3) 若当前离散点非最后一个点,则跳至下一个点并重复第(2)步;否则,返回每一个点可以观测三角形面的面积。若一个点对应的面积大于零则该点被认为是可行的。

(4) 对 xy、xz 和 yz 平面进行数值仿真。根据前人的研究[4,17],在数值仿真中将 ρ、θ 和 γ 分别设置为 $\rho_{\max}=20.0\ \text{km}$、$\theta_{\max}=30°$和 $\gamma_{\max}=60°$。

空间中点对应可观测的三角形总面积的分布如图 3-24 所示。在该图中,等高线表示当探测器位于相应点时可以观测的表面积。等高线的数值单位为 km^2。由图可知,探测器在这三个面内可以观测到最大面积分别为 $3.115\ \text{km}^2$、$8.836\ \text{km}^2$ 和 $37.528\ \text{km}^2$(小行星总的表面积为 $1103.451\ \text{km}^2$)。根据图 3-24,可以观察到以下三个特征。

① 所有的自然平衡点均位于可行人工平衡点集的内侧。其原因如下:自然平衡点是离心力和引力平衡的位置。当探测器位置比自然平衡点更靠近小行星表面则引力增加,从而所需的控制 $\boldsymbol{u}$ 的指向远离小行星导致违反式(3-29)中的约束条件。

② xy 平面内的可行人工平衡点集是环状的而 xz 和 yz 平面内则是扇形的。北极和南极上方没有可行人工平衡点的一个原因是违反了推力方向约束。在北极和南极上面离心力为零。因此,所需的推力方向必须远离小行星。

③ 由于 E_2 和 E_4 附近的人工平衡点对应的可观测面积大于 E_1 和 E_3 附近的人工平衡点,在小行星颈部附近悬停观测比在两端附近悬停观测可以覆盖更大的面积。

(5) 通过图 3-24 中获得的可行人工平衡点和式(3-26)中的稳定性条件可以获得满足推力和观测约束的线性稳定人工平衡点区域。对于 xy、xz 和 yz 平面内的结果如图 3-25 所示。

由图 3-25 可知,所得线性稳定区域的形状和图 3-22 中的线性稳定区域形状相似。但是,由于额外的推力方向和观测约束条件的作用,图 3-25 中的线性稳定区

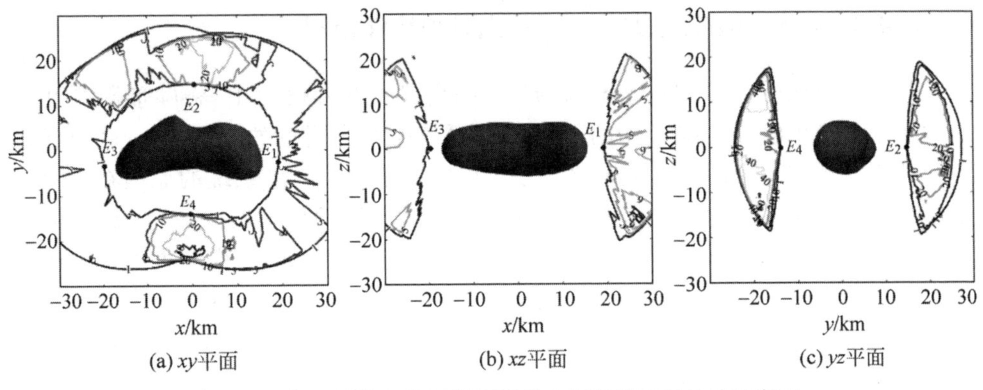

(a) xy平面　(b) xz平面　(c) yz平面

图 3-24　人工平衡点处悬停可覆盖小行星表面三角形面数目

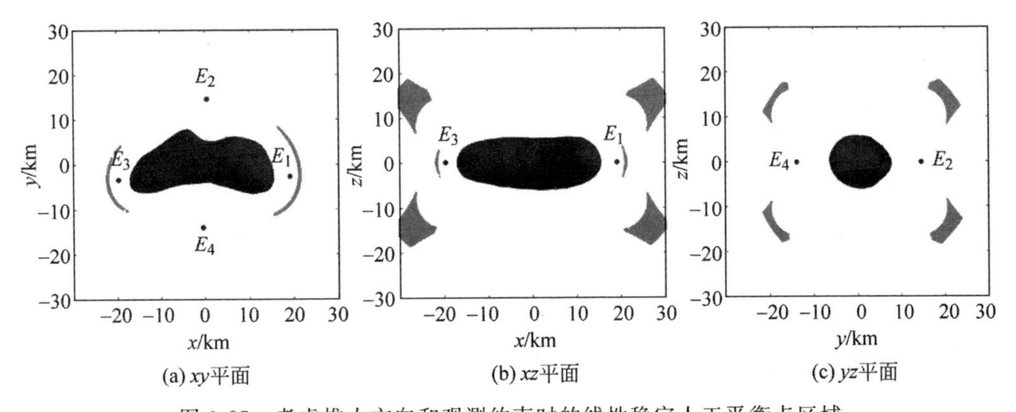

(a) xy平面　(b) xz平面　(c) yz平面

图 3-25　考虑推力方向和观测约束时的线性稳定人工平衡点区域

域比图 3-22 中区域有收缩。结合图 3-24 和图 3-25 可知，可以观测到最大小行星表面三角形面积的线性稳定区域是 yz 平面中小行星左侧的两块区域。

3.4 悬停反馈线性化控制

3.2 节和 3.3 节介绍了理想情况下悬停控制条件和人工平衡点的动力学特点。然而，前文所用的式(3-7)中的控制为开环控制。由于探测器在人工平衡点悬停时会受到其他摄动力的作用，而人工平衡点不一定具有稳定性。因此，为了实现探测器在目标位置处的悬停，需要施加闭环控制。本节介绍两种用于悬停的线性反馈控制方法。首先，针对探测器位于低消耗的特殊悬停位置即小行星共线型自然平衡点的情形，推导线性反馈控制。然后，针对探测器位于一般悬停位置情形，给出一个可行的线性反馈控制。

3.4.1 细长形小行星共线型平衡点悬停线性控制

本小节方法受 Woo 和 Misra 研究[18]的启发。在其研究中，将圆形限制性三体问题中的简单线性控制[19]用于双小行星系统平衡点附近的 Lissajous 轨道保持控制。而三体问题中的线性控制之所以可以应用于双小行星系统的原因在于双小行星系统附近探测器的近似运动方程形式与三体问题类似。Zeng 等[14]的研究表明旋转偶极子模型可以作为细长形小行星的近似模型并且以此模型推导得到的运动方程形式也与三体问题类似。受此现象启发，本小节将研究一种可用于细长小行星平衡点附近悬停保持的简单线性控制方法。该控制方法仅需 x 方向(相对小行星表面的高度方法)的位置和速度反馈以及赤道面法向的速度反馈。但是，细长小行星高精度模型(多面体模型)对应的平衡点附近的运动方程[6]关于面内和面外并非是直接解耦的。因此，Woo 和 Misra[18]给出的方法无法直接用于细长小行星的平衡点悬停控制。

在本小节的方法中，首先将利用有效势二阶导数的性质对共线型平衡点附近的运动方程进行面内和面外解耦。然后将定义简单线性控制来跟踪平衡点附近标称轨迹并推导稳定性条件。仿真算例中将选取小行星 216 Kleopatra 和 951 Gaspra 作为目标小行星。虽然线性化的近似解耦方程与精确运动方程之间存在误差，但探测器可以保持在目标平衡点附近，从而证明本章所提的控制方法的有效性。

1. 共线型平衡点

旋转偶极子模型下与限制性圆形三体问题类似，存在 x 轴上的平衡点即满足 $y=z=0$。事实上，Zeng 等[14]研究结果表明，对于细长形小行星 216 Kleopatra，951 Gaspra，1620 Geographos，1996 HW1，2063 Bacchus 和 25 143 Itokawa 均具有两个位于 x 轴上的平衡点。对于多面体模型来说，由于小行星的形状并非完全对称，因此这类平衡点的位置并非恰好处于 x 轴。在本节的研究中，将位置接近于 x 轴即 $|\hat{x}_e| \gg |\hat{y}_e|$ 且 $|\hat{x}_e| \gg |\hat{z}_e|$ 的平衡点定义为共线型平衡点并记为 EP_1 和 EP_2。

本书的研究中选用 Zeng 等[14]研究中最大的两颗细长形小行星 216 Kleopatra 和 951 Gaspra。同时这两颗小行星的偶极子模型质量比 μ 分别为该文献所研究的小行星的最大值和最小值。数值计算中用的物理参数如下：长度单位 L 分别选取为 217 km 和 18.2 km。两颗小行星的密度分别为 4.27 g/cm^3 和 2.71 g/cm^3，选择周期分别为 5.385 h 和 7.042 h[5]。对 216 Kleopatra 采用 2048 个顶点和 4092 个面的模型；对 951 Gaspra 采用 2522 个顶点和 5040 面的模型[20-22]。

图 3-26 描绘了小行星 216 Kleopatra 和 951 Gaspra 的有效势以及共线型平衡点(EP_1 和 EP_2)的位置。可以看到两颗小行星均具有两个共线型平衡点。共线型平衡点位置的结果如表 3.1 所示。由表中结果可知，共线型平衡点的 y 和 z 方

向的位置分量比 x 方向的位置分量小两到三个量级。所以，共线型平衡点位置均接近于 x 轴。

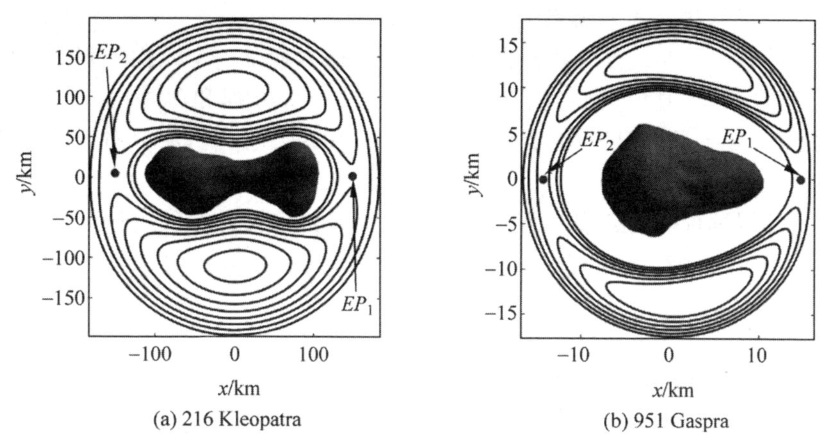

(a) 216 Kleopatra (b) 951 Gaspra

图 3-26 细长形小行星有效势等高线及共线型平衡点

表 3.1 细长形小行星共线型平衡点位置

位置	216 Kleopatra		951 Gaspra	
	EP_1	EP_2	EP_1	EP_2
x/km	148.842	−150.462	14.746	−14.228
y/km	2.372	5.136	-3.780×10^{-2}	−0.118
z/km	1.052	−0.188	0.102	2.590×10^{-2}

2. 平衡点附近运动方程近似解耦

定义平衡点附近相对于平衡点的位移为

$$\delta\hat{x}=\hat{x}-\hat{x}_{\mathrm{E}},\quad \delta\hat{y}=\hat{y}-\hat{y}_{\mathrm{E}},\quad \delta\hat{z}=\hat{z}-\hat{z}_{\mathrm{E}} \tag{3-30}$$

则探测器相对于平衡点的线性化运动方程为[6]

$$\begin{cases}\delta\hat{x}''-2\delta\hat{y}'+\hat{V}_{xx}^{*}\delta\hat{x}+\hat{V}_{xy}^{*}\delta\hat{y}+\hat{V}_{xz}^{*}\delta\hat{z}=0\\ \delta\hat{y}''+2\delta\hat{x}'+\hat{V}_{xy}^{*}\delta\hat{x}+\hat{V}_{yy}^{*}\delta\hat{y}+\hat{V}_{yz}^{*}\delta\hat{z}=0\\ \delta\hat{z}''+\hat{V}_{xz}^{*}\delta\hat{x}+\hat{V}_{yz}^{*}\delta\hat{y}+\hat{V}_{zz}^{*}\delta\hat{z}=0\end{cases} \tag{3-31}$$

运动方程(3-31)的特征方程为

$$\begin{aligned}&\lambda^{6}+(\hat{V}_{xx}^{*}+\hat{V}_{yy}^{*}+\hat{V}_{zz}^{*}+4)\lambda^{4}+(\hat{V}_{xx}^{*}\hat{V}_{yy}^{*}+\hat{V}_{yy}^{*}\hat{V}_{zz}^{*}+\hat{V}_{zz}^{*}\hat{V}_{xx}^{*}-\hat{V}_{xy}^{*2}-\\&\hat{V}_{yz}^{*2}-\hat{V}_{xz}^{*2}+4\hat{V}_{zz}^{*})\lambda^{2}+(\hat{V}_{xx}^{*}\hat{V}_{yy}^{*}\hat{V}_{zz}^{*}+2\hat{V}_{xy}^{*}\hat{V}_{yz}^{*}\hat{V}_{xz}^{*}-\hat{V}_{xx}^{*}\hat{V}_{yz}^{*2}-\\&\hat{V}_{yy}^{*}\hat{V}_{xz}^{*2}-\hat{V}_{zz}^{*}\hat{V}_{xy}^{*2})=0\end{aligned} \tag{3-32}$$

其中，λ 表示运动方程(3-31)的特征值。根据文献[6]的研究，特征值的可能形式有以下三种情况：$\pm\alpha\,(\alpha\in\mathbf{R},\alpha>0)$，$\pm\mathrm{i}\beta\,(\beta\in\mathbf{R},\beta>0)$，$\pm\sigma\pm\mathrm{i}\tau\,(\sigma,\tau\in\mathbf{R};\sigma,\tau>0)$。

如果特征值存在正实数部分,则平衡点是不稳定的。文献[5]研究结果表明文献[14]中研究的细长形小行星共线型平衡点均是不稳定平衡点。因此,需要使用主动控制来保障共线型平衡点附近运动的稳定性。

本问题导出的共线型平衡点附近运动的特征方程是一个六次的代数方程。然而圆形三体问题中对应的特征方程是由面内的四次方程和面外的二次方程组成的[18,19]。为了推导圆形三体问题中所用的类似的线性控制,需要对运动方程进行近似解耦。

本文的解耦推导需要以下细长形小行星有效势二阶导数的近似关系:

$$\begin{aligned}&\hat{V}^*_{xx}\hat{V}^*_{yy}+\hat{V}^*_{yy}\hat{V}^*_{zz}+\hat{V}^*_{zz}\hat{V}^*_{xx}-\hat{V}^{*2}_{xy}-\hat{V}^{*2}_{yz}-\hat{V}^{*2}_{xz}+4\hat{V}^*_{zz}\\ \approx\ &\hat{V}^*_{xx}\hat{V}^*_{yy}+\hat{V}^*_{yy}\hat{V}^*_{zz}+\hat{V}^*_{zz}\hat{V}^*_{xx}+4\hat{V}^*_{zz}\end{aligned}\tag{3-33}$$

$$\begin{aligned}&\hat{V}^*_{xx}\hat{V}^*_{yy}\hat{V}^*_{zz}+2\hat{V}^*_{xy}\hat{V}^*_{yz}\hat{V}^*_{xz}-\hat{V}^*_{xx}\hat{V}^{*2}_{yz}-\hat{V}^*_{yy}\hat{V}^{*2}_{xz}-\hat{V}^*_{zz}\hat{V}^{*2}_{xy}\\ \approx\ &\hat{V}^*_{xx}\hat{V}^*_{yy}\hat{V}^*_{zz}\end{aligned}\tag{3-34}$$

下面分析该近似的合理性。

对于旋转偶极子模型,其有效势二阶导数满足以下方程:

$$\begin{cases}\hat{V}^*_{xx}=-1+k\left[\dfrac{1-\mu}{\hat{r}_1^3}-3\dfrac{(1-\mu)(\hat{x}+\mu)^2}{\hat{r}_1^5}+\dfrac{\mu}{\hat{r}_2^3}-3\dfrac{\mu(\hat{x}-1+\mu)^2}{\hat{r}_2^5}\right]\\ \hat{V}^*_{yy}=-1+k\left[\dfrac{1-\mu}{\hat{r}_1^3}-3\dfrac{(1-\mu)\hat{y}^2}{\hat{r}_1^5}+\dfrac{\mu}{\hat{r}_2^3}-3\dfrac{\mu\hat{y}^2}{\hat{r}_2^5}\right]\\ \hat{V}^*_{zz}=k\left[\dfrac{1-\mu}{\hat{r}_1^3}-3\dfrac{(1-\mu)\hat{z}^2}{\hat{r}_1^5}+\dfrac{\mu}{\hat{r}_2^3}-3\dfrac{\mu\hat{z}^2}{\hat{r}_2^5}\right]\\ \hat{V}^*_{xy}=\hat{V}^*_{yx}=-3k\hat{y}\left[\dfrac{(1-\mu)(\hat{x}+\mu)}{\hat{r}_1^5}+\dfrac{\mu(\hat{x}-1+\mu)}{\hat{r}_2^5}\right]\\ \hat{V}^*_{xz}=\hat{V}^*_{zx}=-3k\hat{z}\left[\dfrac{(1-\mu)(\hat{x}+\mu)}{\hat{r}_1^5}+\dfrac{\mu(\hat{x}-1+\mu)}{\hat{r}_2^5}\right]\\ \hat{V}^*_{yz}=\hat{V}^*_{zy}=-3k\hat{y}\hat{z}\left(\dfrac{1-\mu}{\hat{r}_1^5}+\dfrac{\mu}{\hat{r}_2^5}\right)\end{cases}\tag{3-35}$$

在共线型平衡点处,$\hat{V}^*_{xy}$、$\hat{V}^*_{xz}$ 和 $\hat{V}^*_{yz}$ 等于零而 $\hat{V}^*_{xx}$、$\hat{V}^*_{yy}$ 和 $\hat{V}^*_{zz}$ 不等于零。因此,对于旋转偶极子模型则自动满足式(3-33)和式(3-34)中的条件。

对于高精度模型,如果小行星的有效势二阶导数满足如下条件:

$$|\hat{V}^*_{xx}|,|\hat{V}^*_{yy}|,|\hat{V}^*_{zz}|\gg|\hat{V}^*_{xy}|,|\hat{V}^*_{xz}|,|\hat{V}^*_{yz}|\tag{3-36}$$

则式(3-33)和式(3-34)中由近似引起的误差可以忽略。

本书通过数值计算来分析式(3-36)中条件的合理性。小行星 216 Kleopatra 和 951 Gaspra 在共线型平衡点处的有效势二阶导数如表 3.2 所示。根据表中结果可知,对于这两颗小行星,$|\widetilde{V}_{xy}|$、$|\widetilde{V}_{xz}|$ 或者 $|\widetilde{V}_{yz}|$ 与 $|\widetilde{V}_{xx}|$、$|\widetilde{V}_{yy}|$ 或者

$|\tilde{V}_{zz}|$的比值的最大值均为EP_2点处的$|\tilde{V}_{xy}|/|\tilde{V}_{yy}|$。即使对这两个最大的比值来说，其大小也仅为1/5左右。对于其他比值，大小则小于1/10。因此可以认为$|\tilde{V}_{xy}|$、$|\tilde{V}_{xz}|$和$|\tilde{V}_{yz}|$远小于$|\tilde{V}_{xx}|$、$|\tilde{V}_{yy}|$和$|\tilde{V}_{zz}|$。表3.3进一步给出了由于式(3-33)和式(3-34)近似引起的相对误差。由表中结果可知，相对误差均小于1%。因此，式(3-33)和式(3-34)中的近似关系对于细长形小行星216 Kleopatra和951 Gaspra是合理的。

表3.2 共线型平衡点有效势的二阶导数(无量纲)

	216 Kleopatra		951 Gaspra	
	EP_1	EP_2	EP_1	EP_2
$\tilde{V}_{xx}$	-4.103	-4.288	-3.677	-3.269
$\tilde{V}_{yy}$	0.505	0.701	0.337	0.120
$\tilde{V}_{zz}$	1.598	1.587	1.340	1.149
$\tilde{V}_{xy}$	-6.087×10^{-2}	0.139	5.522×10^{-3}	-2.516×10^{-2}
$\tilde{V}_{xz}$	3.113×10^{-2}	1.971×10^{-2}	2.697×10^{-2}	-2.049×10^{-3}
$\tilde{V}_{yz}$	-1.935×10^{-2}	-2.702×10^{-2}	-1.075×10^{-2}	-7.305×10^{-4}

表3.3 近似导致的相对误差 %

	216 Kleopatra		951 Gaspra	
	EP_1	EP_2	EP_1	EP_2
式(3-32)近似	0.352	0.864	0.244	0.109
式(3-34)近似	0.145	0.584	0.008	0.161

下面利用式(3-33)和式(3-34)中的近似关系对特征方程(3-36)进行解耦。将式(3-33)和式(3-34)代入式(3-36)，可得

$$\lambda^6+(\hat{V}_{xx}^*+\hat{V}_{yy}^*+\hat{V}_{zz}^*+4)\lambda^4+(\hat{V}_{xx}^*\hat{V}_{yy}^*+\hat{V}_{yy}^*\hat{V}_{zz}^*+\hat{V}_{zz}^*\hat{V}_{xx}^*+4\hat{V}_{zz}^*)\lambda^2+\hat{V}_{xx}^*\hat{V}_{yy}^*\hat{V}_{zz}^*=0 \tag{3-37}$$

式(3-37)可以分解为

$$\lambda^4+(\hat{V}_{xx}^*+\hat{V}_{yy}^*+4)\lambda^2+\hat{V}_{xx}^*\hat{V}_{yy}^*=0 \tag{3-38}$$

$$\lambda^2+\hat{V}_{zz}^*=0 \tag{3-39}$$

式(3-38)表示的是面内运动的特征方程，而式(3-39)表示的是面外运动的特征方程。

式(3-38)和式(3-39)中特征方程对应的线性运动方程为

$$\begin{cases}\delta\hat{x}''-2\delta\hat{y}'+\hat{V}_{xx}^*\delta\hat{x}=0\\ \delta\hat{y}''+2\delta\hat{x}'+\hat{V}_{yy}^*\delta\hat{y}=0\\ \delta\hat{z}''+\hat{V}_{zz}^*\delta\hat{z}=0\end{cases} \tag{3-40}$$

由式(3-40)可知,探测器的面内运动和面外运动已经解耦。

3. 线性反馈控制

定义实际位置与标称位置的偏差为

$$\begin{cases}\xi = \delta\hat{x} - \delta\hat{x}_{\mathrm{d}} \\ \eta = \delta\hat{y} - \delta\hat{y}_{\mathrm{d}} \\ \zeta = \delta\hat{z} - \delta\hat{z}_{\mathrm{d}}\end{cases} \tag{3-41}$$

其中$[\delta x_{\mathrm{d}}, \delta y_{\mathrm{d}}, \delta z_{\mathrm{d}}]^{\mathrm{T}}$为标称轨道的位置。若标称位置始终为平衡点,则$\delta\hat{x}_{\mathrm{d}} = \delta\hat{y}_{\mathrm{d}} = \delta\hat{z}_{\mathrm{d}} = 0$。标称轨道满足以下方程:

$$\begin{cases}\delta\hat{x}''_{\mathrm{d}} - 2\delta\hat{y}'_{\mathrm{d}} + \hat{V}^{*}_{xx}\delta\hat{x}_{\mathrm{d}} = 0 \\ \delta\hat{y}''_{\mathrm{d}} + 2\delta\hat{x}'_{\mathrm{d}} + \hat{V}^{*}_{yy}\delta\hat{y}_{\mathrm{d}} = 0 \\ \delta\hat{z}''_{\mathrm{d}} + \hat{V}^{*}_{zz}\delta\hat{z}_{\mathrm{d}} = 0\end{cases} \tag{3-42}$$

偏差$[\xi, \eta, \zeta]^{\mathrm{T}}$对时间的一阶和二阶导数分别为

$$\begin{cases}\xi' = \delta\hat{x}' - \delta\hat{x}'_{\mathrm{d}} \\ \eta' = \delta\hat{y}' - \delta\hat{y}'_{\mathrm{d}} \\ \zeta' = \delta\hat{z}' - \delta\hat{z}'_{\mathrm{d}}\end{cases} \tag{3-43}$$

$$\begin{cases}\xi'' = \delta\hat{x}'' - \delta\hat{x}''_{\mathrm{d}} \\ \eta'' = \delta\hat{y}'' - \delta\hat{y}''_{\mathrm{d}} \\ \zeta'' = \delta\hat{z}'' - \delta\hat{z}''_{\mathrm{d}}\end{cases} \tag{3-44}$$

定义面外运动的控制为$k_z(\delta\hat{z}'_{\mathrm{d}} - \delta\hat{z}')$,则

$$\delta\hat{z}'' + \hat{V}^{*}_{zz}\delta\hat{z} = k_z(\delta\hat{z}'_{\mathrm{d}} - \delta\hat{z}') \tag{3-45}$$

结合式(3-42)可得

$$\zeta'' + \hat{V}^{*}_{zz}\zeta + k_z\zeta' = 0 \tag{3-46}$$

根据 Routh 稳定性准则,控制增益k_z需要满足

$$k_z = 2\sqrt{\hat{V}^{*}_{zz}} \tag{3-47}$$

事实上,上述控制相当于对面外的运动提供了阻尼从而使得探测器位置保持在一定范围内[18]。在本书中,定义提供临界阻尼的面外控制,即

$$\begin{cases}\delta\hat{x}'' - 2\delta\hat{y}' + \hat{V}^{*}_{xx}\delta\hat{x} = k_{x1}(\delta\hat{x}'_{\mathrm{d}} - \delta\hat{x}') + k_{x2}(\delta\hat{x}_{\mathrm{d}} - \delta\hat{x}) \\ \delta\hat{y}'' + 2\delta\hat{x}' + \hat{V}^{*}_{yy}\delta\hat{y} = 0\end{cases} \tag{3-48}$$

对于面内的运动,则采用x方向上关于$\delta\hat{x}$和$\delta\hat{x}'$的反馈控制来追踪标称轨道。受控运动方程写为

$$\begin{cases}\xi''-2\eta'+\hat{V}_{xx}^{*}\xi+k_{x1}\xi'+k_{x2}\xi=0\\ \eta''+2\xi'+\hat{V}_{yy}^{*}\eta=0\end{cases} \tag{3-49}$$

式中,k_{x1} 和 k_{x2} 为增益常数。结合式(3-42),可以将式(3-49)写为

$$s^{4}+k_{x1}s^{3}+(k_{x2}+\hat{V}_{xx}^{*}+\hat{V}_{yy}^{*}+4)s^{2}+k_{x1}\hat{V}_{yy}^{*}s+(k_{x2}+\hat{V}_{xx}^{*})\hat{V}_{yy}^{*}=0 \tag{3-50}$$

式中,s 为方程(3-50)的特征值。Routh 稳定性准则要求

$$k_{x1}>0,\quad k_{x2}+\hat{V}_{xx}^{*}+\hat{V}_{yy}^{*}+4>0,\quad k_{x1}\hat{V}_{yy}^{*}>0,\quad (k_{x2}+\hat{V}_{xx}^{*})\hat{V}_{yy}^{*}>0 \tag{3-51}$$

且

$$\begin{cases}k_{x1}(k_{x2}+\hat{V}_{xx}^{*}+\hat{V}_{yy}^{*}+4)-k_{x1}\hat{V}_{yy}^{*}>0\\ k_{x1}(k_{x2}+\hat{V}_{xx}^{*}+\hat{V}_{yy}^{*}+4)k_{x1}\hat{V}_{yy}^{*}-(k_{x1}\hat{V}_{yy}^{*})^{2}-k_{x1}^{2}(k_{x2}+\hat{V}_{xx}^{*})\hat{V}_{yy}^{*}>0\end{cases} \tag{3-52}$$

因为 $\hat{V}_{xx}^{*}<0,\hat{V}_{yy}^{*}>0$ 且 $\hat{V}_{zz}^{*}>0$,所以可以将条件(3-51)和条件(3-52)化简为以下两个稳定性条件:

$$k_{x1}>0 \tag{3-53}$$

$$k_{x2}>-\hat{V}_{xx}^{*} \tag{3-54}$$

利用上述线性控制,则探测器在 $O\text{-}xyz$ 坐标系中的运动方程为

$$\begin{cases}\hat{x}''-2\hat{y}'+\hat{V}_{x}^{*}=k_{x1}(\delta\hat{x}'_{\mathrm{d}}-\delta\hat{x}')+k_{x2}(\delta\hat{x}_{\mathrm{d}}-\delta\hat{x})\\ \hat{y}''+2\hat{x}'+\hat{V}_{y}^{*}=0\\ \hat{z}''+\hat{V}_{z}^{*}=k_{z}(\delta\hat{z}'_{\mathrm{d}}-\delta\hat{z}')\end{cases} \tag{3-55}$$

需要指出的是,本小节的线性控制是根据解耦的平衡点附近运动方程(3-40)推导得到的。因为推导所用的运动方程(3-40)是通过平衡点附近运动方程线性化和解耦近似两次得到的,所以推导过程中所用的动力学模型与方程(3-55)中的动力学模型有差异性。下一节将采用式(3-55)进行仿真,验证本文推导的线性控制在存在模型差异性时的有效性。

式(3-41)中标称轨道也可以选择平衡点附近的 Lissajous 轨道。Lissajous 轨道是运动方程(3-40)在合适的初值条件下的一类保持在平衡点附近的解[18,23]。本小节将推导这类解并且对应的 Lissajous 轨道将被选作标称轨道。

在求解特征方程(3-38)和方程(3-39)的解之前,需要确定目标细长形小行星的有效势二阶导数的符号,从而可以进一步明确特征值解的形式。

对于小行星 216 Kleopatra 和 951 Gaspra,有效势的二阶导数均满足如下关系:

$$\hat{V}_{xx}^{*} < 0, \quad \hat{V}_{yy}^{*} > 0, \quad \hat{V}_{zz}^{*} > 0 \tag{3-56}$$

首先推导面内运动的解。由于 $\hat{V}_{xx}^{*}$ 小于零且 $\hat{V}_{yy}^{*}$ 大于 0,因此由式(3-38)得到的特征值的解为

$$\lambda_{1,2} = \pm A\mathrm{i}, \quad \lambda_{3,4} = \pm B \tag{3-57}$$

式中

$$A = \sqrt{\frac{(\hat{V}_{xx}^{*} + \hat{V}_{yy}^{*} + 4) + \sqrt{(\hat{V}_{xx}^{*} + \hat{V}_{yy}^{*} + 4)^2 - 4\hat{V}_{xx}^{*}\hat{V}_{yy}^{*}}}{2}} \tag{3-58}$$

$$B = \sqrt{\frac{-(\hat{V}_{xx}^{*} + \hat{V}_{yy}^{*} + 4) + \sqrt{(\hat{V}_{xx}^{*} + \hat{V}_{yy}^{*} + 4)^2 - 4\hat{V}_{xx}^{*}\hat{V}_{yy}^{*}}}{2}} \tag{3-59}$$

根据文献[6]的研究,面内运动的解可以表示为

$$\delta\hat{x}(\tau) = C_{x1}\cos A\tau + C_{x2}\sin A\tau + C_{x3}\mathrm{e}^{B\tau} + C_{x4}\mathrm{e}^{-B\tau} \tag{3-60}$$

$$\delta\hat{y}(\tau) = C_{y1}\cos A\tau + C_{y2}\sin A\tau + C_{y3}\mathrm{e}^{B\tau} + C_{y4}\mathrm{e}^{-B\tau} \tag{3-61}$$

式中,C_{x1}、C_{x2}、C_{x3}、C_{x4}、C_{y1}、C_{y2}、C_{y3} 和 C_{y4} 均为常数。为了得到面内的周期运动解,可以设置 $C_{x3}=C_{x4}=C_{y3}=C_{y4}=0$,从而仅选用由特征值 λ_1 和 λ_2 决定的解。给定初始位置条件 $\delta\hat{x}_{\mathrm{d}}(0)=\delta\hat{x}_0$ 及 $\delta\hat{y}_{\mathrm{d}}(\tau)=\delta\hat{y}_0$,可以得到

$$\delta\hat{x}(\tau) = \delta\hat{x}_0\cos A\tau + C_{x2}\sin A\tau \tag{3-62}$$

$$\delta\hat{y}(\tau) = \delta\hat{y}_0\cos A\tau + C_{y2}\sin A\tau \tag{3-63}$$

由于式(3-62)和式(3-63)必须满足式(3-40)中的面内运动方程,所以系数 C_{x2} 和 C_{y2} 须满足以下条件:

$$C_{x2} = \frac{1}{2}\frac{\delta y_0(A^2 - \hat{V}_{yy}^{*})}{A}, \quad C_{y2} = -\frac{1}{2}\frac{\delta x_0(A^2 - \hat{V}_{xx}^{*})}{A} \tag{3-64}$$

从而可以得到面内运动目标周期解为

$$\delta\hat{x}_{\mathrm{d}}(\tau) = \delta\hat{x}_0\cos A\tau + \frac{1}{2}\frac{\delta y_0(A^2 - \hat{V}_{yy}^{*})}{A}\sin A\tau \tag{3-65}$$

$$\delta\hat{y}_{\mathrm{d}}(\tau) = \delta\hat{y}_0\cos A\tau - \frac{1}{2}\frac{\delta x_0(A^2 - \hat{V}_{xx}^{*})}{A}\sin A\tau \tag{3-66}$$

其次推导面外运动的解。因为 $\hat{V}_{zz}^{*}$ 大于零,由式(3-39)可得特征值的解为

$$\lambda_{5,6} = \pm\sqrt{\hat{V}_{zz}^{*}}\,\mathrm{i} \tag{3-67}$$

所以面外运动的方程为

$$\delta\hat{z}_{\mathrm{d}}(\tau) = \delta\hat{z}_0\cos\sqrt{\hat{V}_{zz}^{*}}\,\tau + \frac{\delta\hat{z}'_0}{\sqrt{\hat{V}_{zz}^{*}}}\sin\sqrt{\hat{V}_{zz}^{*}}\,\tau \tag{3-68}$$

式中,$\delta\hat{z}_0$ 和 $\delta\hat{z}'_0$ 为 z 方向的初始位置和速度。由式(3-68)可以看到,面外运动是周期的。

至此,Lissajous 轨道各方向的方程已全部得到,即式(3-65)、式(3-66)和式(3-68)。

3.4.2 一般悬停点处反馈线性化控制

3.4.1 节给出的反馈控制方法的前提是标称悬停点是共线型平衡点。本小节将介绍一种一般位置悬停的反馈线性化控制。类似方法也曾被用于日心坐标下探测器伴飞小行星的控制[24]。设用于探测器悬停的目标人工平衡点位置为 $\boldsymbol{r}_{\mathrm{E}}$,则探测器跟踪标称位置的偏差为

$$\boldsymbol{e}=\boldsymbol{r}-\boldsymbol{r}_{\mathrm{E}} \tag{3-69}$$

定义反馈线性化控制律为[25]

$$\boldsymbol{u}=2\boldsymbol{\omega}\times\dot{\boldsymbol{r}}+\boldsymbol{\omega}\times(\boldsymbol{\omega}\times\boldsymbol{r})-\frac{\partial U(\boldsymbol{r})}{\partial\boldsymbol{r}}+\boldsymbol{a} \tag{3-70}$$

式中,控制项 $\boldsymbol{a}$ 与目标点标称加速度、速度偏差及位置偏差相关,表达式为

$$\boldsymbol{a}=\ddot{\boldsymbol{r}}_{\mathrm{E}}-k_v(\dot{\boldsymbol{r}}-\dot{\boldsymbol{r}}_{\mathrm{E}})-k_r(\boldsymbol{r}-\boldsymbol{r}_{\mathrm{E}}) \tag{3-71}$$

式(3-71)中 k_v 和 k_r 为待确定的常数。

将式(3-69)~式(3-71)代入动力学方程(3-1),可得

$$\ddot{\boldsymbol{r}}=\ddot{\boldsymbol{r}}_{\mathrm{E}}-k_v(\dot{\boldsymbol{r}}-\dot{\boldsymbol{r}}_{\mathrm{E}})-k_r(\boldsymbol{r}-\boldsymbol{r}_{\mathrm{E}}) \tag{3-72}$$

$$\ddot{\boldsymbol{e}}+k_v\dot{\boldsymbol{e}}+k_r\boldsymbol{e}=0 \tag{3-73}$$

由式(3-73)可知,若选取 k_r 和 k_v 均为正数,跟踪误差 $\boldsymbol{e}$ 随着时间趋向于无穷大而趋向于零。为了使系统具有更好的动态特性,需在设计控制参数 k_r 和 k_v 时考虑响应时间、超调量和振荡频率等因素。而由式(3-73)可知,各个方向运动均为无控二阶振动系统,其系统的时间常数、阻尼系数和阻尼振荡频率分别为[25]

$$T=\frac{1}{\sqrt{k_r}} \tag{3-74}$$

$$\zeta=\frac{k_v}{2\sqrt{k_r}} \tag{3-75}$$

$$\omega_{\mathrm{d}}=\frac{\sqrt{1-\zeta^2}}{T} \tag{3-76}$$

为了保证较快的响应时间和较小的超调量,通常选择阻尼系数为 0.5~0.9 之间的数值[25]。进一步根据设定振荡频率和时间常数,可以确定 k_v 和 k_r。

3.4.3 仿真算例

本小节将通过仿真算例,依次验证 3.4.1 节和 3.4.2 节给出的反馈线性化控制方法(分别记为反馈控制方法 1 和 2)的有效性。

1. 反馈控制方法 1

通过数值计算研究细长形小行星 216 Kleopatra 和 951 Gaspra 共线型平衡点

EP_1 和 EP_2 附近的运动并验证线性反馈控制的有效性。标称轨道选为相对停留在平衡点上更复杂的 Lissajous 轨道。

探测器相对于平衡点的无量纲化初始条件分别选择如下：对于 216 Kleopatra 的两个平衡点，选取 $\delta\hat{x}=3.925\times10^{-4}$，$\delta\hat{y}=0$，$\delta\hat{z}=-1.962\times10^{-4}$，$\delta\hat{z}'=0$；对于 951 Gaspra 的两个平衡点则选取 $\delta\hat{x}=3.925\times10^{-3}$，$\delta\hat{y}=0$，$\delta\hat{z}=-1.962\times10^{-3}$，$\delta\hat{z}'=0$。$x$ 和 y 方向的初始速度分量 $\delta\hat{x}'$ 和 $\delta\hat{y}'$ 则利用式(3-60)和式(3-61)的导数确定。通过式(3-30)将这些无量纲化的初始条件转换为 O -xyz 坐标系下的初始条件，然后用于方程(3-55)的积分初值。数值积分采用 RKF7(8)积分器实现从某一时间点到下一时间点的位置和速度的递推。设置积分绝对误差为 1×10^{-10}，相对误差为 1×10^{-10}。输出的离散时间点的无量纲化步长选择为 $\pi/100$。

标称 Lissajous 轨道的初值是通过解耦的线性方程设计的。由于该模型与积分所用精确模型相比有误差，因此探测器在无控情况下不能沿着设计的标称轨道飞行。在本小节的算例中，式(3-55)中的控制增益 k_{x1}，k_{x2} 和 k_z 均设置为 0。无量纲化的总飞行时间选取为 $5\times2\pi$。

无控情形下，以小行星 216 Kleopatra 共线型平衡点附近标称 Lissajous 轨道初值积分结果所得探测器飞行轨迹如图 3-27(a)所示。由图可知，两条轨迹由平衡点 EP_1 或 EP_2 处出发并均以撞击小行星表面而结束。

无控情形下，以小行星 951 Gaspra 共线型平衡点附近标称 Lissajous 轨道初值积分结果所得探测器飞行轨迹如图 3-27(b)所示。由图可知，探测器的轨迹无法保持在平衡点 EP_1 或 EP_2 附近。

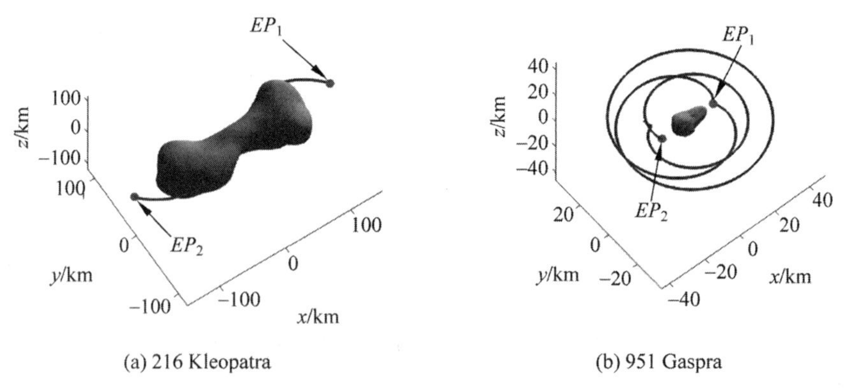

(a) 216 Kleopatra　　(b) 951 Gaspra

图 3-27 无控情形下小行星附近飞行轨迹

由以上仿真结果可知，探测器在无控情况下难以保持在小行星共线型平衡点附近执行悬停任务。

下面通过仿真小行星 216 Kleopatra 和 951 Gaspra 共线型平衡点 EP_1 和 EP_2 附近受控飞行轨道结果来验证线性反馈控制算法追踪标称 Lissajous 轨道的有效性。

对于小行星 216 Kleopatra，控制增益选取如下：$k_{x1}=1$，$k_{x2}=-\widetilde{V}_{xx}+1$ 及 $k_z=2\sqrt{\widetilde{V}_{zz}}$。无量纲化的总飞行时间选取为 $20\times 2\pi$。

小行星 216 Kleopatra 平衡点 EP_1 附近轨道和控制结果如图 3-28～图 3-30 所示。

控制随时间的变化如图 3-28 所示。如图可知，将探测器保持在平衡点 EP_1 附近轨道上所需的最大控制加速度大小约为 1×10^{-6} m/s^2。该值与文献[18]中将探测器保持在一个双小行星系统共线型平衡点附近轨道所需的最大的控制加速度大小接近。

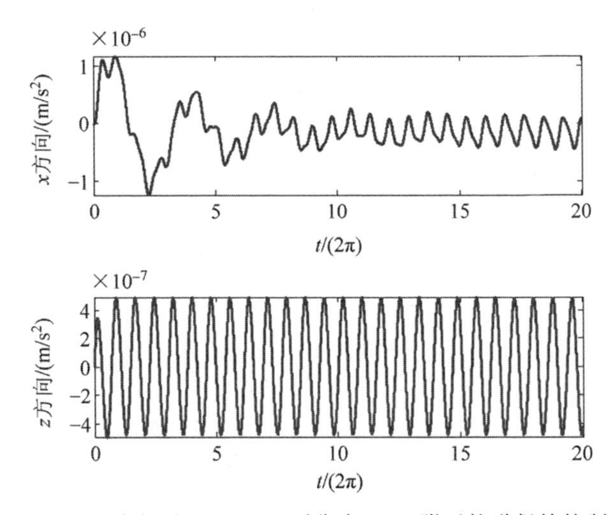

图 3-28 小行星 Kleopatra 平衡点 EP_1 附近轨道保持控制

图 3-29 显示了 O-xyz 坐标系下平衡点 EP_1 附近的受控三维轨道结果。由图 3-29(a)可知，探测器始终保持在小行星 216 Kleopatra 平衡点附近一个很小的区域内。由图 3-29 (b)可知，探测器沿着 Lissajous 型轨道运行。

实际轨道和标称 Lissajous 轨道对比如图 3-30 所示。由子图(a1)～(a3)可知，实际轨道和标称轨道在三个平面内的投影很接近且形状基本一致。子图(b1)～(b3)显示了两条轨道之间的无量纲化偏差分量随时间的变化。每个方向最大的偏差相比于幅值大小仅为 0.0269、0.038 和 0.037。

小行星 216 Kleopatra 平衡点 EP_2 附近轨道和控制结果如图 3-31～图 3-33 所示。

图 3-31 为控制加速度随时间的变化。如图可知，将探测器保持在平衡点 EP_2 附近轨道上所需的最大控制加速度大小约 2×10^{-6} m/s^2。该控制加速度比平衡点 EP_1 附近的结果更大但仍保持在 10^{-6} m/s^2 的量级。

图 3-32 表明探测器保持在一个很小的区域内并且运行轨道具有 Lissajous 型轨道形状。

图 3-33 为实际轨道和标称轨道的投影及两条轨道的偏差。由图可知，两条轨道十分接近。事实上，三个方向偏差与对应方向幅值的比值最大值仅为 0.081。

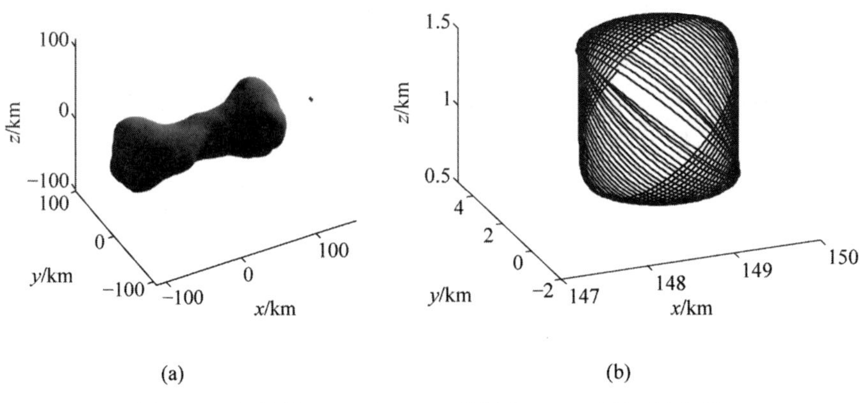

图 3-29 小行星 216 Kleopatra 平衡点 EP_1 附近三维轨道

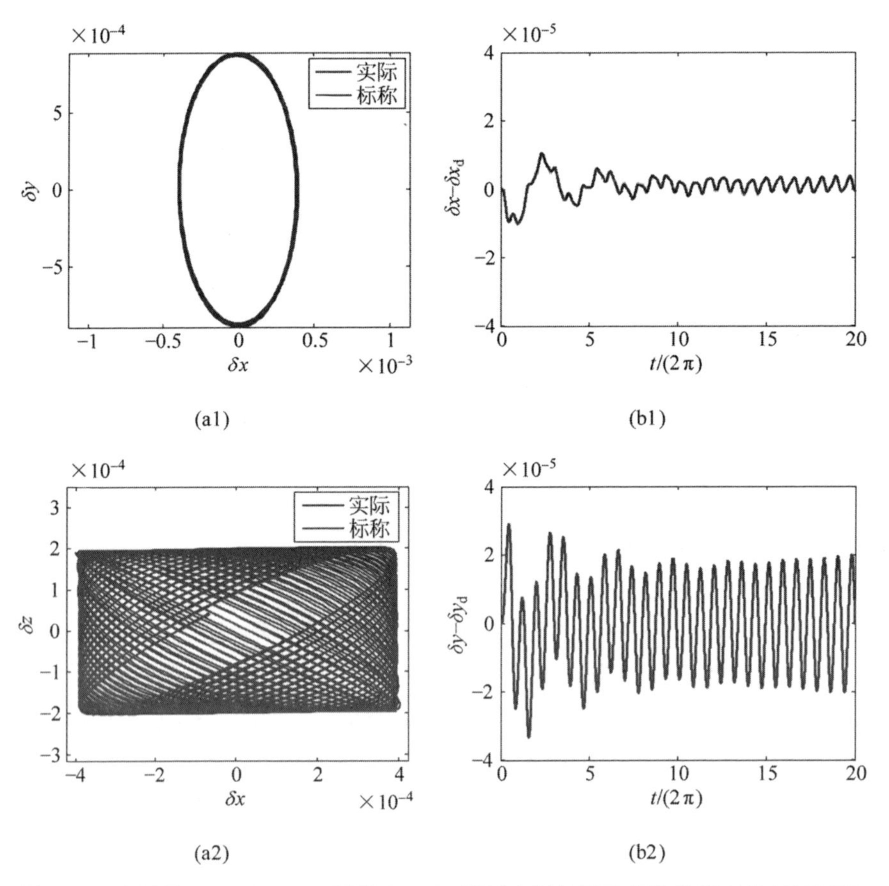

图 3-30 小行星 216 Kleopatra 平衡点 EP_1 附近实际轨道和标称轨道对比(见彩插)

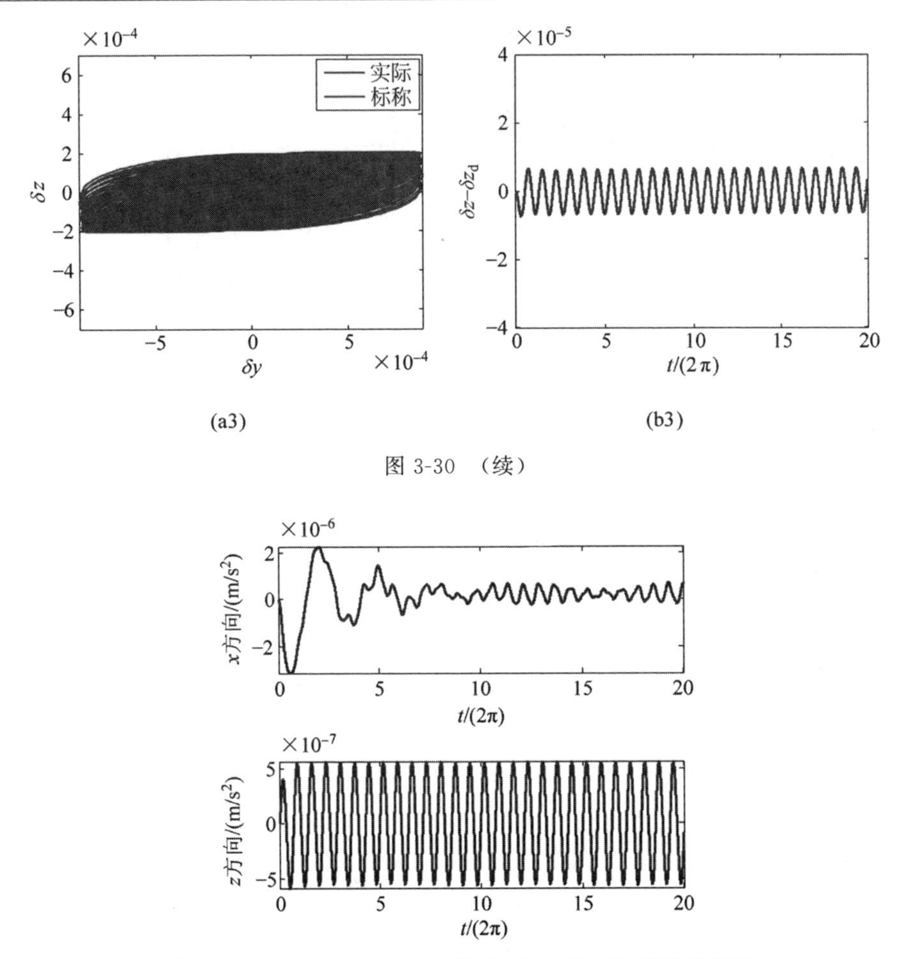

图 3-30 （续）

图 3-31 小行星 Kleopatra 平衡点 EP_2 附近轨道保持控制

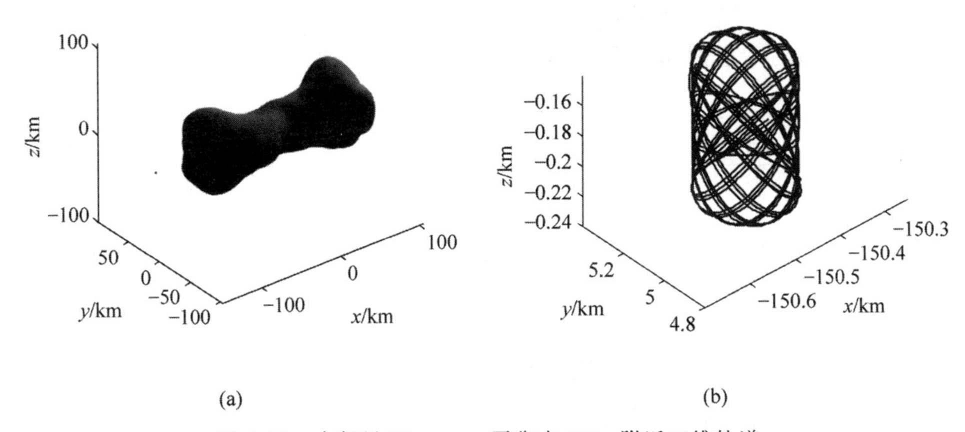

图 3-32 小行星 Kleopatra 平衡点 EP_2 附近三维轨道

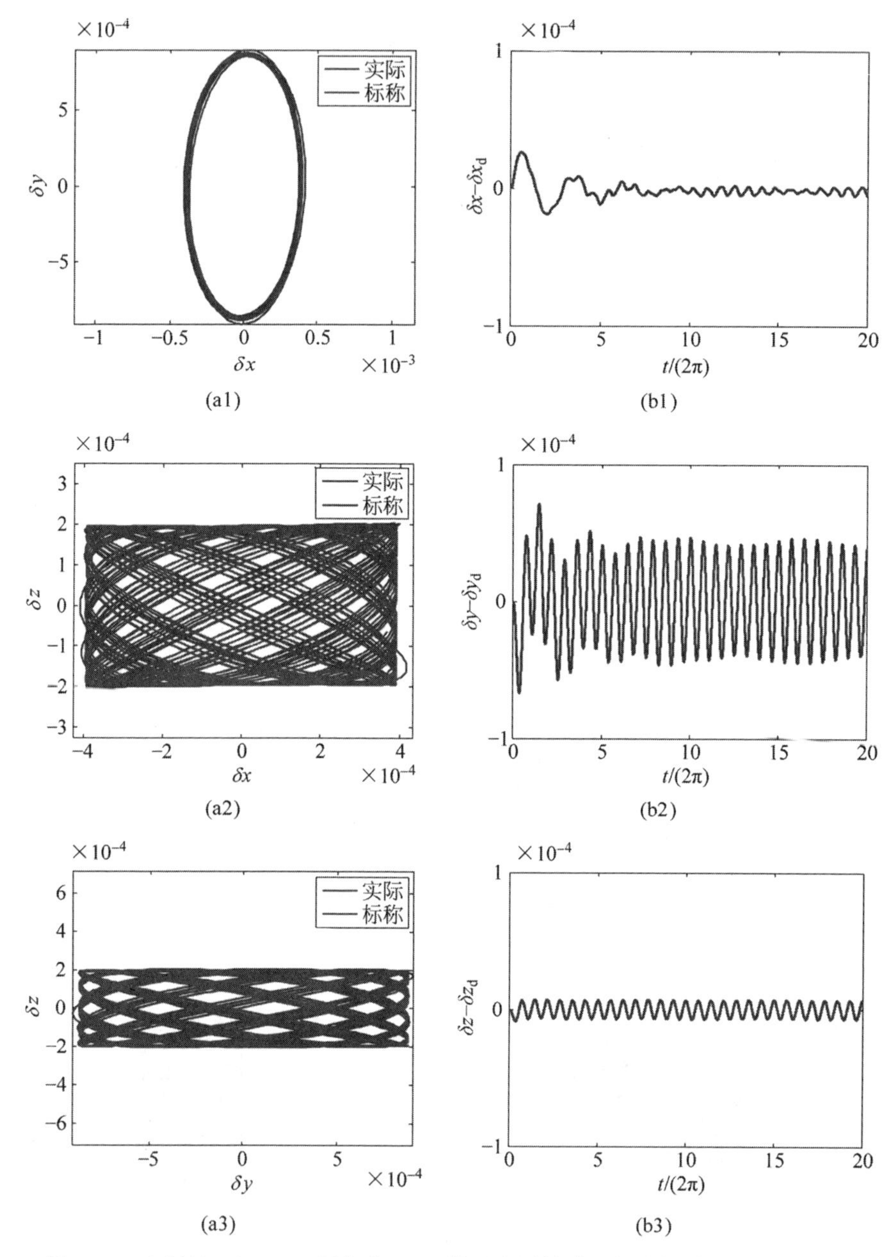

图 3-33 小行星 Kleopatra 平衡点 EP_2 附近实际轨道和标称轨道对比(见彩插)

针对小行星 951 Gaspra,控制增益仍选取为 $k_{x1}=1$,$k_{x2}=-\widetilde{V}_{xx}+1$ 及 $k_z=2\sqrt{\widetilde{V}_{zz}}$。总飞行时间选取为 $20\times 2\pi$。

小行星 951 Gaspra 平衡点 EP_1 附近轨道和控制结果如图 3-34～图 3-36 所示。图 3-34 为 951 Gaspra 平衡点 EP_1 附近轨道保持所需的控制加速度。如图可知，将探测器保持在平衡点 EP_2 附近轨道上所需的最大控制加速度大小小于 $1\times10^{-6}\ \mathrm{m/s^2}$。图 3-35 表明探测器保持在一个很小的区域内并且运行轨道具有 Lissajous

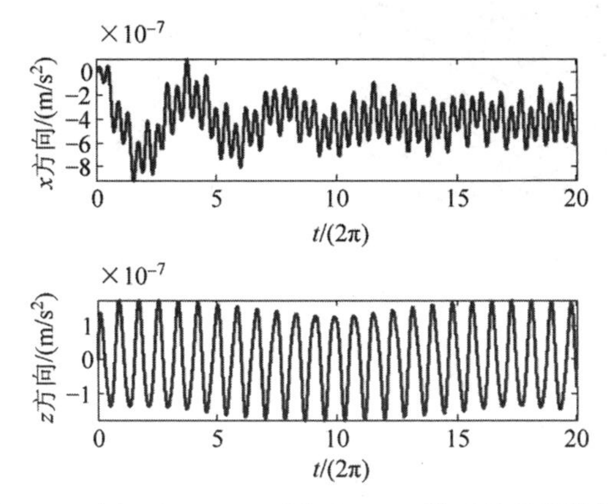

图 3-34 小行星 Gaspra 平衡点 EP_1 附近轨道保持控制

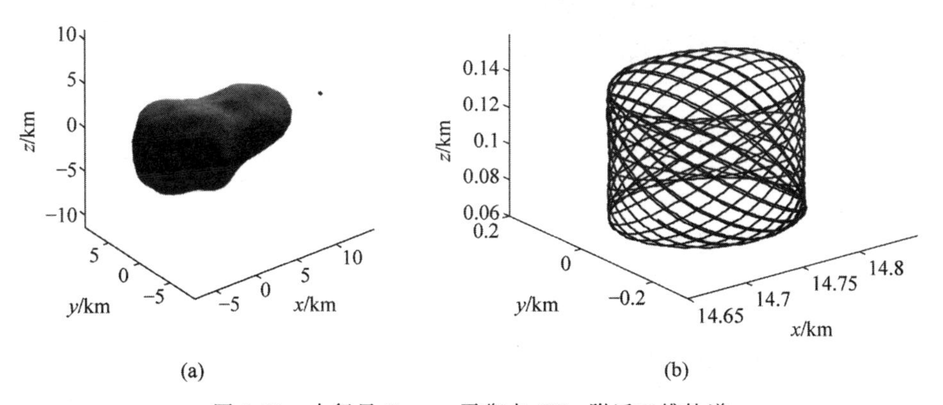

图 3-35 小行星 Gaspra 平衡点 EP_1 附近三维轨道

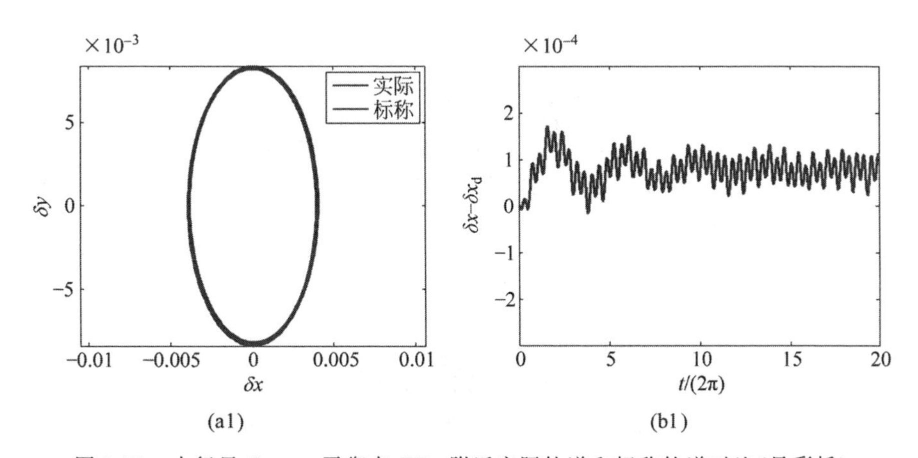

图 3-36 小行星 Gaspra 平衡点 EP_1 附近实际轨道和标称轨道对比(见彩插)

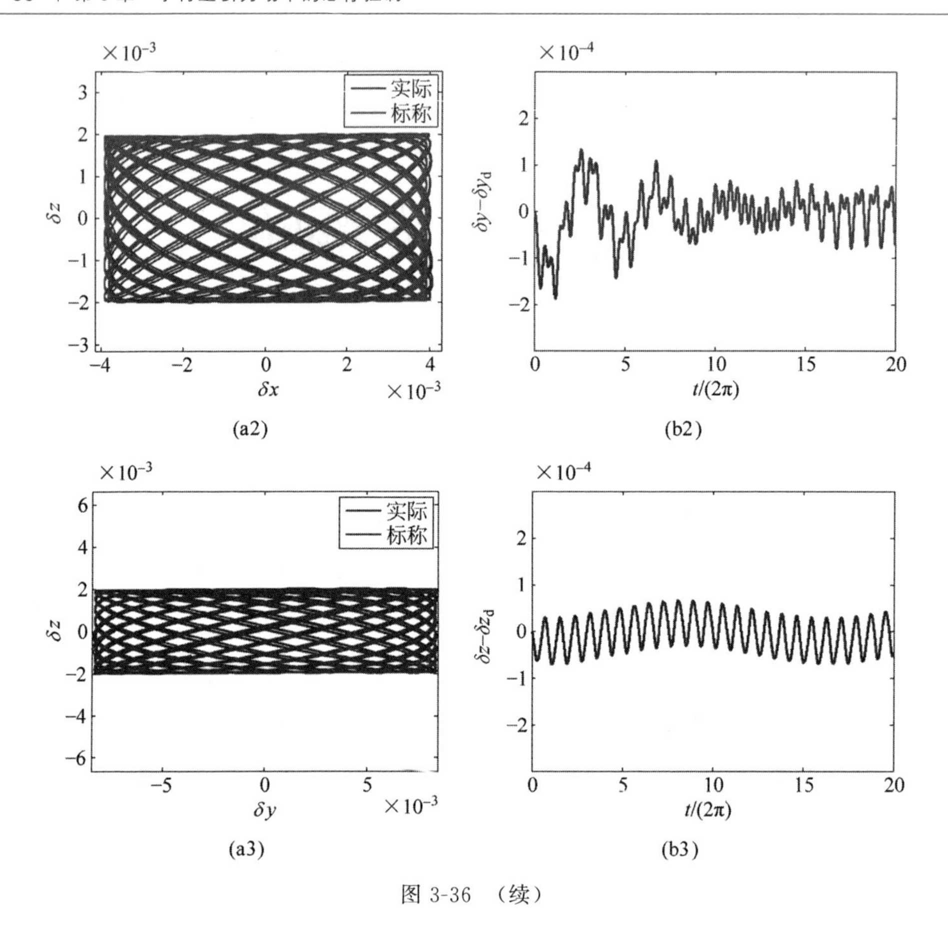

图 3-36 （续）

型轨道形状。由图 3-36 可知，实际轨道与标称轨道的偏差非常小。偏差与对应方向幅值的比值最大值仅为 0.0433。此外，可以看到无量纲化的最大偏差相比于 216 Kleopatra 结果大一个量级。同样地，无量纲化的幅值也相应大一个量级。

小行星 951 Gaspra 平衡点 EP_2 附近轨道和控制结果如图 3-37～图 3-39 所示。

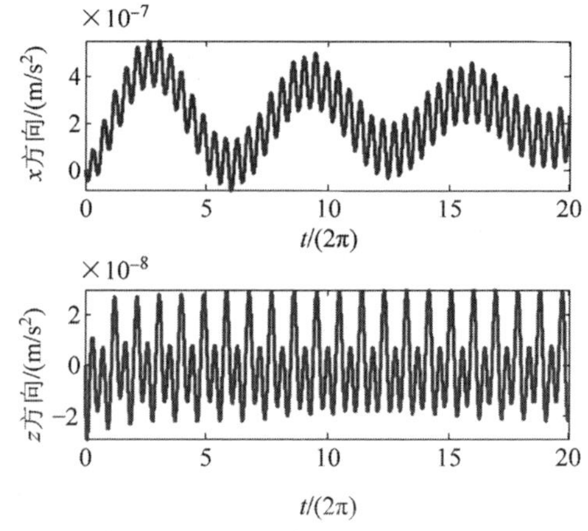

图 3-37 小行星 Gaspra 平衡点 EP_2 附近轨道保持控制

控制加速度结果(见图 3-37)表明将探测器保持在平衡点 EP_2 附近轨道上所需的最大控制加速度大小也小于 1×10^{-6} m/s^2。

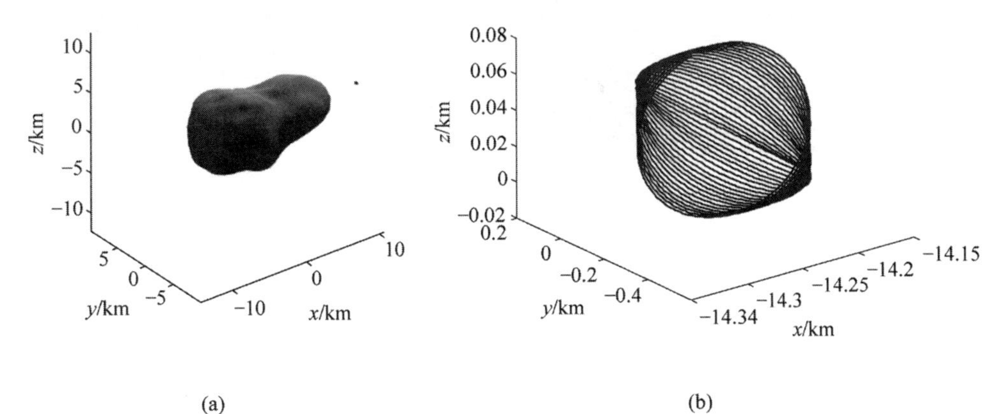

图 3-38 小行星 Gaspra 平衡点 EP_2 附近三维轨道

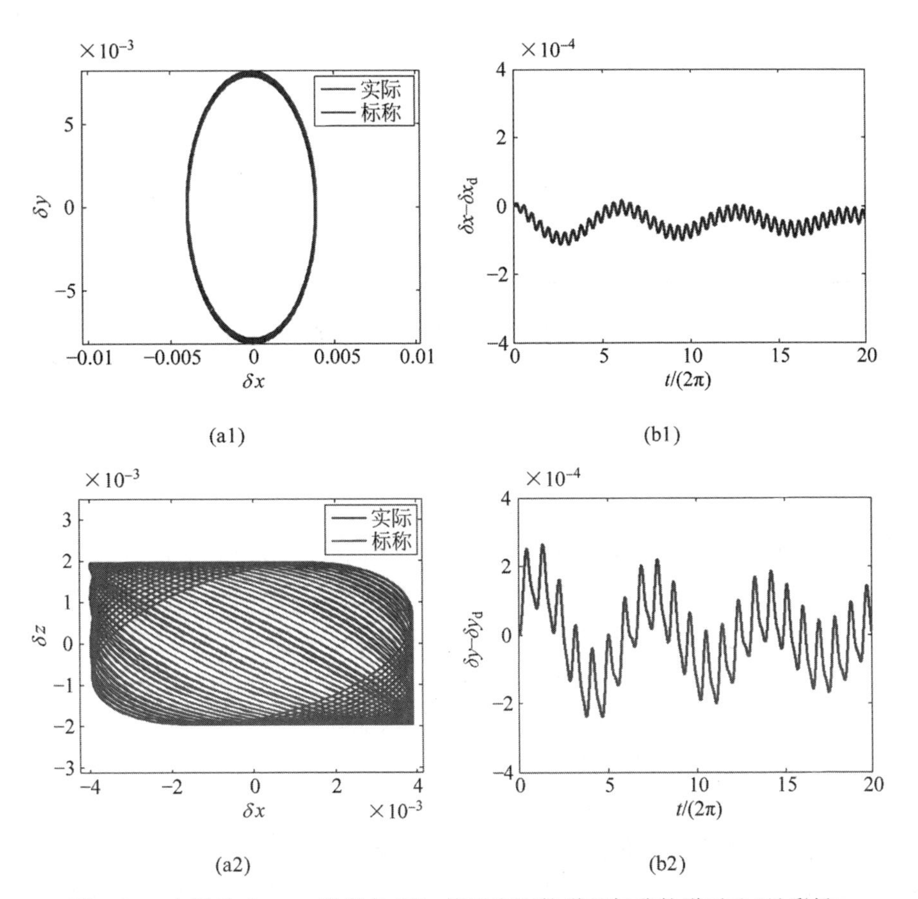

图 3-39 小行星 Gaspra 平衡点 EP_2 附近实际轨道和标称轨道对比(见彩插)

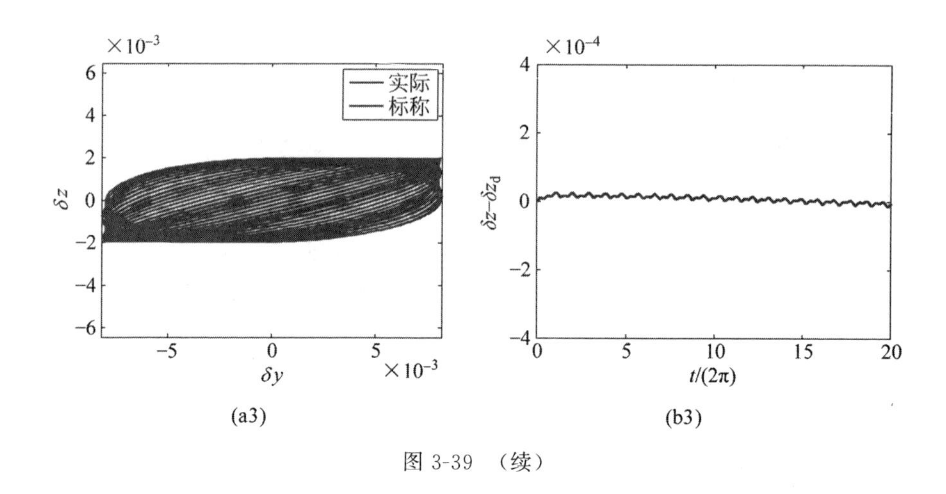

图 3-39 (续)

2. 反馈控制方法 2

下面数值验证 3.4.2 节控制方法的有效性。在数值仿真中选取目标小行星为 Itokawa,悬停标称位置和初始位置速度偏差如表 3.4 所示。反馈控制律参数选取如表 3.5 所示。

表 3.4 标称悬停位置与初始扰动

x_E/km	y_E/km	z_E/km	Δx/km	Δy/km	Δz/km	Δv_x/(km/s)	Δv_y/(km/s)	Δv_z/(km/s)
0.6	0	0	0.01	0.01	0.01	0.0001	0.0001	0.0001

表 3.5 反馈控制律设计参数

t/s	k_r	k_v	阻尼系数	时间常数
43 675	10^{-4}	0.01	0.5	100

数值积分采用 RKF7(8)积分器积分方程(3-72)实现从某一时间点到下一时间点的位置和速度的递推。设置积分绝对误差为 1×10^{-11},相对误差为 1×10^{-11}。

图 3-40 和图 3-41 分别为小行星 Itokawa 本体系和惯性下探测器在反馈控制律作用下的悬停轨迹,其中图 3-41 深色线表示探测器的轨迹,图 3-40 浅色点表示标称悬停位置。由图 3-40 可知,探测器轨迹并非完全停留于标称位置。而由图 3-41 可知,探测器的悬停轨迹在惯性下并不闭合。这是因为探测器在初始时刻存在位置偏差。

探测器受控悬停过程中的位置和速度变化曲线如图 3-42 和图 3-43 所示。由图可知,探测器首先在控制律的作用下回到标称悬停位置,之后保持在悬停点。此外,该结果表明探测器可以较快地回到标称位置,反映了参数选择较为合理。探测器控制加速度如图 3-44 所示。由图可知,控制加速度开始数值较大,而当探测器回到悬停标称位置之后所需控制很小,仅用于抵消小行星引力和离心力。

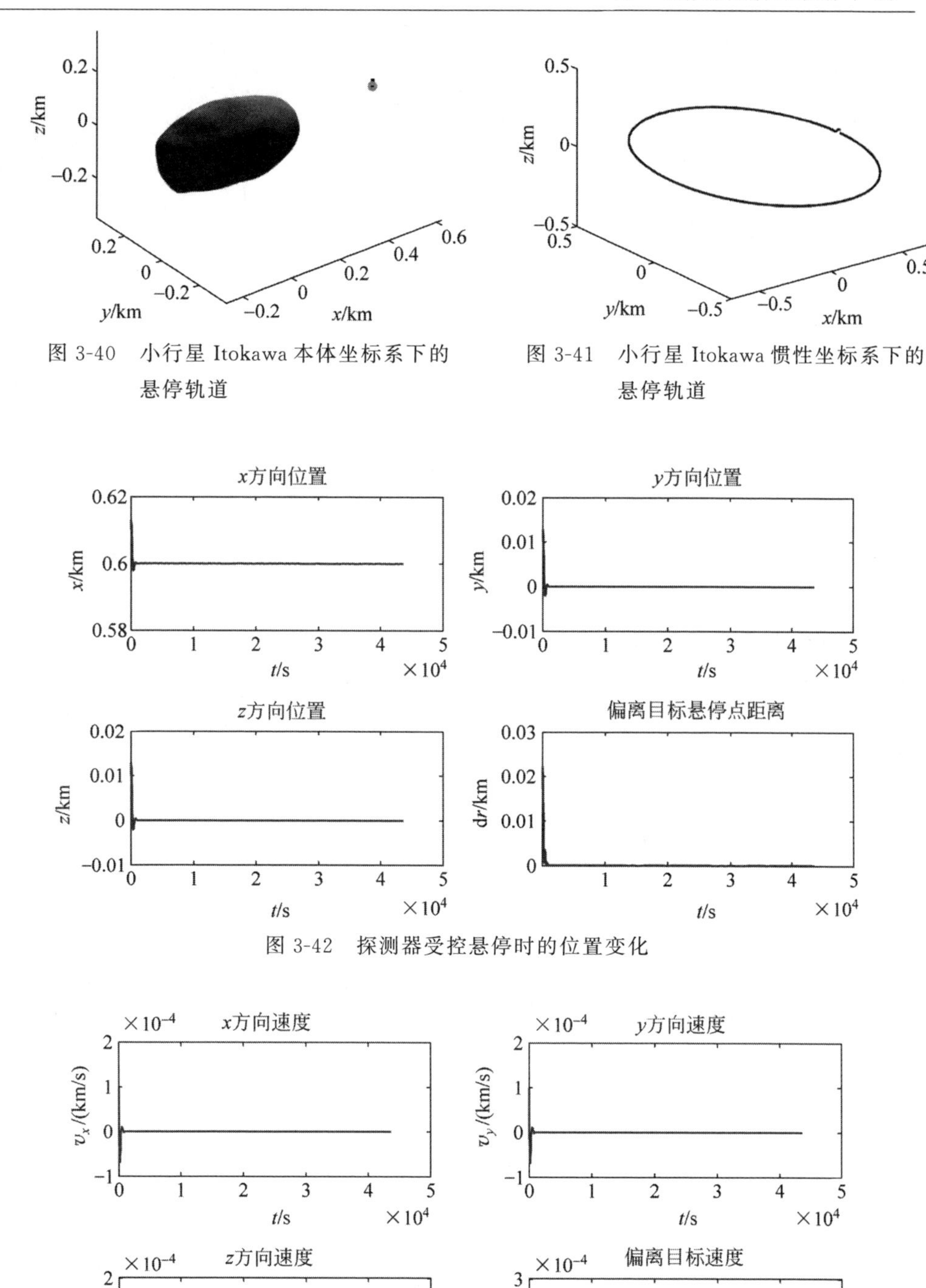

图 3-40 小行星 Itokawa 本体坐标系下的悬停轨道

图 3-41 小行星 Itokawa 惯性坐标系下的悬停轨道

图 3-42 探测器受控悬停时的位置变化

图 3-43 探测器受控悬停时的速度变化

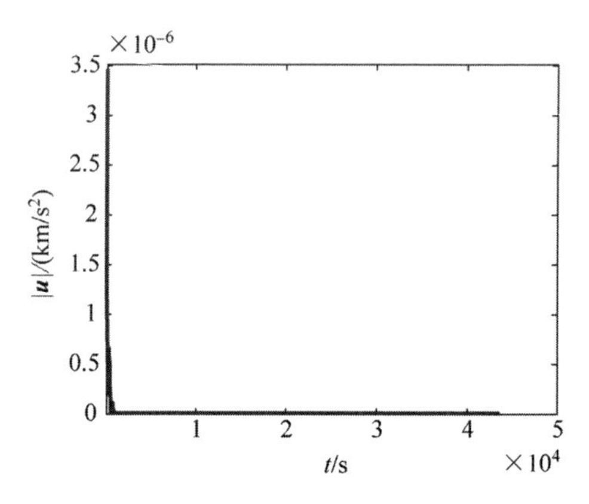

图 3-44 探测器受控悬停时的控制量变化

3.5 悬停滑模控制

滑模控制也称变结构控制，是一类非线性控制方法，通过参数的合理选取可以实现扰动情形下受控系统全局稳定性。本节将介绍探测器悬停的终端滑模控制。终端滑模控制相对于传统的线性滑模控制而言，具有有限时间收敛至平衡点的特点。

本节推导过程将用到存在模型不确定性和扰动力情形下的动力学方程。由方程(3-1)可知，若存在扰动项，则

$$\begin{cases}\dot{\boldsymbol{r}}=\boldsymbol{v}\\ \dot{\boldsymbol{v}}=-2\boldsymbol{\omega}\times\boldsymbol{v}-\boldsymbol{\omega}\times(\boldsymbol{\omega}\times\boldsymbol{r})+\nabla U(\boldsymbol{r})+\boldsymbol{d}+\boldsymbol{u}\end{cases}\tag{3-77}$$

式中，$\nabla U(\boldsymbol{r})$为小行星引力加速度，$\boldsymbol{d}=[d_1,d_2,d_3]^{\mathrm{T}}$表示模型不确定性和扰动力，$\boldsymbol{u}$是由探测器发动机提供的控制。为了方便下文中对终端滑模进行描述，下面给出标量形式的动力学方程，如下所述：

$$\begin{cases}\dot{x}=v_x\\ \dot{y}=v_y\\ \dot{z}=v_z\\ \dot{v}_x=2\omega v_y-\omega^2 r_x+\nabla U_x+d_1+u_x\\ \dot{v}_y=-2\omega v_x+\omega^2 r_y+\nabla U_y+d_2+u_y\\ \dot{v}_z=\nabla U_z+d_3+u_z\end{cases}\tag{3-78}$$

3.5.1 滑模面定义及其稳定性

为了定义终端滑模面，将目标位置选取为系统原点。定义

$$\boldsymbol{\sigma} = \boldsymbol{r} - \boldsymbol{r}_{\mathrm{f}} \tag{3-79}$$

则

$$\dot{\boldsymbol{\sigma}} = \boldsymbol{v} - \boldsymbol{v}_{\mathrm{f}} \tag{3-80}$$

式中，$\boldsymbol{\sigma}$ 和 $\dot{\boldsymbol{\sigma}}$ 表示探测器相对目标点的位置和速度。将式(3-79)和式(3-80)定义的新变量代入式(3-77)，可以得到对应的二阶动力学方程：

$$\ddot{\boldsymbol{\sigma}} = -2\boldsymbol{\omega} \times (\dot{\boldsymbol{\sigma}} + \boldsymbol{v}_{\mathrm{f}}) - \boldsymbol{\omega} \times \boldsymbol{\omega} \times (\boldsymbol{\sigma} + \boldsymbol{r}_{\mathrm{f}}) + \nabla U_{\boldsymbol{r}=\boldsymbol{\sigma}+\boldsymbol{r}_{\mathrm{f}}} + \boldsymbol{d} + \boldsymbol{u} \tag{3-81}$$

式(3-81)的标量形式为

$$\ddot{\sigma}_1 = 2\omega(\dot{\sigma}_2 + v_{\mathrm{f}y}) - \omega^2(\sigma_1 + r_{\mathrm{f}x}) + \nabla U_x + d_1 + u_x \tag{3-82}$$

$$\ddot{\sigma}_2 = -2\omega(\dot{\sigma}_x + v_{\mathrm{f}x}) + \omega^2(\sigma_2 + r_{\mathrm{f}y}) + \nabla U_y + d_2 + u_y \tag{3-83}$$

$$\ddot{\sigma}_3 = \nabla U_z + d_3 + u_z \tag{3-84}$$

式中，$\sigma_i\ (i=1,2,3)$为$\boldsymbol{\sigma}$ 沿本体坐标系三个轴的分量。

参照 Feng 等[26]的论文，本书定义终端滑模面向量 $\boldsymbol{s}=[s_1,s_2,s_3]$为

$$s_i = \dot{\sigma}_i + \beta_i \mid \sigma_i \mid^{\alpha_i} \operatorname{sgn}(\sigma_i), \quad \beta_i > 0, 0 < \alpha_i < 1, \quad i=1,2,3 \tag{3-85}$$

式中，sgn（·）为符号函数。

若动力学系统始终保持在滑模面向量 $\boldsymbol{s}=\boldsymbol{0}$ 上，则可以证明$\boldsymbol{\sigma}$ 将收敛至零并具有稳定性。具体证明过程如下：

定义 Lyapunov(李雅普诺夫)函数为

$$V_1 = \frac{1}{2}\sigma_i^2 \tag{3-86}$$

其导数为

$$\dot{V}_1 = \sigma_i \dot{\sigma}_i \tag{3-87}$$

若 $\boldsymbol{s}$ 始终保持为零，则由式(3-85)可以得到

$$\dot{\sigma}_i = -\beta_i \mid \sigma_i \mid^{\alpha_i} \operatorname{sgn}(\sigma_i) \tag{3-88}$$

将式(3-88)代入式(3-87)可以得到

$$\dot{V}_1 = -\beta_i \mid \sigma_i \mid^{\alpha_i} \sigma_i \operatorname{sgn}(\sigma_i) = -\beta_i \mid \sigma_i \mid^{\alpha_i+1} \tag{3-89}$$

当 $\sigma \neq 0$ 时，根据式(3-86)可知 $V_1 > 0$；根据式(3-89)可知 $\dot{V}_1 < 0$。因此，$\boldsymbol{\sigma}$ 全局稳定且会收敛至零。根据式(3-88)，若$\boldsymbol{\sigma}$ 收敛至零，则$\dot{\boldsymbol{\sigma}}$ 也收敛至零。

值得指出的是，方程(3-88)具有解析解。假设动力学系统在 $t_{\mathrm{r}i}$ 时刻到达滑模面 $s_i=0\ (i=1,2,3)$。文献[26]和文献[27]中已经推导出了 σ_i 的解析解，其形式如下：

$$\sigma_i = \begin{cases} [\mid \sigma_i(t_{\mathrm{r}}) \mid^{1-\alpha_i} - \beta_i(1-\alpha_i)(t-t_{\mathrm{r}})]^{\frac{1}{1-\alpha_i}} \operatorname{sgn}(\sigma_i(t_{\mathrm{r}})), & t < t_{\mathrm{s}i} \\ 0, & t \geqslant t_{\mathrm{s}i} \end{cases} \tag{3-90}$$

式中稳定时间 $t_{\mathrm{s}i}$ 的表达式为

$$t_{si}=\frac{1}{\beta_i(1-\alpha_i)}\left|\sigma_i(t_r)\right|^{1-\alpha_i}+t_{ri} \tag{3-91}$$

因此，若动力学系统在 t_{ri} 时刻到达滑模面 $s_i=0\ (i=1,2,3)$，则$\boldsymbol{\sigma}$ 和$\dot{\boldsymbol{\sigma}}$ 将同时在有限时间内收敛至零。该有限时间为 $\max(t_{si}-t_{ri})$，其中符号 $\max(q_i)$在本节中表示三个变量 q_1,q_2 和 q_3 的最大值。

在$\boldsymbol{\sigma}$ 的全局稳定性的证明中实际上是使用了虚拟控制器 $\dot{\sigma}_i=-\beta_i|\sigma_i|^{\alpha_i}\operatorname{sgn}(\sigma_i)$。该做法与文献[28]中多滑模面制导算法类似。下面推导的控制律使得控制系统到达滑模面向量 $\boldsymbol{s}=\boldsymbol{0}$ 并保持 $\boldsymbol{s}=\boldsymbol{0}$，从而使得表达式 $\dot{\sigma}_i=-\beta_i|\sigma_i|^{\alpha_i}\operatorname{sgn}(\sigma_i)$成立。

3.5.2 控制律和控制稳定性

终端滑模面 $s_i=\dot{\sigma}_i+\beta_i|\sigma_i|^{\alpha_i}\operatorname{sgn}(\sigma_i)=0, i=1,2,3$ 的导数为

$$\dot{s}_i=\ddot{\sigma}_i+\beta_i\alpha_i\left|\sigma_i\right|^{\alpha_i-1}\dot{\sigma}_i=0,\quad i=1,2,3 \tag{3-92}$$

本章设计如下的控制律：

$$\begin{aligned}u_x=&-2\omega(\dot{\sigma}_2+v_{fy})+\omega^2(\sigma_1+r_{fx})-\nabla U_x-\\&\beta_1\alpha_1\left|\sigma_1\right|^{\alpha_1-1}\dot{\sigma}_1-\phi_1\operatorname{sgn}(s_1)\end{aligned} \tag{3-93}$$

$$\begin{aligned}u_y=&2\omega(\dot{\sigma}_x+v_{fx})-\omega^2(\sigma_2+r_{fy})-\nabla U_y-\\&\beta_2\alpha_2\left|\sigma_2\right|^{\alpha_2-1}\dot{\sigma}_2-\phi_2\operatorname{sgn}(s_2)\end{aligned} \tag{3-94}$$

$$u_z=-\nabla U_z-\beta_3\alpha_3\left|\sigma_3\right|^{\alpha_3-1}\dot{\sigma}_3-\phi_3\operatorname{sgn}(s_3) \tag{3-95}$$

$$\phi_i=\frac{|s_{i0}|}{t_{ri}},\quad i=1,2,3 \tag{3-96}$$

式中，$s_{i0}(i=1,2,3)$表示初始时刻滑模面的值，则可以证明当 $\phi_i(i=1,2,3)$大于模型不确定性和扰动的边界时，$s_i=0\ (i=1,2,3)$将收敛至零。证明过程与文献[28]中证明第二滑模面向量稳定性类似。具体证明过程如下：

建立如下 Lyapunov 函数：

$$V_2=\frac{1}{2}s_i^2 \tag{3-97}$$

V_2 对时间的导数为

$$\dot{V}_2=s_i\dot{s}_i \tag{3-98}$$

根据式(3-92)可以得到

$$\dot{\boldsymbol{s}}=\begin{bmatrix}\ddot{\sigma}_1+\beta_1\alpha_1\left|\sigma_1\right|^{\alpha_1-1}\dot{\sigma}_1\\\ddot{\sigma}_2+\beta_2\alpha_2\left|\sigma_2\right|^{\alpha_2-1}\dot{\sigma}_2\\\ddot{\sigma}_3+\beta_3\alpha_3\left|\sigma_3\right|^{\alpha_3-1}\dot{\sigma}_3\end{bmatrix} \tag{3-99}$$

根据式(3-93)～式(3-95),式(3-82)～式(3-84)可以写为

$$\ddot{\sigma}_1 = d_1 - \beta_1 \alpha_1 \mid \sigma_1 \mid^{\alpha_1 - 1} \dot{\sigma}_1 - \phi_1 \operatorname{sgn}(s_1) \tag{3-100}$$

$$\ddot{\sigma}_2 = d_2 - \beta_2 \alpha_2 \mid \sigma_2 \mid^{\alpha_2 - 1} \dot{\sigma}_2 - \phi_2 \operatorname{sgn}(s_2) \tag{3-101}$$

$$\ddot{\sigma}_3 = d_3 - \beta_3 \alpha_3 \mid \sigma_3 \mid^{\alpha_3 - 1} \dot{\sigma}_3 - \phi_3 \operatorname{sgn}(s_3) \tag{3-102}$$

将式(3-100)～式(3-102)代入式(3-99)可得

$$\dot{\boldsymbol{s}} = \begin{bmatrix} d_1 - \phi_1 \operatorname{sgn}(s_1) \\ d_2 - \phi_2 \operatorname{sgn}(s_2) \\ d_3 - \phi_3 \operatorname{sgn}(s_3) \end{bmatrix} \tag{3-103}$$

然后,将式(3-103)代入式(3-98)可得

$$\dot{V}_2 = s_i (d_i - \phi_i \operatorname{sgn}(s_i)) \tag{3-104}$$

本章假设模型不确定性和扰动是有界的,并记探测器飞行过程中 d_i 最大绝对值为 $d_{\mathrm{m}i}$。那么,若满足以下条件:

$$\phi_i > d_{\mathrm{m}i}, \quad i = 1,2,3 \tag{3-105}$$

则当 $\boldsymbol{s} \neq \boldsymbol{0}$ 时,

$$\dot{V}_2 < 0 \tag{3-106}$$

因此,$s_i (i=1,2,3)$全局稳定并收敛为零。

式(3-105)的条件要求控制 ϕ 大于最大的模型不确定性和扰动。该条件对于小行星着陆问题是合理的。以小行星 2008 EV5 为例,其引力仅为 $10^{-4}\ \mathrm{m/s^2}$ 而最大的摄动力即太阳光压摄动小于 $10^{-6}\ \mathrm{m/s^2}$。[29]对于 10 N 推力下 1000 kg 的探测器,其最大控制加速度为 $0.01\ \mathrm{m/s^2}$。因此,该控制远大于引力和摄动力。

对 s_i 的有限时间稳定性证明如下。假设满足式(3-105),可以定义

$$\phi_i = d_{\mathrm{m}i} + \eta \tag{3-107}$$

式中,η 为正常数。根据式(3-104),可以得到以下推导:

$$\begin{aligned} \dot{V}_2 &= d_i s_i - \phi_i s_i \operatorname{sgn}(s_i) \\ &\leqslant d_i |s_i| - \phi_i |s_i| \\ &= d_i |s_i| - (d_{\mathrm{m}i} + \eta) |s_i| \\ &\leqslant -\eta |s_i| \end{aligned} \tag{3-108}$$

将式(3-97)代入式(3-108),可以得到如下不等式:

$$\dot{V}_2 + \sqrt{2} \eta V_2^{\frac{1}{2}} \leqslant 0 \tag{3-109}$$

根据文献[30]和文献[31]中的理论,对于某变量 x,若存在连续函数 $V(x)$满足下述两个条件:①$V(x)$正定,②存在实数 $c>0, \gamma \in (0,1)$以及一个原点的开集满足

$$\dot{V}(x) + c\,[V(x)]^{\gamma} \leqslant 0 \tag{3-110}$$

则 x 具有有限时间稳定性。根据式(3-97)和式(3-109)可知,连续函数 $V_2(s_i)$ 满足上述两个条件。因此,$s_i(i=1,2,3)$ 具有有限时间稳定性。

若选择的 ϕ_i 远大于式(3-104)中的 d_i,则可以忽略 d_i。那么,式(3-103)可以化简为

$$\dot{s}_i=-\phi_i \operatorname{sgn}(s_i) \tag{3-111}$$

式(3-111)的解析解为

$$s_i=\begin{cases} s_{i0}-\phi_i t, & s_{i0}>0 \\ s_{i0}+\phi_i t, & s_{i0}<0 \end{cases} \tag{3-112}$$

因此,$s_i(i=1,2,3)$的绝对值将线性减小至零并且 s_i 的收敛时间为 $t_{ri}=s_{i0}/\phi_i$。因为 s_i 具有全局稳定性,所以当 t 趋向于 t_{ri} 时,s_i 收敛至零。一旦动力学系统在 $\max(t_{ri})$时刻到达终端滑模面 $\boldsymbol{s}=\boldsymbol{0}$ 后,由 3.5.1 节分析可知$\boldsymbol{\sigma}$ 和$\dot{\boldsymbol{\sigma}}$ 均将在 $\max(t_{si})$时刻收敛至零。因此,探测器将在 $\max(t_{si})$时刻被控制到目标位置和速度。

3.5.3 抖振与奇异性消除方法

由于控制的表达式,即式(3-93)~式(3-95)中含有符号函数,因此当 t_{ri} 时刻到达目标滑模面 $s_i(i=1,2,3)$后可能发生抖振。根据 Harl 和 Balakrishnan[32]的建议,可以使用饱和替代符号函数来消除抖振。虽然该方法只能保证系统收敛至滑模面 $\boldsymbol{s}=\boldsymbol{0}$ 附近的边界层内,但是如果边界层足够小的话误差可以忽略[32]。本章中将边界层记为$\boldsymbol{\varepsilon}=[\varepsilon_1,\varepsilon_2,\varepsilon_3]^{\mathrm{T}}$。

此外,控制的表达式(3-93)~式(3-95)中包含奇异项:$-\beta_i\alpha_i|\sigma_i|^{\alpha_i-1}\dot{\sigma}_i$,$i=1,2,3$。由于 $\alpha_i(i=1,2,3)$必须小于 1,因此该奇异项当 $\sigma_i(i=1,2,3)$趋近于 0 时会趋向于无穷大。为了保证控制的大小合理,必须消除该奇异性。本文采取的方法是重新定义奇异项 a_{fi} 为

$$a_{fi}=\begin{cases} -\beta_i\alpha_i|\sigma_i|^{\alpha_i-1}\dot{\sigma}_i, & |\sigma_i|\geqslant\delta_i \\ 0, & |\sigma_i|<\delta_i \end{cases} \tag{3-113}$$

其中,$[\delta_1,\delta_2,\delta_3]^{\mathrm{T}}=\boldsymbol{\delta}$ 为使用者须定义的小量,表示阈值。

通过重新定义消除奇异性方法的有效性说明如下:由于 $\delta_i(i=1,2,3)$均为小量,只有当探测器的位置非常接近于目标位置相应的分量时才会出现$|\sigma_i|<\delta_i$。因此,在有限时间内接近目标点的特性不会被破坏。当$|\sigma_i|<\delta_i$ 后,a_{fi} 变为零。然后,$|\sigma_i|$可能重新增大并大于 δ_i。但是,一旦发生$|\sigma_i|$大于 δ_i,则 a_{fi} 将重新变为$\beta_i\alpha_i|\sigma_i|^{\alpha_i-1}\dot{\sigma}_i$。然后,$|\sigma_i|$将重新减小至小于 δ_i。

需要说明的是,关闭控制项 a_{fi} 不会引起抖振,其原因如下:为了简化分析,仅考虑 $\sigma_i>0$ 且 σ_i 穿越边界 $\sigma_i=\delta_i$ 的情况。对于 $\sigma_i<0$ 情况的分析是类似的。如

果 $\sigma_i>0$，则穿越速度 $\dot{\sigma}_i<0$。如果 σ_i 穿越过边界 $\sigma_i=\delta_i$ 后 a_{fi} 没有关闭，则 $a_{fi}>0$。那么，a_{fi} 将促进 $\dot{\sigma}_i$ 增加至零。所以关闭 a_{fi} 实际上是减缓了 $\dot{\sigma}_i$ 增加至零。对于 $\dot{\sigma}_i<0$，σ_i 穿过边界后将远离边界 $\sigma_i=\delta_i$。所以，关闭 a_{fi} 不会导致 σ_i 连续穿越边界 $\sigma_i=\delta_i$ 而引起抖振。

3.5.4 仿真算例

本小节选取不规则小行星 2063 Bacchus 为目标小行星验证悬停滑模控制算法的有效性。该小行星的密度和自转周期分别为 2.0 g/cm^3 和 14.9 h[5]。小行星形状选用 1348 个顶点和 2692 个面的多面体模型[33]。采用多面体方法[34,35]计算引力场。

本文中控制参数分别选取为 $\boldsymbol{\beta}=[2.0\times10^{-3},2.0\times10^{-3},2.0\times10^{-3}]^{\mathrm{T}}$，$\boldsymbol{\alpha}=[2.0/3.0,2.0/3.0,2.0/3.0]^{\mathrm{T}}$。根据文献[28]，引力的标准偏差为 10%。在本章仿真算例中设置各方向引力误差均为 10%。根据文献[29]可知，在小行星表面附近太阳光压和第三体摄动引起的摄动相比于 10%的引力误差可忽略。因此，在仿真中仅引入引力场误差。轨道递推采用 4 阶 Runge-Kutta（龙格-库塔）方法，积分步长选取为 1 s。将式(3-93)～式(3-95)代入动力学方程(3-78)用于积分。边界层 $\boldsymbol{\varepsilon}$ 设置为 $[1\times10^{-6},1\times10^{-6},1\times10^{-6}]^{\mathrm{T}}$。阈值 $\boldsymbol{\delta}$ 选取为 $[1\times10^{-5},1\times10^{-5},1\times10^{-5}]^{\mathrm{T}}$。

下面算例考虑从初始悬停点出发转移至目标悬停点并保持在目标点。初始位置和速度分别选取为 $[-0.5,-0.3,0.1]^{\mathrm{T}}$ km 和 $[0.001,0.001,0.001]$ m/s。目标点位置选取为 $[-0.1,-0.5,0.2]^{\mathrm{T}}$ km。参数 t_{r} 选取为 2000 s。总积分时间设置为 4000 s。

飞行过程中位置、速度、控制和滑模面的变化如图 3-45 所示。由图 3-45(a)和(b)可知，探测器在大约 2450 s 时达到目标悬停点并以零的速度保持在该目标点。图 3-45(c)表明在大约 2450 s 后控制的各个分量保持在某一个值。当探测器到达

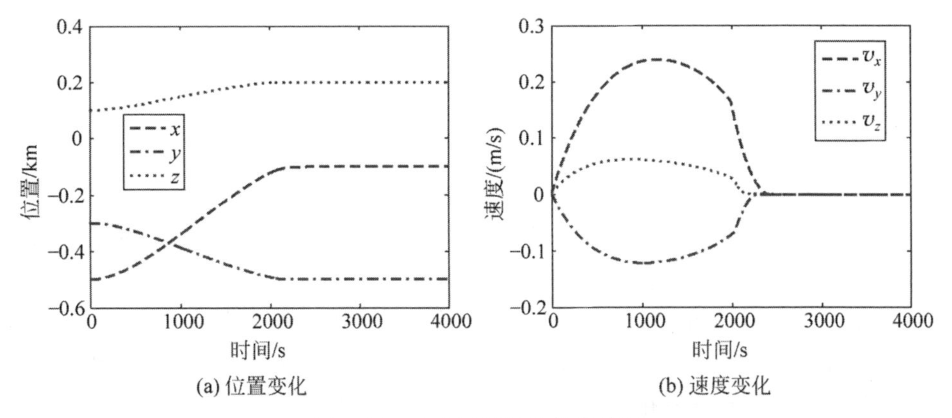

(a) 位置变化　(b) 速度变化

图 3-45　悬停滑模控制仿真结果

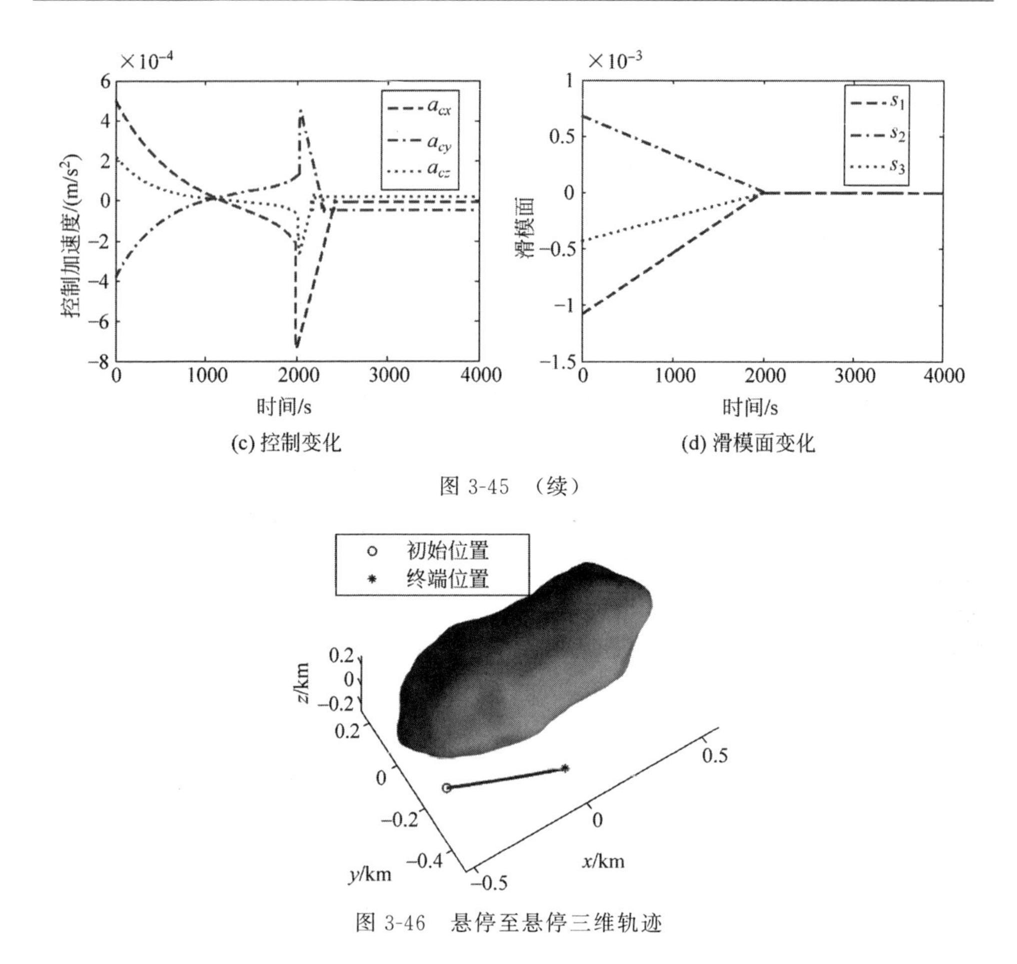

图 3-45 (续)

图 3-46 悬停至悬停三维轨迹

目标位置后，控制的主要作用是平衡引力和离心力。由图 3-45(d)可知，在 $t_r=2000$ s之前滑模面向量的各个分量线性增加或减小至零。图 3-46 表明探测器到达目标悬停点并停留在该点。本算例的结果验证了本节提出的控制方法可以在有限时间内将探测器转移至目标悬停点并保持在该点。

3.6 本章小结

本章介绍了小行星附近探测的一种重要形式即小行星本体系悬停的控制。首先针对开环常值控制推导了悬停动力学方程、受控系统广义能量积分常数及人工平衡点附近的受扰运动方程。根据受控悬停的定义，给出了人工平衡点所需控制的表达式，并分析了可能的控制约束条件。然后，基于受控系统方程，分析了人工平衡点的动力学特性。基于受扰运动线性化方程的特征方程，得到与自然平衡点相同的 5 种人工平衡点的拓扑分类。当受控系统控制量大小发生变化时，观测到人工平衡点成对碰撞湮灭或者成对出现的现象，并分析了分岔类型。根据控制大小约束，通过数值计算分析的方法，分析了细长形小行星简化模型情形下控制参数和模型参数对人工平衡点集的影响；不规则多面体模型情形下，控制参数对人工平衡点集的影响。进一步推导了人工平衡点线性稳定的条件，通过数值计算获得了赤道面内外可以线性稳定悬停的区域并分析了特点。对于在悬停点观测小行星表面的情形，考虑观测引起的约束条件，并给出了一种求解约束条件下人工平衡点处可以观测小行星表面区域大小的方法。

当开环控制情形下人工平衡点分析完成后，介绍了悬停的闭环控制方法。对于线性控制方法，针对细长形小行星自然平衡点附近悬停情形，给出了一种基于面内外近似解耦运动的线性稳定控制方法；针对一般人工平衡点附近悬停情形，介绍了一种基于反馈线性化的控制方法。最后，考虑小行星附近悬停存在有界模型不确定和扰动的情形，给出了一种可以实现全局稳定性的终端滑模控制方法。通过 Lyapunov 函数证明了受控系统的稳定性。本章中悬停闭环控制方法的数值仿真验证，依次选取了 216 Kleopatra 和 951 Gaspra、433 Eros、2063 Bacchus 作为目标不规则小行星。仿真算例验证本章所介绍的控制方法的有效性。

参考文献

[1] BROSCHART S B, SCHEERES D J. Control of hovering spacecraft near small bodies: application to asteroid 25143 Itokawa[J]. Journal of guidance, control, and dynamics, 2005, 28(2): 343-354.

[2] YANG H, BAI X, LI S. Artificial equilibrium points near irregular-shaped asteroids with continuous thrust[J]. Journal of guidance, control, and dynamics, 2018, 41(6): 1308-1319.

[3] BU S, LI S, YANG H. Artificial equilibrium points in binary asteroid systems with continuous low-thrust[J]. Astrophysics and space science, 2017, 362(8): 137.

[4] MITANI S, YAMAKAWA H. Satisficing nonlinear rendezvous approach under control magnitude and direction constraints[J]. Journal of guidance, control, and dynamics, 2014, 37(2): 497-512.

[5] WANG X, JIANG Y, GONG S. Analysis of the potential field and equilibrium points of irregular-shaped minor celestial bodies[J]. Astrophysics and space science, 2014, 353(1): 105-121.

[6] JIANG Y, BAOYIN H, LI J, et al. Orbits and manifolds near the equilibrium points around a rotating asteroid[J]. Astrophysics and space science, 2014, 349(1): 83-106.

[7] JIANG Y, BAOYIN H, WANG X, et al. Order and chaos near equilibrium points in the potential of rotating highly irregular-shaped celestial bodies[J]. Nonlinear dynamics, 2016, 83(1-2): 231-252.

[8] WANG X, LI J, GONG S. Bifurcation of equilibrium points in the potential field of asteroid 101955 Bennu[J]. Monthly notices of the royal astronomical society, 2015, 455(4): 3724-3734.

[9] DUNHAM D W, FARQUHAR R W, MCADAMS J V, et al. Implementation of the first

asteroid landing[J]. Icarus,2002,159(2): 433-438.

[10] YANG H,GONG S,BAOYIN H. Two-impulse transfer orbits connecting equilibrium points of irregular-shaped asteroids[J]. Astrophysics and space science,2015,357(1).

[11] JIANG Y,BAOYIN H,LI H. Collision and annihilation of relative equilibrium points around asteroids with a changing parameter[J]. Monthly notices of the royal astronomical society,2015,452(4): 3924-3931.

[12] YANG H W,ZENG X Y,BAOYIN H. Feasible region and stability analysis for hovering around elongated asteroids with low thrust[J]. Research in astronomy and astrophysics,2015,15(9): 1571.

[13] ZENG X,GONG S,LI J,et al. Solar sail body-fixed hovering over elongated asteroids[J]. Journal of guidance,control,and dynamics,2016: 1223-1231.

[14] ZENG X,JIANG F,LI J,et al. Study on the connection between the rotating mass dipole and natural elongated bodies[J]. Astrophysics and space science,2015,356(1): 29-42.

[15] LANTOINE G,BRAUN R. Optimal trajectories for soft landing on asteroids[R]. AE8900 MS Special Problems Report,Space Systems Design Lab,Georgia Institute of Technology,Atlanta,GA,2006.

[16] THOMAS P C,JOSEPH J,CARCICH B T,et al. NEAR MSI SHAPE MODEL FOR 433 EROS V1.0. NASA Planetary Data System: i. d. NEAR-A-MSI-5-EROS-SHAPE-MODELS-V1.0 [EB/OL]. (2004-08-02) [2018-03-05]. https://sbn.psi.edu/pds/resource/nearmod.html.

[17] SUROVIK D A,SCHEERES D J. Adaptive reachability analysis to achieve mission objectives in strongly non-keplerian systems [J]. Journal of guidance,control,and dynamics,2015,38(3): 468-477.

[18] WOO P,MISRA A K. Control of spacecraft trajectories near collinear equilibrium points of binary asteroid systems[J]. Journal of guidance,control,and dynamics,2015,39(4): 979-984.

[19] FARQUHAR R W. The control and use of libration-point satellites [D]. Stanford University. 1969.

[20] NEESE C. Small body radar shape models V2.0. NASA Planetary Data System,EAR-A-5-DDR-RADARSHAPE-MODELS-V2.0[EB/OL]. (2006-02-08)[2018-03-05]. https://sbnarchive.psi.edu/pds3/non_mission/EAR_A_5_DDR_RADARSHAPE_MODELS_V2_0/data/.

[21] OSTRO S J,HUDSON R S,NOLAN M C,et al. Asteroid radar shape models,216 Kleopatra. NASA Planetary Data System,EAR-A-5-DDR-RADARSHAPE-MODELS-V2.0: RSHAPES-216KLEOPATRA-200405[EB/OL]. (2006-02-08)[2018-03-05.]https://sbnarchive.psi.edu/pds3/non_mission/EAR_A_5_DDR_RADARSHAPE_MODELS_V2_0/data/.

[22] STOOKE P. Stooke Small Body Shape Models V2.0. NASA Planetary Data System,EAR-A-5-DDR-STOOKE-SHAPE-MODELS-V2.0 [EB/OL]. (2016-10-04) [2018-08-15]. https://sbnarchive.psi.edu/pds3/non_mission/EAR_A_5_DDR_STOOKE_SHAPE_MODELS_V2_0/.

[23] WOO P,MISRA A K. Bounded trajectories of a spacecraft near an equilibrium point of a

binary asteroid system[J]. Acta astronautica,2015,110: 313-323.

[24] 李俊峰,宝音贺西,蒋方华. 深空探测动力学与控制[M]. 北京: 清华大学出版社,2014: 356-360.

[25] 陈杨. 受复杂约束的深空探测轨道精确设计与控制[D]. 清华大学,2012.

[26] FENG Y, YU X, HAN F. On nonsingular terminal sliding-mode control of nonlinear systems[J]. Automatica,2013,49(6): 1715-1722.

[27] FENG Y,ZHENG J,YU X,et al. Hybrid terminal sliding-mode observer design method for a permanent-magnet synchronous motor control system[J]. IEEE Transactions on industrial electronics,2009,56(9): 3424-3431.

[28] FURFARO R,CERSOSIMO D,WIBBEN D R. Asteroid precision landing via multiple sliding surfaces guidance techniques[J]. Journal of guidance,control,and dynamics,2013,36(4): 1075-1092.

[29] LLANOS P J,MILLER J K,HINTZ G R. Orbital evolution and environmental analysis around asteroid 2008 EV5[C]//24th AAS/AIAA Space Flight Mechanics Meeting, January 26-30,2014,Santa Fe,New Mexico. AAS 14-360.

[30] FURFARO R. Hovering in asteroid dynamical environments using higher-order sliding control[J]. Journal of guidance,control,and dynamics,2014,38(2): 263-279.

[31] BHAT S P,BERNSTEIN D S. Finite-time stability of continuous autonomous systems [J]. SIAM Journal on control and optimization,2000,38(3): 751-766.

[32] HARL N,BALAKRISHNAN S N. Reentry terminal guidance through sliding mode control[J]. Journal of guidance,control,and dynamics,2010,33(1): 186-199.

[33] Benner L A M,Hudson R S,Ostro S J,et al. Asteroid radar shape models,2063 Bacchus. NASA Planetary Data System,EAR-A-5-DDR-RADARSHAPE-MODELS-V2.0: RSHAPES-2063BACCHUS-200405[EB/OL]. (2006-02-08)[2018-03-05] https://sbnarchive.psi.edu/pds3/non_mission/EAR_A_5_DDR_RADARSHAPE_MODELS_V2_0/data/.

[34] WERNER R A. The gravitational potential of a homogeneous polyhedron or don't cut corners[J]. Celestial mechanics and dynamical astronomy,1994,59(3): 253-278.

[35] WERNER R A,SCHEERES D J. Exterior gravitation of a polyhedron derived and compared with harmonic and mascon gravitation representations of asteroid 4769 Castalia [J]. Celestial mechanics and dynamical astronomy,1996,65(3): 313-344.

第4章 小行星引力场中转移制导与绕飞控制

4.1 引言

本章介绍探测器在小行星引力场中的转移制导与绕飞控制。转移轨道和绕飞轨道与上一章介绍的悬停点相比属于小行星本体系下的大范围轨道。对于本体系悬停而言,在单个悬停点处悬停只能观测该点下方有限的区域。对于转移轨道和绕飞轨道而言,则探测器可以在飞行过程中对可覆盖的小行星表面区域进行观测。

转移轨道也可以用于连接悬停点进行多点悬停,可以有效地扩大观测区域。事实上,小行星通常具有多个自然平衡点。为了在多个平衡点进行悬停探测,也需要借助转移轨道。文献[1,2]研究也表明小行星附近自然平衡点可能具有稳定性。将探测器从不稳定平衡点转移至稳定平衡点,可以延长探测器的寿命。本章将重点关注低消耗悬停位置即自然平衡点之间的轨道转移。

针对小行星引力场中的转移制导问题,本章将分别考虑脉冲机动和连续推力机动两种情形。对于脉冲机动情形,本章将讨论关键的双脉冲转移轨道设计问题。双脉冲转移轨道设计问题等价的两点边值问题与经典的质点引力场兰伯特问题类似。但是,由于小行星引力场的不规则性,传统的兰伯特问题[3-5]求解方法不能直接用于本章的研究。此外,小行星附近转移轨道设计还要考虑传统转移轨道设计中不存在的小行星表面碰撞问题,而借助于多面体方法[6,7]求解引力场时则可以同时实现碰撞检测[8]。本章将给出两种可用于双脉冲转移轨道求解的方法,对于连续推力机动情形,本章将介绍一种控制律表达式解析的轨道转移制导方法。

小行星附近周期轨道是一类重要的绕飞轨道。事实上,小行星附近存在很多族自然周期轨道[9-11]。周期轨道按照其稳定性可以分为稳定周期轨道和不稳定周期轨道。在小行星赤道面附近逆行周期轨道往往容易具有稳定性,因此,本章将介绍赤道面附近逆行周期轨道设计和稳定性分析方法,并设计稳定周期轨道。对于不稳定周期轨道,本章将介绍一种基于最优线性反馈控制方法的绕飞轨道跟踪控制方法。

4.2 双脉冲转移轨道设计

本节介绍小行星引力场中轨道转移的一个基本问题,即双脉冲转移轨道设计问题。在双脉冲转移轨道设计问题中,探测器在初始脉冲作用下离开原轨道并进入转移轨道,当其到达目标位置后施加脉冲使得探测器进入目标轨道。由于小行星引力场的不规则性,经典的质点引力场兰伯特问题不能直接应用。本节首先将介绍不规则引力场兰伯特问题,然后分别介绍基于粗略搜索和基于经典兰伯特解的求解方法。

4.2.1 不规则引力场兰伯特问题

由于脉冲机动仅在机动点瞬时改变探测器的速度，因此对于双脉冲转移轨道设计采用2.3节中的无控动力学方程即式(2-8)，即

$$\begin{cases}\dot{\boldsymbol{r}}=\boldsymbol{v}\\ \dot{\boldsymbol{v}}=-2\boldsymbol{\omega}\times\dot{\boldsymbol{r}}+\dfrac{\partial V(\boldsymbol{r})}{\partial\boldsymbol{r}}\end{cases}\tag{4-1}$$

施加第一次脉冲后，探测器从初始轨道进入转移轨道。因此，探测器在初始时刻需满足的条件为

$$\begin{cases}\boldsymbol{r}(t_0^-)=\boldsymbol{r}_0,\\ \boldsymbol{v}(t_0^-)=\boldsymbol{v}_0,\end{cases}\quad\begin{cases}\boldsymbol{r}(t_0^+)=\boldsymbol{r}_0\\ \boldsymbol{v}(t_0^+)=\boldsymbol{v}_0+\Delta\boldsymbol{v}_0\end{cases}\tag{4-2}$$

式中，t_0是初始时刻，$\boldsymbol{r}_0$是初始位置矢量，$\Delta\boldsymbol{v}_0$是第一次速度脉冲矢量，上标“－”和“＋”代表脉冲施加前后的瞬时。

在终端时刻，探测器已经沿转移轨道到目标位置。在该时刻施加第二次速度脉冲，从而使得探测器在该悬停点悬停。因此，探测器在终端时刻需满足的条件是

$$\begin{cases}\boldsymbol{r}(t_f^-)=\boldsymbol{r}_f,\\ \boldsymbol{v}(t_f^-)+\Delta\boldsymbol{v}_f=\boldsymbol{v}_f,\end{cases}\quad\begin{cases}\boldsymbol{r}(t_f^+)=\boldsymbol{r}_f\\ \boldsymbol{v}(t_f^+)=\boldsymbol{v}_f\end{cases}\tag{4-3}$$

式中，t_f是终端时刻，$\boldsymbol{r}_f$是第二个悬停点的位置，$\Delta\boldsymbol{v}_f$是第二个速度脉冲矢量。

在给定飞行时长t_{TOF}情形下，小行星引力场中的双脉冲轨道设计问题可以转化为等价的两点边值问题。本书的两点边值问题如下所述。根据式(4-2)和式(4-3)，转移轨道的初始位置和终端位置由初末时刻的位置确定。给定飞行时长和第一次速度脉冲，则转移轨道的终端位置和速度可以通过对微分方程(4-1)积分得到。对于每一个飞行时长，初始时刻的三维速度脉冲必须使得终端时刻的三维位置矢量满足式(4-3)。

由于动力学方程(4-1)中涉及的引力场是不规则的，探测器的轨道不再是开普勒轨道。而经典的兰伯特问题中引力场为质点引力场，因此对不规则引力场不能直接应用。对于本节的两点边值问题可以通过打靶法求解，相应的打靶方程为

$$\boldsymbol{\Phi}(\Delta\boldsymbol{v}_0;t_{TOF})=\boldsymbol{r}(t_f^-)-\boldsymbol{r}_f=\boldsymbol{0}\tag{4-4}$$

事实上，Broucke[12]和Prado[13]在研究三体问题时通过求解类似的两点边值问题得到了拉格朗日点与月球或地球之间的转移轨道族。

由于本节两点边值问题和经典的兰伯特问题本质是相同的且差异仅在于小行星引力场的不规则性，将该两点边值问题记为不规则引力场兰伯特问题。求解不规则引力场兰伯特问题打靶方程(4-4)时，若采用随机初值猜测，则收敛性不足。为了获得良好的收敛性，须给出第一次速度脉冲的良好猜测初值。下面两个小节

将分别介绍基于粗略搜索和基于经典兰伯特解的近似初值方法。

此外,本节研究中假设探测器初末时刻在小行星自然平衡点处悬停。若探测器在第一次脉冲机动前和第一次脉冲机动后处于理想悬停状态,则式(4-2)和式(4-3)中

$$\boldsymbol{v}_0=\boldsymbol{v}_\mathrm{f}=\boldsymbol{0} \tag{4-5}$$

由2.3.1节可知,探测器的轨道广义能量积分常数即雅可比常数为

$$J=\frac{1}{2}\dot{\boldsymbol{r}}\cdot\dot{\boldsymbol{r}}+V^*(\boldsymbol{r}) \tag{4-6}$$

若给定雅可比常数的值,则由零速度曲面围成的不可达区域条件为

$$J-V^*(\boldsymbol{r})<0 \tag{4-7}$$

根据式(4-6),可以得到探测器在两个悬停位置的轨道广义能量分别为

$$\begin{cases}J(t_0^-)=V^*(\boldsymbol{r})\\J(t_\mathrm{f}^+)=V^*(\boldsymbol{r})\end{cases} \tag{4-8}$$

而探测器的广义能量在转移轨道飞行过程中保持常数,记为J_{Oribt}。将式(4-2)、式(4-3)和式(4-8)代入式(4-6),可以得到以下关系:

$$J_{\mathrm{Orbit}}=\frac{1}{2}\Delta\boldsymbol{v}_0\cdot\Delta\boldsymbol{v}_0+V^*(\boldsymbol{r}_0)=\frac{1}{2}\Delta\boldsymbol{v}_\mathrm{f}\cdot\Delta\boldsymbol{v}_\mathrm{f}+V^*(\boldsymbol{r}_\mathrm{f}) \tag{4-9}$$

为实现与第二个悬停点相交,则转移轨道的能量必须满足

$$J_{\mathrm{Orbit}}\geqslant V^*(\boldsymbol{r}_\mathrm{f}) \tag{4-10}$$

否则,根据式(4-7)可知目标悬停点的位置相对于转移轨道将处于运动不可能区域。因此,若$V^*(\boldsymbol{r}_\mathrm{f})\geqslant V^*(\boldsymbol{r}_0)$,则第一次速度脉冲需满足的必要条件为

$$\|\Delta\boldsymbol{v}_0\|\geqslant\sqrt{2(V^*(\boldsymbol{r}_\mathrm{f})-V^*(\boldsymbol{r}_0))} \tag{4-11}$$

若$V^*(\boldsymbol{r}_\mathrm{f})<V^*(\boldsymbol{r}_0)$,则第一次速度脉冲大小可以为零。

4.2.2 基于粗略搜索和数值延拓的转移轨道求解方法

对于给定飞行时间的第一次速度脉冲的近似初值问题,本小节采用一种粗略搜索的方法。在该方法中,首先建立与小行星相交的目标半平面S,如图4-1所示。该半平面由$\boldsymbol{z}$轴向量和目标悬停点位置矢量$\boldsymbol{r}_\mathrm{f}$确定,并且半平面的边界为$\boldsymbol{z}$轴向量。

将第一次速度脉冲通过如下表达式描述:

$$\Delta\boldsymbol{v}_0=\Delta v_0[\sin\theta\cos\varphi\quad\sin\theta\sin\varphi\quad\cos\theta]^\mathrm{T} \tag{4-12}$$

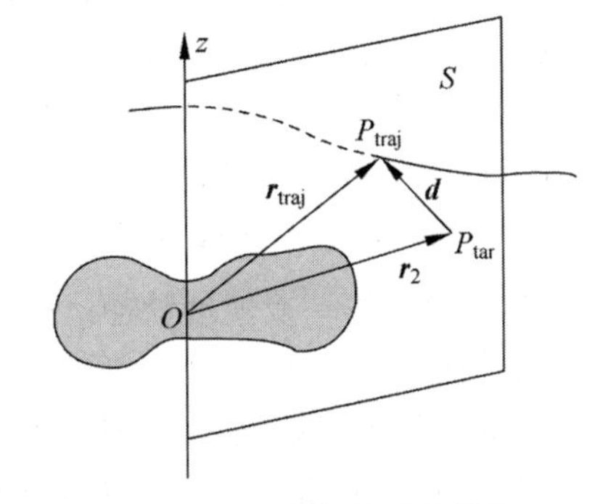

图4-1 目标半平面示意图

其中，Δv_0 为脉冲大小，φ 为方位角，θ 为极角。φ 的取值范围是 $0 \leqslant \varphi \leqslant 2\pi$；$\theta$ 的取值范围是 $0 \leqslant \theta \leqslant \pi$。

本节研究中悬停点为小行星自然平衡点。根据 Wang 等[14]论文数值结果，假设所有平衡点即悬停点的位置均接近于小行星赤道面。对这个假设合理性的解释如下。由式(2-23)可知，平衡点处的引力与离心力平衡。由于离心力沿 z 轴方向的分量为零，因此平衡点处引力沿 z 轴的方向的分量也为零。由于小行星形状通常关于赤道面较为对称，若某一点远离赤道面则该点处引力沿 z 轴的方向的分量不为零。所以，平衡点接近于赤道面。在本书的研究中，考虑接近于赤道面的转移轨道。因此，在粗略搜索时将 $\Delta \boldsymbol{v}_0$ 的面外分量设置为 0，即 $\theta=\pi/2$。这样设置的优点在于，若给定脉冲大小 Δv_1 和目标半平面则仅需搜索一个参数即 φ。在搜索过程中，对该参数在 $0 \sim 2\pi$ 的范围内以 δ_φ 的固定搜索步长选取离散点。对每一个离散的 φ，通过对方程(4-1)积分得到与目标半平面 S 相交的转移轨道。通过插值得到与半平面交点 P_{traj} 的位置矢量 $\boldsymbol{r}_{\text{traj}}$(见图 4-1)和对应的交点时刻 t_{f}。

积分过程中若转移轨道与小行星表面相撞则停止积分且舍弃相应的解。由式(2-50)可知，对于一颗由多面体建模的小行星，利用指标 Q 的数值可以方便地实现碰撞检测。

当获得某一轨道与目标半平面的交点位置后，计算该点与目标点 P_{tar} 的偏差：

$$\boldsymbol{d}=\boldsymbol{r}_{\text{traj}}-\boldsymbol{r}_{\text{f}} \tag{4-13}$$

除积分的轨道在到达目标半平面位置之前与小行星相撞的情况，对于每一个离散的 $\varphi_i(\varphi_{i+1}-\varphi_i=\delta_\varphi)$ 均可以得到对应的偏差 $\boldsymbol{d}_i$。

定义最大允许偏差 $\sigma_{\max}$。若至少存在某一偏差 $\boldsymbol{d}_i$ 的模小于 $\sigma_{\max}$，则选取最小偏差 $d_i=\|\boldsymbol{d}_i\|$ 对应的 φ (即 $\Delta \boldsymbol{v}_0$)和飞行时间 t_{f}(即 t_{TOF})为打靶求解初值；否则，调整 Δv_0 的值。

为了加速求解不同飞行时长对应的转移轨道，可以在求解得到满足方程(4-4)的一个转移轨道解之后，选取 t_{TOF} 为延拓变量生成不同飞行时长的转移轨道。具体的求解过程如下所述。记已得转移轨道解的第一次速度脉冲和飞行时间分别为 $\Delta \boldsymbol{v}_0^0$ 和 t_{TOF}^0。在延拓过程中，以步长 δ_t^i 增加或减少飞行时长。步长 δ_t^i 可以选取固定步长或者变步长；其符号根据增加或减少飞行时间的目的定义正号或者负号。对于每一个飞行时间 $t_{\text{TOF}}^i(t_{\text{TOF}}^i-t_{\text{TOF}}^{i-1}=\delta_t^i, i=1,2,\cdots)$，选取前一步求解得到的转移轨道的第一次速度脉冲 $\Delta \boldsymbol{v}_0^{i-1}$ 为初值。利用该初值并求解方程(4-4)得到当前转移轨道的第一次速度脉冲。选取的 δ_t^i 绝对值应足够小并使得 $\Delta \boldsymbol{v}_0^{i-1}$ 是求解下一个飞行时长对应打靶方程的一个良好近似初值，从而保证收敛效率。当求解得到 $\Delta \boldsymbol{v}_0^i$ 后，即可得到飞行时间为 t_{TOF}^i 的转移轨道。

下面给出基于粗略搜索和数值延拓的不同飞行时长双脉冲转移轨道设计步骤：

(1) 初始化第一次速度脉冲的大小 Δv_0。给定的 Δv_1 需满足方程(4-11)。设置转移轨道与目标半平面相交时需要满足的终端条件。采用上述初值粗略搜索方法求解 $\Delta \boldsymbol{v}_0$ 和 t_{TOF} 的初值。记得到的初值为 $\Delta \tilde{\boldsymbol{v}}_0$ 和 $\tilde{t}_{\mathrm{TOF}}$。

(2) 固定飞行时长为 $\tilde{t}_{\mathrm{TOF}}$。选取第一次速度脉冲为求解变量。以 $\Delta \tilde{\boldsymbol{v}}_0$ 为近似初值并通过数值打靶方法求解方程(4-4)得到精确的第一次速度脉冲。记满足方程(4-4)的飞行时间和第一次速度脉冲分别为 t_{TOF}^0 和 $\Delta \boldsymbol{v}_0^0$。

(3) 从已得转移轨道解 t_{TOF}^0 和 $\Delta \boldsymbol{v}_0^0$ 开始,选取飞行时间为延拓变量,利用前述方法生成不同飞行时间 $t_{\mathrm{TOF}}^i(i=1,2,\cdots)$对应的 $\Delta \boldsymbol{v}_0^i(i=1,2,\cdots)$。每一对 t_{TOF}^i 和 $\Delta \boldsymbol{v}_0^i$ 都可以得到一条对应的转移轨道。延拓停止条件设为:当前轨道与小行星表面相撞或者当前飞行时长 t_{TOF}^i 大于给定的时间范围。

在上述步骤中,非线性打靶方程(4-4)的数值求解均采用 FORTRAN 程序包 MinPack-1[15]。

4.2.3 基于经典兰伯特解的转移轨道求解方法

虽然通过经典兰伯特解不能直接获得不规则引力场中的双脉冲转移轨道,但是经典兰伯特解可以为不规则引力场兰伯特问题打靶方程(4-4)提供求解初始点。这样可以避免随机猜测,并且对于转移轨道不贴近小行星表面的情形,经典兰伯特解也可以提供较好的近似初值。

对于给定飞行时长的情形,经典兰伯特解可以通过兰伯特求解器求解。但是,经典兰伯特问题采用的是惯性坐标系而非动力学方程(4-1)采用的旋转坐标系。因此,需要通过式(2-2)将小行星质心本体坐标系中的位置转换为小行星质心惯性系中的位置,即

$$
\begin{aligned}
&\boldsymbol{R}_0=\boldsymbol{r}_0\\
&\boldsymbol{R}_{\mathrm{f}}=\begin{bmatrix}\cos(-\theta_{\mathrm{f}}) & \sin(-\theta_{\mathrm{f}}) & 0\\ -\sin(-\theta_{\mathrm{f}}) & \cos(-\theta_{\mathrm{f}}) & 0\\ 0 & 0 & 1\end{bmatrix}\boldsymbol{r}_{\mathrm{f}}
\end{aligned}
\tag{4-14}
$$

其中,$\theta_{\mathrm{f}}=\omega(t_{\mathrm{f}}-t_0)$。在求解经典兰伯特问题后,需要通过式(2-3)将转移轨道初始时刻的速度$\hat{\boldsymbol{V}}_0$ 转换至旋转坐标系,即

$$\hat{\boldsymbol{v}}_0=\hat{\boldsymbol{V}}_0-\boldsymbol{\omega}\times\boldsymbol{R}_0 \tag{4-15}$$

不规则引力场兰伯特问题打靶方程(4-4)中第一次脉冲求解的初始值为

$$\Delta\tilde{\boldsymbol{v}}_0=\hat{\boldsymbol{v}}_0-\boldsymbol{v}_0 \tag{4-16}$$

打靶方程的数值求解仍然采用 MinPack-1[15]。

4.2.4 仿真算例

1. 基于粗略搜索和数值延拓的转移轨道求解方法

本小节首先给出基于粗略搜索和数值延拓的转移轨道求解方法的仿真算例。选取目标小行星为433 Eros,并求解其自然平衡点间转移的轨道。小行星的引力场模型采用856个顶点和1708个面的多面体模型[16]建模。小行星433 Eros具有4个外部平衡点,位置分别为[17.100 071,−6.939 534,0.148 377] km、[0.173 978,16.581 943,−0.049 839] km、[−18.313 617,−6.313 453,0.044 204] km和[−0.694 728,−12.147 123,−0.090 599] km,如图2-5所示。根据式(4-2)、式(4-3)和式(4-5),当起始和目标平衡点选定后,转移轨道初始和终端时刻位置的边界条件即可确定。在4个平衡点处相应的有效势分别为$V_{E1}^{*}=48.232\ \mathrm{m^2/s^2}$,$V_{E2}^{*}=39.500\ \mathrm{m^2/s^2}$,$V_{E3}^{*}=49.215\ \mathrm{m^2/s^2}$和$V_{E4}^{*}=38.439\ \mathrm{m^2/s^2}$。

根据4.2.1节,通过有效势能可以计算得到任意两个平衡点之间转移所需Δv_1的下界。表4.1给出了平衡点间转移所需的Δv_1下界结果。其中表中第一列为起始平衡点,第一行为目标平衡点。

表4.1 平衡点间转移所需$\Delta \boldsymbol{v}_1$下界 m/s

	E_1	E_2	E_3	E_4
E_1	—	4.179	0	4.426
E_2	0	—	0	1.457
E_3	1.402	4.408	—	4.642
E_4	0	0	0	—

在4.2.3节三步求解方法的第一步中,Δv_1设置的数值比表4.1中所需的下界值多0.1 m/s。如果不能满足最大允许偏差$\sigma_{\max}$,则将Δv_1增加0.1 m/s,直至满足$\sigma_{\max}$的条件。在仿真中选取$\sigma_{\max}$为1 km。离散步长δ_{φ}和δ_t^i分别选取为1°和100 s。设置转移轨道生成过程中最短飞行时间为1 h。

下面以生成E_2点至E_1点转移轨道为例,说明三步求解方法的过程。

首先,利用粗略搜索算法获取初值。不同φ角得到的转移轨道如图4-2所示。

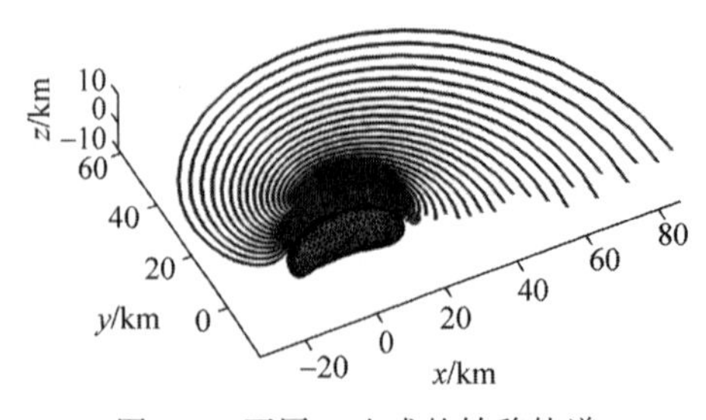

图4-2 不同φ生成的转移轨道

由图可知,有一条轨道经过目标平衡点附近。这条轨道相应的$\Delta \tilde{\boldsymbol{v}}_1$和$\tilde{t}_{\mathrm{TOF}}$分别为和[0.043,0.091,0.000]^{T} m/s和28 982.523 s。

然后,执行第二步则可以得到精确的转移轨道。图4-3是粗略搜索选择得到的近似解和精确解的对比。由图可知,两条转移轨道十分接近。因此,仅需要对第一次速度脉冲进行少数几步迭代修正即可满足终端条件。修正后的第一次速度脉冲 $\Delta \boldsymbol{v}_1^0$ 为$[0.044, 0.089, 0.016]^{\mathrm{T}}$ m/s。

最后，通过数值延拓生成不同飞行时长的转移轨道(见图 4-4)。至此，已经通过 4.2.3 节的三步求解方法得到了 E_2 点到 E_1 点的转移轨道族。

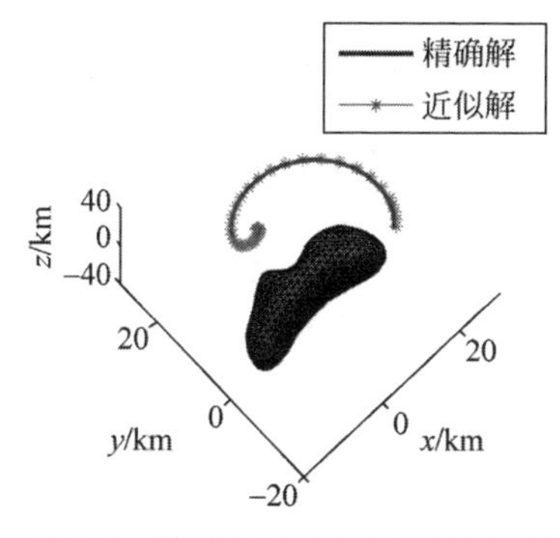

图 4-3 转移轨道近似解和精确解

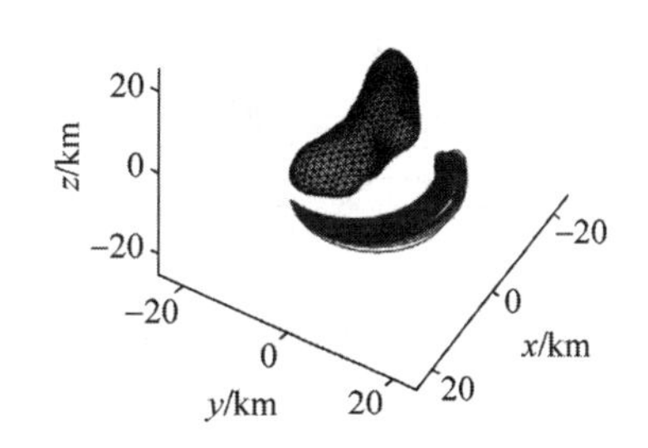

图 4-4 不同飞行时长对应的转移轨道

本小节应用三步求解方法生成小行星 433 Eros 任意两个悬停平衡点之间不同飞行时长的转移轨道，相应的结果如图 4-5 所示。轨道族(b)、(c)、(d)、(g)、(h)和(l)停止数值延拓的原因是飞行时间达到了给定的最短飞行时间。轨道族(a)、(e)、(f)、(i)、(j)和(k)停止数值延拓的原因是下一条生成的轨道将与小行星表面相撞。

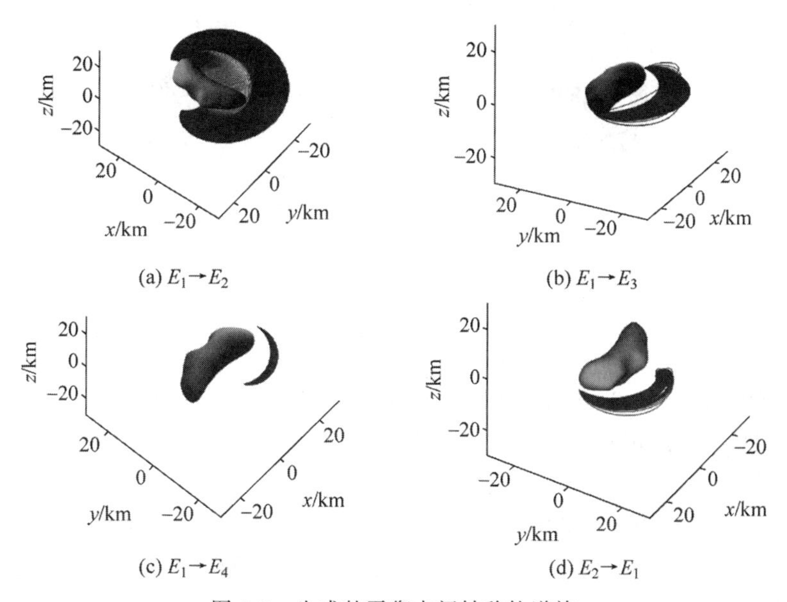

图 4-5 生成的平衡点间转移轨道族

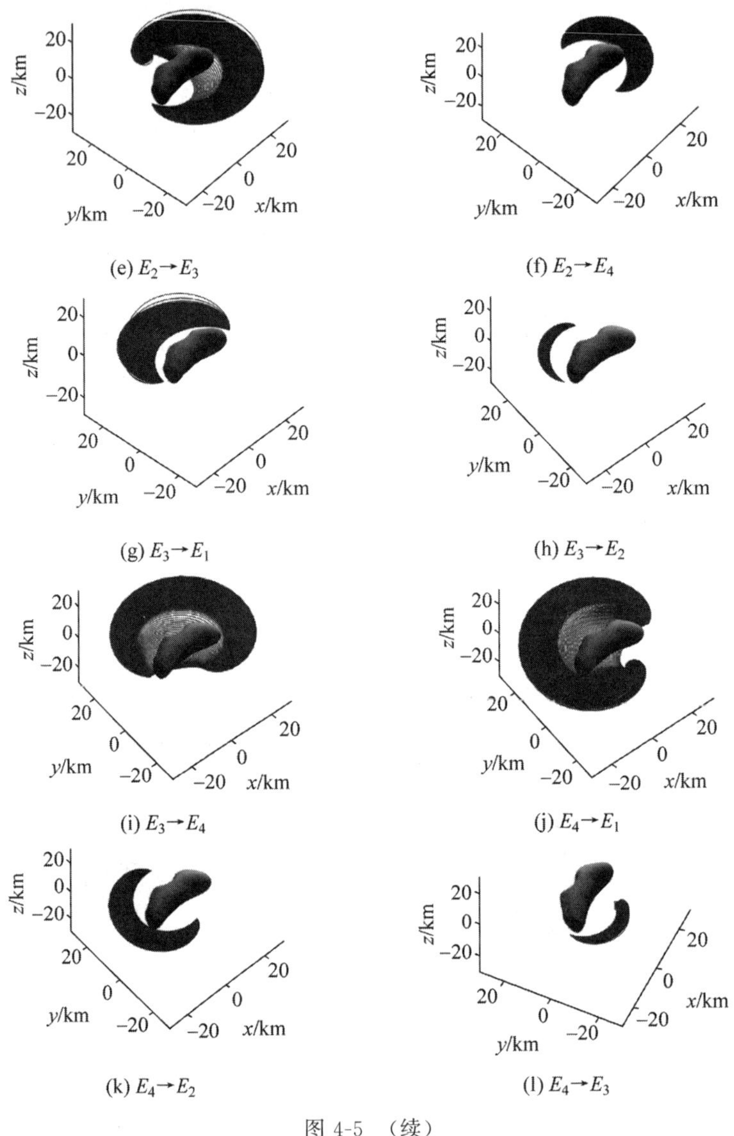

(e) $E_2 \to E_3$ (f) $E_2 \to E_4$

(g) $E_3 \to E_1$ (h) $E_3 \to E_2$

(i) $E_3 \to E_4$ (j) $E_4 \to E_1$

(k) $E_4 \to E_2$ (l) $E_4 \to E_3$

图 4-5 (续)

每族转移轨道对应的速度增量结果如图 4-6 所示。轨道族(b)、(d)、(g)和(l)速度增量曲线存在局部不光滑区域。除这些局部不光滑区域外，轨道族(b)、(c)、(d)、(f)、(g)、(h)、(k)和(l)对应的速度增量基本随时间增加而降低。对于轨道族(a)、(e)、(i)和(j)，当飞行时间较短时，存在飞行时间增加而所需的速度增量降低的现象。该现象时间区间对应的转移轨道位于小行星的下方。虽然这些转移轨道所需的速度增量比部分赤道面内的转移轨道小，但是对于这四族轨道来说，最小速度增量转移轨道仍然需要最长转移时间或接近于最长转移时间且接近于赤道面。从燃料消耗的角度，位于小行星下方的转移轨道不会成为候选轨道。

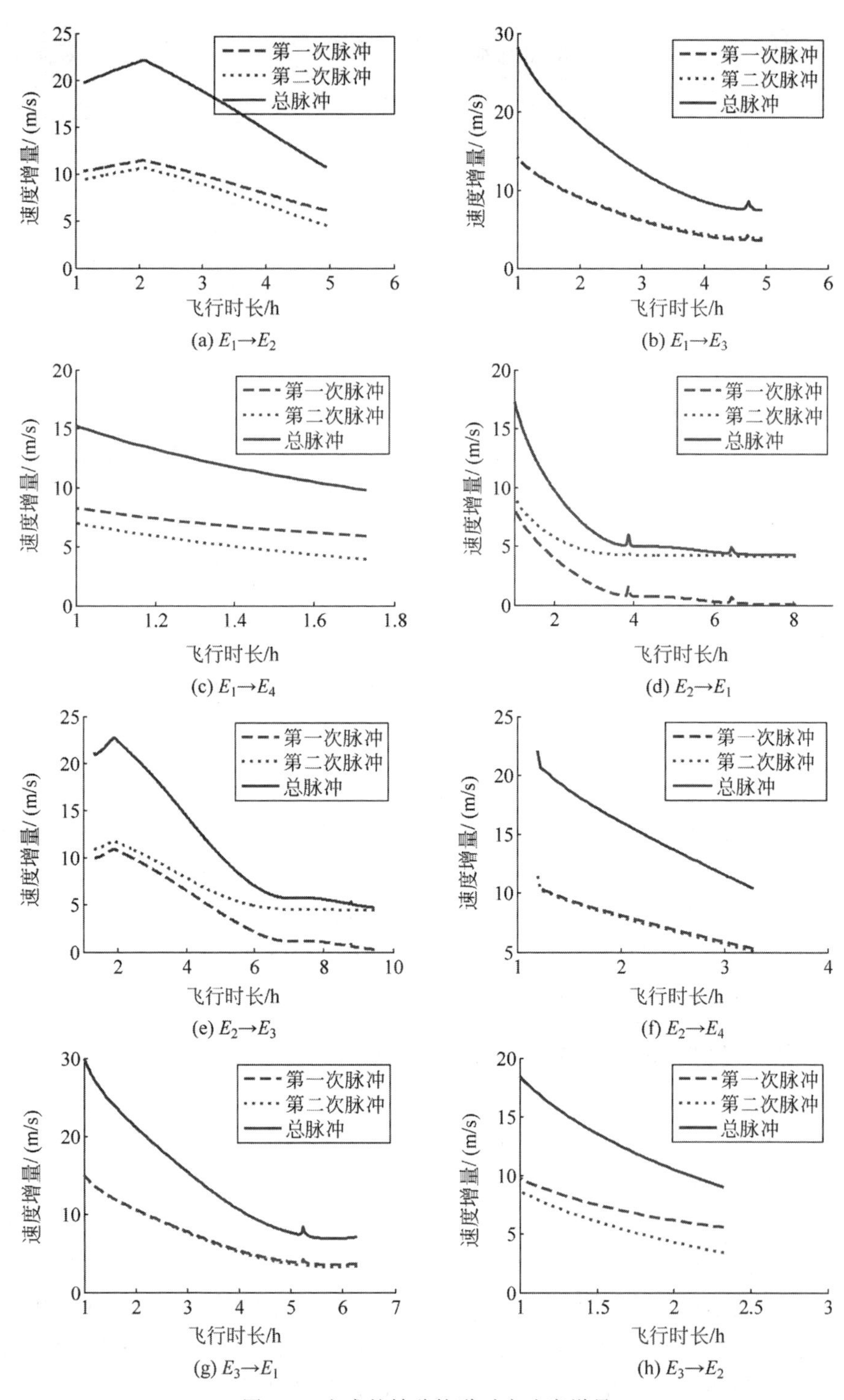

(a) $E_1 \to E_2$

(b) $E_1 \to E_3$

(c) $E_1 \to E_4$

(d) $E_2 \to E_1$

(e) $E_2 \to E_3$

(f) $E_2 \to E_4$

(g) $E_3 \to E_1$

(h) $E_3 \to E_2$

图 4-6 生成的转移轨道对应速度增量

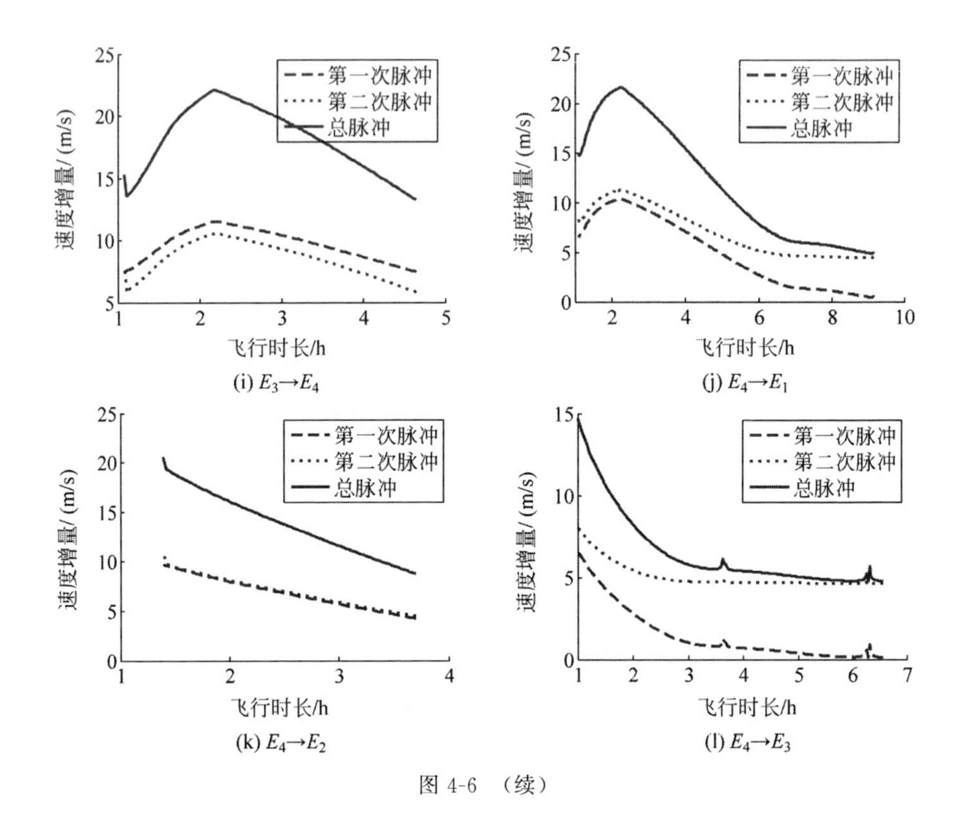

(i) $E_3 \to E_4$

(j) $E_4 \to E_1$

(k) $E_4 \to E_2$

(l) $E_4 \to E_3$

图 4-6 （续）

由图 4-6 还可以看到，对于以下 6 种情形：$E_1 \to E_3$，$E_1 \to E_4$，$E_2 \to E_4$，$E_3 \to E_1$，$E_3 \to E_4$ 和 $E_4 \to E_2$，第一次速度脉冲所需的最小速度增量远大于表 4.1 中所列的下界。为分析原因，对这几类情形的粗略搜索过程进行检查。发现当第一次速度脉冲略大于相应下界值时，生成转移轨道与目标半平面的交点和目标平衡点的距离均非常远，从而导致两个平衡点间转移所需的速度脉冲大小远大于由两点轨道能量差得到的速度脉冲下界值。

2. 基于经典兰伯特解的转移轨道求解方法

在本算例中，仍选取 433 Eros 为目标小行星。以平衡点 E_2 至 E_1 转移说明基于经典兰伯特解的转移轨道求解方法。转移轨道飞行时长设置为 18 000 s；经典兰伯特求解器中圈次设置为 0，轨道运行方向设置为顺行。

经典兰伯特解和不规则引力场兰伯特解结果如表 4.2 所示。其中表中经典兰伯特解对应的 $\Delta \boldsymbol{v}_1$ 已由小行星质心惯性坐标系转换至小行星质心本体坐标系。由表 4.2 中数据可以看到，两种解对应的 $\Delta \boldsymbol{v}_1$ 有较大的差异，这反映了不规则引力场对兰伯特解的影响。数值仿真表明，两种解对应的 $\|\Delta \boldsymbol{v}_1\|$ 均为较小的数值，而且以经典兰伯特解为不规则引力场兰伯特问题求解的初始点仍然可以收敛。若通过经典兰伯特解无法直接收敛，则一种可采用的求解途径是引力场同伦[17,18]，即

逐步从经典兰伯特解迭代到不规则引力场兰伯特解。另外,由表 4.2 可得,转移所需的总脉冲大小为 4.887 m/s,与图 4-6(d)结果接近。图 4-7 给出了平衡点 E_2 至 E_1 转移兰伯特问题求解轨迹结果。可以看到两种解对应的轨迹并不重合,在形状上有一定的偏差,这也是由于小行星引力场的不规则性导致的。

表 4.2 小行星本体系下经典兰伯特解和不规则引力场兰伯特解结果 m/s

类别	$\Delta \boldsymbol{v}_1$	$\|\Delta \boldsymbol{v}_1\|$	$\|\Delta \boldsymbol{v}_2\|$	$\|\Delta \boldsymbol{v}\|_{总}$
经典兰伯特解	$[-1.174,0.081,-0.037]^{\mathrm{T}}$	1.178	2.043	3.220
不规则引力场兰伯特解	$[-0.272,-0.597,-0.024]^{\mathrm{T}}$	0.657	4.230	4.887

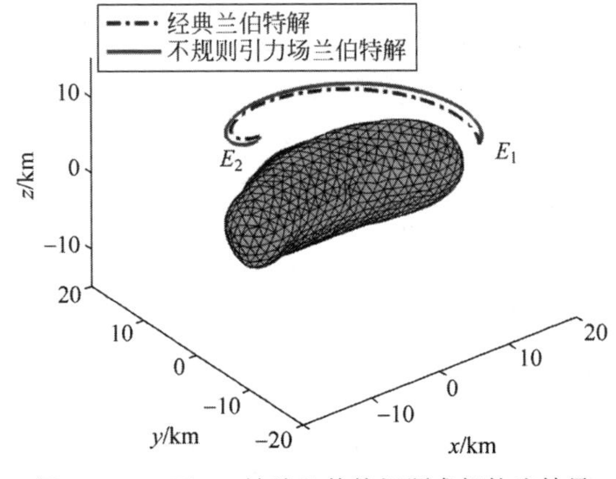

图 4-7 E_2 至 E_1 转移兰伯特问题求解轨迹结果

4.3 连续推力作用下轨道转移制导方法

在上一节中,已经介绍了基于脉冲机动的小行星引力场中转移轨道设计方法。本节将介绍一种用于连续推力机动情形的轨道转移制导方法,即零控脱靶量/零控速度(ZEM/ZEV)轨道转移制导方法[19]。

4.3.1 ZEM/ZEV 轨道转移制导

本小节将给出 ZEM/ZEV 轨道转移制导[19,20]的控制律。

选取小行星质心惯性坐标系,连续推力作用下探测器的动力学方程可以写为

$$\begin{cases} \dot{\boldsymbol{R}} = \boldsymbol{V} \\ \dot{\boldsymbol{V}} = \boldsymbol{g}(\boldsymbol{r}, t) + \boldsymbol{u} \end{cases} \tag{4-17}$$

式中,$\boldsymbol{R}$ 和 $\boldsymbol{V}$ 为探测器在惯性系下的位置和速度,$\boldsymbol{g}$ 是探测器受到的引力加速度,$\boldsymbol{u}$ 是控制加速度。$\boldsymbol{g}$ 的数值可以通过如下方式获得。首先将 t 时刻惯性系的位置坐

标转换至小行星质心本体坐标系，然后求得引力加速度后再转换回惯性系。

选取如下性能指标：

$$J=\frac{1}{2}\int_{t_0}^{t_f}\boldsymbol{u}^{\mathrm{T}}\boldsymbol{u}\,\mathrm{d}t \tag{4-18}$$

若 $\boldsymbol{g}$ 仅为时间 t 的函数，即动力学方程为

$$\begin{cases}\dot{\boldsymbol{R}}=\boldsymbol{V}\\ \dot{\boldsymbol{V}}=\boldsymbol{g}(t)+\boldsymbol{u}\end{cases} \tag{4-19}$$

则根据文献[19]可知，控制加速度 $\boldsymbol{u}$ 的最优解为

$$\boldsymbol{u}=\frac{6[\boldsymbol{R}_f-(\boldsymbol{R}+t_{go}V)]}{t_{go}^2}-\frac{2(\boldsymbol{V}_f-\boldsymbol{V})}{t_{go}}+\frac{6\int_t^{t_f}(\tau-t)\boldsymbol{g}(\tau)\mathrm{d}\tau}{t_{go}^2}-\frac{4\int_t^{t_f}\boldsymbol{g}(\tau)\mathrm{d}\tau}{t_{go}} \tag{4-20}$$

式中，$t_{go}=t_f-t$。若定义 **ZEM** 和 **ZEV** 分别为[19,20]

$$\begin{cases}\mathbf{ZEM}=\boldsymbol{R}_f-\left[\boldsymbol{R}+t_{go}\boldsymbol{V}+\int_t^{t_{go}}(t_f-\tau)\boldsymbol{g}(\tau)\mathrm{d}\tau\right]\\ \mathbf{ZEV}=\boldsymbol{V}_f-\left[\boldsymbol{V}+\int_t^{t_f}\boldsymbol{g}(\tau)\mathrm{d}\tau\right]\end{cases} \tag{4-21}$$

则式(4-20)可以简化为

$$\boldsymbol{u}=\frac{6}{t_{go}^2}\mathbf{ZEM}-\frac{2}{t_{go}}\mathbf{ZEV} \tag{4-22}$$

但是，$\boldsymbol{g}$ 也和位置 $\boldsymbol{R}$ 相关，故不能看做仅是时间 t 的函数。为了使得 ZEM/ZEV 的解成立，一种途径是通过一部分主动控制力来抵消随位置变化的引力[3,19]。此处设定控制加速度为

$$\boldsymbol{u}=-\boldsymbol{g}+\boldsymbol{a} \tag{4-23}$$

则

$$\begin{cases}\dot{\boldsymbol{r}}=\boldsymbol{v}\\ \dot{\boldsymbol{v}}=\boldsymbol{a}\end{cases} \tag{4-24}$$

相应地，将式(4-18)中的指标修改为

$$J=\frac{1}{2}\int_{t_0}^{t_f}\boldsymbol{a}^{\mathrm{T}}\boldsymbol{a}\,\mathrm{d}t \tag{4-25}$$

对于控制加速度 $\boldsymbol{a}$ 的最优解表达式与式(4-22)相同，即

$$\boldsymbol{a}=\frac{6}{t_{go}^2}\mathbf{ZEM}-\frac{2}{t_{go}}\mathbf{ZEV} \tag{4-26}$$

不同之处在于上式中 **ZEM** 和 **ZEV** 表达式中 $\boldsymbol{g}$ 为零。将 $\boldsymbol{g}=\boldsymbol{0}$ 代入式(4-21)可得

$$\begin{cases}\mathbf{ZEM}=\boldsymbol{R}_f-(\boldsymbol{R}+t_{go}\boldsymbol{V})\\ \mathbf{ZEV}=\boldsymbol{V}_f-\boldsymbol{V}\end{cases} \tag{4-27}$$

将式(4-26)和式(4-27)代入式(4-23),可得

$$\boldsymbol{u}=-\boldsymbol{g}+\frac{6\left[\boldsymbol{R}_{\mathrm{f}}-(\boldsymbol{R}+t_{\mathrm{go}}\boldsymbol{V})\right]}{t_{\mathrm{go}}^{2}}-\frac{2(\boldsymbol{V}_{\mathrm{f}}-\boldsymbol{V})}{t_{\mathrm{go}}} \tag{4-28}$$

式(4-28)与 Battin 书[3]中解的表达式形式相同。文献[19]中的 ZEM/ZEV-g 算法中,小行星引力场采用中心引力场,即控制加速度(4-28)的表达式修改为

$$\boldsymbol{u}=-\tilde{\boldsymbol{g}}+\frac{6\left[\boldsymbol{R}_{\mathrm{f}}-(\boldsymbol{R}+t_{\mathrm{go}}\boldsymbol{V})\right]}{t_{\mathrm{go}}^{2}}-\frac{2(\boldsymbol{V}_{\mathrm{f}}-\boldsymbol{V})}{t_{\mathrm{go}}} \tag{4-29}$$

式中

$$\tilde{\boldsymbol{g}}=-\frac{\mu\boldsymbol{R}}{R^{3}} \tag{4-30}$$

式中 μ 为小行星的中心引力常数。

在 4.3.2 节的仿真算例中,记式(4-28)为 ZEM/ZEV-g1 算法,式(4-29)为 ZEM/ZEV-g2 算法。

4.3.2 仿真算例

在本算例中,选取 433 Eros 为目标小行星。以平衡点 E_2 至 E_1 转移验证 ZEM/ZEV 轨道转移制导方法。转移轨道飞行时长设置为 15 000 s。

小行星质心惯性坐标系和本体坐标系下转移轨道结果分别如图 4-8(a)和(b)所示。由图可知,ZEM/ZEV-g1 和 ZEM/ZEV-g2 两种制导律作用下的转移轨道初末点均相同,分别连接平衡点 E_2 和 E_1。说明两种制导律均可以实现轨道转移的目的。但是,这两种制导律作用下的轨道并不重合。由于这两种方法的差异仅在于控制项中引力加速度的设置,这个结果也反映了小行星引力场与中心引力场的差异。

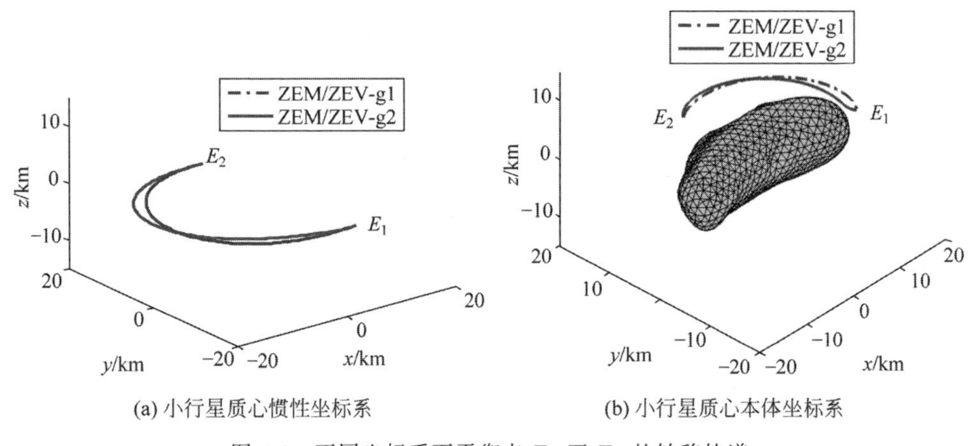

(a) 小行星质心惯性坐标系　　(b) 小行星质心本体坐标系

图 4-8 不同坐标系下平衡点 E_2 至 E_1 的转移轨道

ZEM/ZEV-g1 和 ZEM/ZEV-g2 制导作用下轨道转移过程中所需的控制加速度大小如图 4-9 所示。由图可知，除末端时刻附近，两种制导律所需的控制加速度均在 0.002 m/s^2 以下。对于一个质量为 1000 kg 的探测器，则所需的控制力小于 2 N。控制加速度在末端时刻突然增大的原因在于控制加速度式(4-28)和式(4-29)包含的分母 t_{go} 趋向于零。

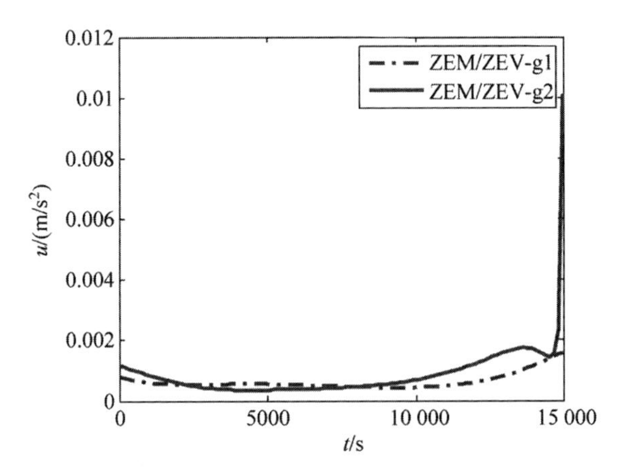

图 4-9 平衡点 E_2 至 E_1 轨道转移所需控制加速度

需要指出的是，对于平衡点间的转移情形，转移轨道结果取决于设定的飞行时长。改变飞行时长则可能导致转移轨道与小行星表面相撞。例如上述例子中，将转移时间设置为 18 000 s，则转移轨道计算结果如图 4-10 所示。由图可知，ZEM/ZEV-g2 制导将导致探测器与小行星表面发射碰撞。因此，无碰撞制导方法值得进一步深入研究。

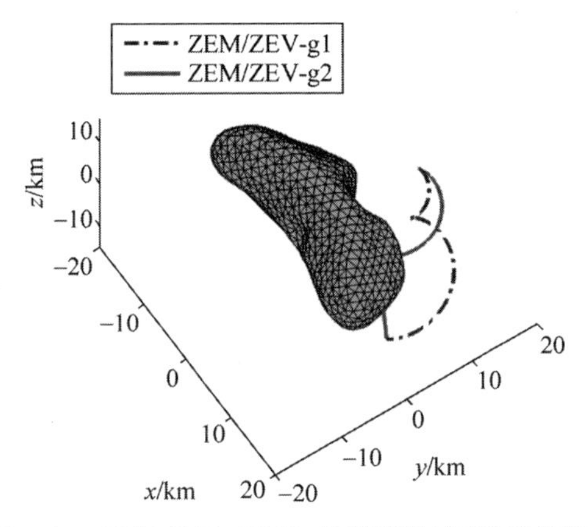

图 4-10 平衡点 E_2 至 E_1 的转移轨道(碰撞情形)

4.4　赤道面附近逆行周期轨道设计

小行星附近存在很多自然的周期轨道。周期轨道给探测器在小行星附近环绕飞行提供了很好的目标轨道。根据周期轨道单值矩阵的特征值可以对周期轨道进行拓扑分类[9,11]。根据周期轨道的稳定性也可以将其分为稳定周期和不稳定周期轨道。其中，赤道面附近逆行周期轨道容易具有稳定性，是小行星附近稳定周期性中常见的一类。本节将介绍一种基于打靶法的赤道面附近逆行周期轨道设计方法，并对其稳定性进行分析。

4.4.1　周期轨道设计方法

在打靶求解周期轨道的过程中，选取中心引力场中圆轨道与 X 轴交点的位置和速度为打靶方程提供初始点值。小行星质心惯性坐标系下，该点的位置和速度表达式如下：

$$\widetilde{\boldsymbol{R}}_0 = [X_0, 0, 0]^{\mathrm{T}} \tag{4-31}$$

$$\widetilde{\mathbf{V}}_0 = \left[0, -\sqrt{\frac{\mu}{\| \widetilde{\boldsymbol{R}}_0 \|}}, 0\right]^{\mathrm{T}} \tag{4-32}$$

通过坐标系转换即可得到小行星质心惯性坐标系下的位置$\tilde{\boldsymbol{r}}_0$ 和速度$\tilde{\boldsymbol{v}}_0$。在打靶求解周期轨道时，固定 x 方向位置分量 $x_0 = X_0$，选取初始点位置分量 y_0 和 z_0，速度分量 v_{x0}、v_{y0}、v_{y0} 和轨道周期 T 为求解变量；选取打靶目标为积分动力学方程(4-1)，一个轨道周期后，探测器位置、速度与初始点位置、速度相同。因此

$$\boldsymbol{\Phi}(y_0, z_0, v_{x0}, v_{y0}, v_{z0}, T) = \begin{bmatrix} x_0 - x_T \\ y_0 - y_T \\ z_0 - z_T \\ v_{x0} - v_{xT} \\ v_{y0} - v_{yT} \\ v_{z0} - v_{zT} \end{bmatrix} = \mathbf{0} \tag{4-33}$$

式中，x_T、y_T、z_T、v_{xT}、v_{yT} 和 v_{zT} 为 T 时刻探测器位置和速度。

上述打靶方程求解过程中，位置和速度变量的初始值为$\tilde{\boldsymbol{r}}_0$ 和$\tilde{\boldsymbol{v}}_0$，轨道周期的初始值选取探测器在小行星质心本体坐标下周期的估计值，即

$$\widetilde{T} = 2\pi \Bigg/ \left(\sqrt{\frac{\mu}{\| \widetilde{\boldsymbol{R}}_0 \|^3}} + \omega\right) \tag{4-34}$$

此方法与文献[9]方法相比，虽然不能全局搜索周期轨道，但是在求解周期轨道时无须通过离散搜索周期轨道近似初值。

4.4.2　周期轨道稳定性分析

对于求解得到的周期轨道，可以通过以下方式分析其稳定性。

记探测器的状态量 $\boldsymbol{x}=[\boldsymbol{r},\boldsymbol{v}]^{\mathrm{T}}$，则动力学方程(4-1)可以写为

$$\dot{\boldsymbol{x}}=\boldsymbol{f}(\boldsymbol{x}) \tag{4-35}$$

式中，$\boldsymbol{f}(\boldsymbol{x})$的具体表达式为

$$\boldsymbol{f}(\boldsymbol{x})=\begin{bmatrix}\boldsymbol{v}\\ -2\boldsymbol{\omega}\times\boldsymbol{v}-\boldsymbol{\omega}\times(\boldsymbol{\omega}\times\boldsymbol{r})+\dfrac{\partial U(\boldsymbol{r})}{\partial\boldsymbol{r}}\end{bmatrix} \tag{4-36}$$

记某一条已知周期轨道 $\boldsymbol{x}^*(t)$附近的扰动量为 $\delta\boldsymbol{x}$，则扰动量的微分方程[9]为

$$\delta\dot{\boldsymbol{x}}=\frac{\partial\boldsymbol{f}}{\partial\boldsymbol{x}}(\boldsymbol{x}^*(t))\cdot\delta\boldsymbol{x} \tag{4-37}$$

相应的状态转移矩阵的表达式为

$$\boldsymbol{\Phi}(t)=\int_0^t\frac{\partial\boldsymbol{f}}{\partial\boldsymbol{x}}(\boldsymbol{x}^*(\tau))\,\mathrm{d}\tau \tag{4-38}$$

通过状态转移矩阵可以建立初始扰动量与 t 时刻扰动量的关系。

对式(4-36)求偏导数，可以得到式(4-38)中偏导数的表达式为

$$\frac{\partial\boldsymbol{f}(\boldsymbol{x})}{\partial\boldsymbol{x}}=\begin{bmatrix}\boldsymbol{0}_{3\times3} & \boldsymbol{I}_{3\times3}\\ \boldsymbol{C}_{3\times3}+\dfrac{\partial^2U(\boldsymbol{r})}{\partial\boldsymbol{r}^2} & \boldsymbol{D}_{3\times3}\end{bmatrix} \tag{4-39}$$

式中

$$\boldsymbol{C}_{3\times3}=\begin{bmatrix}\omega^2 & 0 & 0\\ 0 & \omega^2 & 0\\ 0 & 0 & 0\end{bmatrix},\quad \boldsymbol{D}_{3\times3}=\begin{bmatrix}0 & 2\omega & 0\\ -2\omega & 0 & 0\\ 0 & 0 & 0\end{bmatrix} \tag{4-40}$$

由于参考轨迹 $\boldsymbol{x}^*(t)$是周期性的，经过一个周期 T 后的状态转移矩阵称为周期解的单值矩阵：

$$\boldsymbol{M}=\boldsymbol{\Phi}(T) \tag{4-41}$$

单值矩阵 $\boldsymbol{M}$ 是辛矩阵。记单值矩阵 $\boldsymbol{M}$ 的特征值即周期轨道特征乘子为λ。根据文献[10,11,21]可知，$\boldsymbol{M}$ 的特征值具有以下特点：

(1) 若λ 为矩阵特征值，则λ^{-1}，$\bar{\lambda}$ 和$\bar{\lambda}^{-1}$ 也同样是特征值，即所有特征值具有以下形式：$1,-1,\mathrm{e}^{\pm\alpha}(\alpha\in(0,1)),-\mathrm{e}^{\pm\alpha}(\alpha\in(-1,0)),\mathrm{e}^{\pm\mathrm{i}\beta}(\beta\in(0,\pi))$和$\mathrm{e}^{\pm\sigma\pm\mathrm{i}\tau}(\sigma>0,\tau\in(0,\pi))$。

(2) 至少有两个特征值等于1。周期轨道的特征乘子也称为 Floquet 乘子，其值由周期轨道确定。

根据λ 的分布，可以判断周期轨道是否具有稳定性。若所有λ 均处于复平面的单位圆上，即$|\lambda|=1$，则周期轨道为稳定周期轨道。关于周期轨道进一步的拓扑分类可以参考文献[10,21]。

4.4.3 仿真算例

在本节仿真算例中，选取 433 Eros 为目标小行星。

设置 $x_0=25$ km，根据 4.4.1 节方法可以获得打靶方程求解变量的初始猜测值，如表 4.3 所示。通过 Minpack-1 求解得到该赤道面逆行周期轨道初始点的位置、速度和轨道周期。由表 4.3 可知，打靶前后位置、速度和轨道周期的数值较为接近。因此，4.4.1 节方法可以获得周期轨道初值的一个较好的近似值。

表 4.3 赤道面逆行周期轨道打靶求解过程

阶段	$[x_0, y_0, z_0]$/km	$[v_{x0}, v_{y0}, v_{z0}]$/(m/s)	T/s
打靶修正前后	[25,0,0]	[0,−12.500,0]	12 566.105
打靶修正前后	[25,−4.143,0.035]	[2.122,−12.676,0]	12 455.961

求解得到的周期轨道在不同坐标系下的结果如图 4-11 所示。由图可知，探测器轨道在小行星质心本体坐标系下是闭合的轨道，而在小行星质心惯性坐标系下是一段不闭合的轨迹，这是因为本体系下绕飞的角速度相对更大。该周期轨道的位置和速度变化如图 4-12 所示。可以看到，初末时刻位置和速度的分量相同，符合周期轨道的特性。

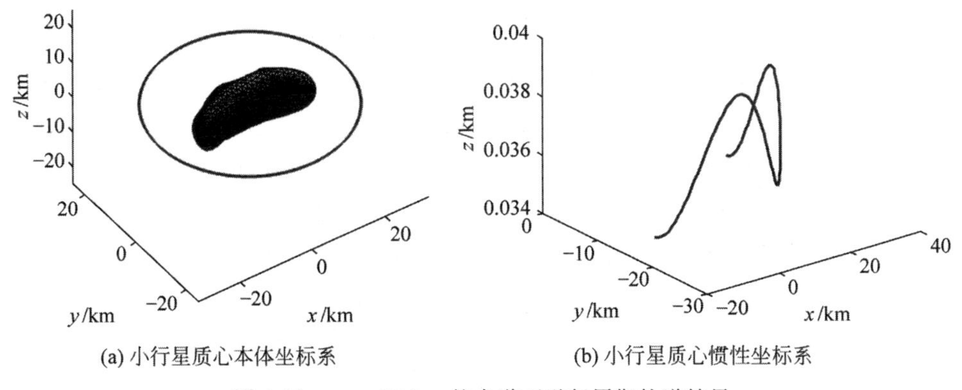

(a) 小行星质心本体坐标系　　(b) 小行星质心惯性坐标系

图 4-11　$x_0=25$ km 的赤道面逆行周期轨道结果

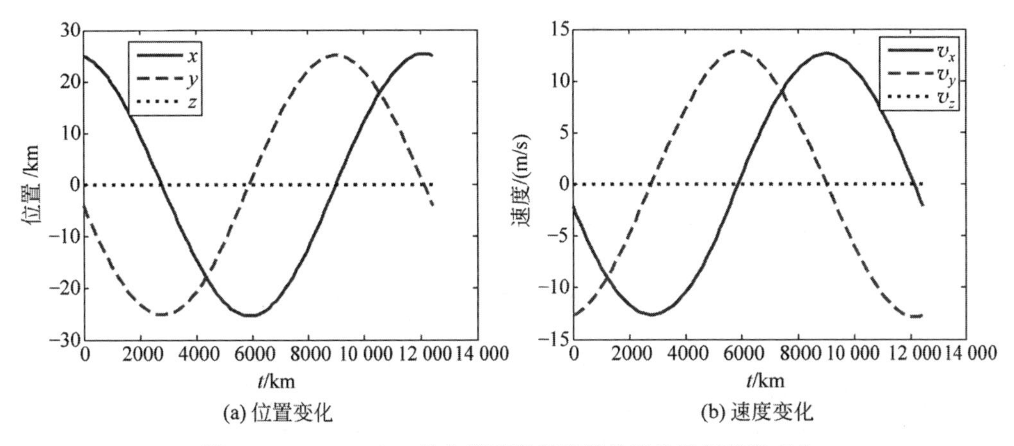

(a) 位置变化　　(b) 速度变化

图 4-12　$x_0=25$ km 的赤道面逆行周期轨道位置和速度变化

设置 x_0 的范围为 20～30 km，并以 1 km 为步长选点。通过前述方法可以求解得到不同 x_0 对应的赤道面逆行周期轨道，如图 4-13 所示。该结果进一步说明了本节方法的有效性。

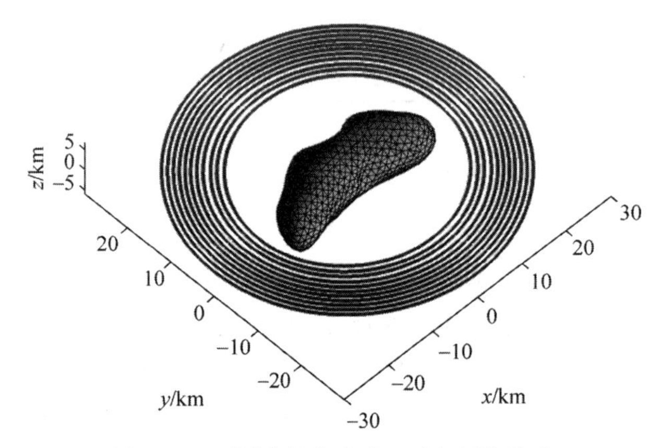

图 4-13 不同半径的赤道面逆行周期轨道

应用 4.4.2 节方法，分别求解图 4-13 中各周期轨道单值矩阵特征值。可以得到当 $x_0 \geqslant 20$ km 时，特征值均落在复平面的单位圆上，因此相应的周期轨道具有稳定性。若减小 x_0 至 18 km，可以得到一堆特征值偏离复平面的单位圆，因此相应的周期轨道是不稳定的。$x_0=25$，20 km 和 18 km 时，相应的周期轨道单值矩阵特征值如图 4-14 所示。可以看到这三条周期轨道单值矩阵均有一对特征值为 1，并且其余特征值分布也符合 4.4.2 节中单值矩阵特征值的特点。

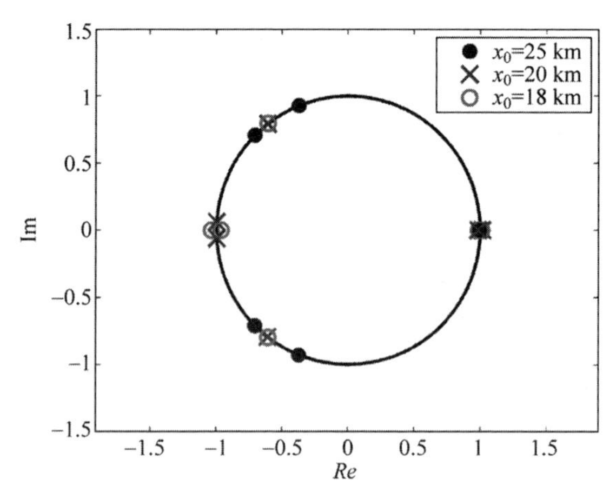

图 4-14 周期轨道单值矩阵特征值分布

4.5 绕飞轨道跟踪最优线性反馈控制

4.5.1 最优线性反馈控制设计

由 2.3 节可知,探测器在控制加速度 $\boldsymbol{u}$ 和扰动 $\boldsymbol{d}$ 作用下的动力学方程为

$$\begin{cases} \dot{\boldsymbol{r}} = \boldsymbol{v} \\ \dot{\boldsymbol{v}} = -2\boldsymbol{\omega} \times \boldsymbol{v} - \boldsymbol{\omega} \times (\boldsymbol{\omega} \times \boldsymbol{r}) + \dfrac{\partial U(\boldsymbol{r})}{\partial \boldsymbol{r}} + \boldsymbol{u} + \boldsymbol{d} \end{cases} \tag{4-42}$$

在反馈控制设计中忽略扰动 $\boldsymbol{d}$,即动力学方程为

$$\begin{cases} \dot{\boldsymbol{r}} = \boldsymbol{v} \\ \dot{\boldsymbol{v}} = -2\boldsymbol{\omega} \times \boldsymbol{v} - \boldsymbol{\omega} \times (\boldsymbol{\omega} \times \boldsymbol{r}) + \dfrac{\partial U(\boldsymbol{r})}{\partial \boldsymbol{r}} + \boldsymbol{u} \end{cases} \tag{4-43}$$

记探测器的状态量为 $\boldsymbol{x} = [\boldsymbol{r}, \boldsymbol{v}]^{\mathrm{T}}$,式(4-43)可以写作如下的方程形式:

$$\dot{\boldsymbol{x}} = \boldsymbol{f}(\boldsymbol{x}) + \boldsymbol{B}\boldsymbol{u} \tag{4-44}$$

式中,$\boldsymbol{f}(\boldsymbol{x})$的表达式为式(4-36),$\boldsymbol{B}$ 为

$$\boldsymbol{B} = \begin{bmatrix} \boldsymbol{0}_{3\times3} \\ \boldsymbol{I}_{3\times3} \end{bmatrix} \tag{4-45}$$

记探测器实际轨道状态量与标称轨道状态量的误差为

$$\boldsymbol{e} = \boldsymbol{x} - \boldsymbol{x}_{\mathrm{tar}} \tag{4-46}$$

则由 4.4.2 节可知,跟踪误差 $\boldsymbol{e}$ 的线性化微分方程为

$$\dot{\boldsymbol{e}} = \left[\frac{\partial \boldsymbol{f}(\boldsymbol{x})}{\partial \boldsymbol{x}}\right]_{\boldsymbol{x}=\boldsymbol{x}_{\mathrm{tar}}} \boldsymbol{e} + \boldsymbol{B}\boldsymbol{u} \tag{4-47}$$

根据式(4-39)可知,上式中的矩阵 $\left[\dfrac{\partial \boldsymbol{f}(\boldsymbol{x})}{\partial \boldsymbol{x}}\right]_{\boldsymbol{x}=\boldsymbol{x}_{\mathrm{tar}}}$ 中引力梯度矩阵随标称轨迹变化而不是定常矩阵。为了使得跟踪误差 $\boldsymbol{e}$ 微分方程中的矩阵为常值矩阵,可以用部分控制加速度消除实际轨道引力和标称轨道引力的偏差,即

$$\boldsymbol{u} = \boldsymbol{a} - \left(\frac{\partial U(\boldsymbol{r})}{\partial \boldsymbol{r}} - \left[\frac{\partial U(\boldsymbol{r})}{\partial \boldsymbol{r}}\right]_{\boldsymbol{r}=\boldsymbol{r}_{\mathrm{tar}}}\right) \tag{4-48}$$

若实际轨道与标称轨道较接近,则控制加速度 $\boldsymbol{u}$ 和 $\boldsymbol{a}$ 近似相等。将式(4-48)和式(4-46)代入式(4-44)可得

$$\dot{\boldsymbol{e}} = \boldsymbol{A}\boldsymbol{e} + \boldsymbol{B}\boldsymbol{a} \tag{4-49}$$

式中矩阵 $\boldsymbol{A}$ 的表达式如下:

$$\boldsymbol{A} = \begin{bmatrix} \boldsymbol{0}_{3\times3} & \boldsymbol{I}_{3\times3} \\ \boldsymbol{C}_{3\times3} & \boldsymbol{D}_{3\times3} \end{bmatrix} \tag{4-50}$$

矩阵 $\boldsymbol{C}$ 和 $\boldsymbol{D}$ 的表达式见式(4-40)。

下面设计最优线性反馈控制[22]。对于式(4-49)表示的线性系统,选取线性二

次型无限时间最优状态调节器(LQR)指标：

$$J=\frac{1}{2}\int_{t_0}^{\infty}[\boldsymbol{e}^{\mathrm{T}}\boldsymbol{Q}\boldsymbol{e}+\boldsymbol{a}^{\mathrm{T}}\boldsymbol{R}\boldsymbol{a}]\,\mathrm{d}t \tag{4-51}$$

式中，$\boldsymbol{Q}$ 为 6×6 半正定矩阵，表示反馈误差状态量 $\boldsymbol{e}$ 的加权矩阵；$\boldsymbol{R}$ 为 3×3 半正定矩阵，表示控制加速度 $\boldsymbol{a}$ 的加权矩阵。

由于方程(4-49)中为定常线性系统，最优反馈控制加速度 $\boldsymbol{a}$ 的解为

$$\boldsymbol{a}^{*}=-\boldsymbol{R}^{-1}\boldsymbol{B}^{\mathrm{T}}\boldsymbol{P}\boldsymbol{e} \tag{4-52}$$

式中，矩阵 $\boldsymbol{P}$ 是如下 Riccati 代数方程的解：

$$\boldsymbol{P}\boldsymbol{A}+\boldsymbol{A}^{\mathrm{T}}\boldsymbol{P}-\boldsymbol{P}\boldsymbol{B}\boldsymbol{R}^{-1}\boldsymbol{B}^{\mathrm{T}}\boldsymbol{P}+\boldsymbol{Q}=\boldsymbol{0} \tag{4-53}$$

将式(4-52)代入式(4-48)可得控制加速度 $\boldsymbol{u}$ 的表达式为

$$\boldsymbol{u}=-\boldsymbol{R}^{-1}\boldsymbol{B}^{\mathrm{T}}\boldsymbol{P}\boldsymbol{e}-\left(\frac{\partial U(\boldsymbol{r})}{\partial \boldsymbol{r}}-\left[\frac{\partial U(\boldsymbol{r})}{\partial \boldsymbol{r}}\right]_{\boldsymbol{r}=\boldsymbol{r}_{\mathrm{tar}}}\right) \tag{4-54}$$

4.5.2 仿真算例

以探测器跟踪小行星 433 Eros 附近不稳定周期轨道为例，验证最优线性反馈控制的有效性。标称轨道选取 4.4 节中方法设计的 $x_0=18$ km 的周期轨道。该周期轨道的周期为 10 762.764 s，轨道初值为

$$\boldsymbol{r}_{\mathrm{tar}}=[18.0,8.766,0.055]\ \mathrm{km}$$

$$\boldsymbol{v}_{\mathrm{tar}}=[5.388,-10.448,-0.006]\ \mathrm{m/s}$$

仿真中，设置积分时长为标称轨道周期的 5 倍，即 53 813.817 s。加权矩阵 $\boldsymbol{Q}$ 和 $\boldsymbol{R}$ 分别选取为

$$\boldsymbol{Q}=10^{-6}\boldsymbol{I}_{6\times6},\quad \boldsymbol{R}=1000\boldsymbol{I}_{6\times6} \tag{4-55}$$

考虑初始时刻探测器的位置和速度与标称轨道均有偏差。状态量误差 $\boldsymbol{e}$ 的具体数值设置为

$$[e_1,e_2,e_3]=[1,1,1]\ \mathrm{km},\quad [e_4,e_5,e_6]=[1,1,1]\ \mathrm{m/s} \tag{4-56}$$

动力学方程(4-42)中的扰动量 $\boldsymbol{d}$ 设定为小行星引力的 10%。

小行星质心本体坐标系下，探测器受控绕飞的实际轨道与标称轨道如图 4-15 所示。由图可知，实际轨道与标称轨道有一小部分未重合。其原因是初始时刻设定有位置偏差。绕飞轨道控制加速度随时间变化如图 4-16 所示。由图可知，控制加速度一开始较大，用于消除位置和速度偏差；经过一段时间后即保持在零附近，反映出该控制下跟踪误差很小。

实际轨道和标称轨道三个方向的位置和速度对比结果分别如图 4-17～图 4-19 所示。对比结果表明，4.5.1 节给出的控制律可以有效地缩小初始时刻位置和速度的偏差并可以很好地对跟踪标称轨道，从而实现对小行星的稳定绕飞。

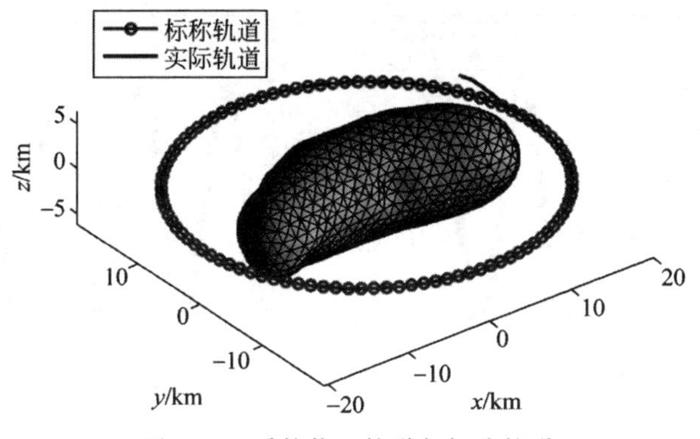

图 4-15 受控绕飞轨道与标称轨道

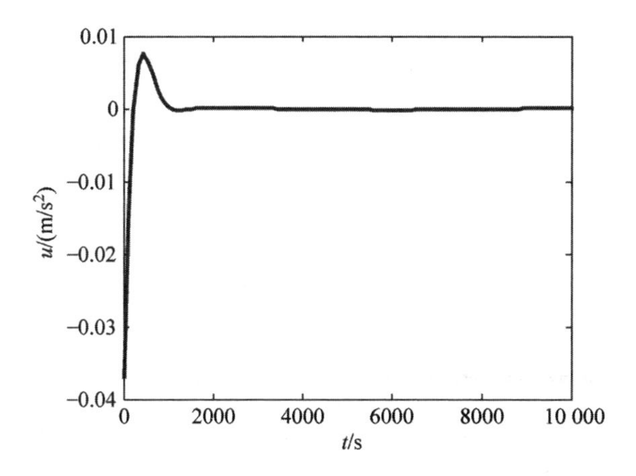

图 4-16 绕飞轨道控制加速度随时间变化

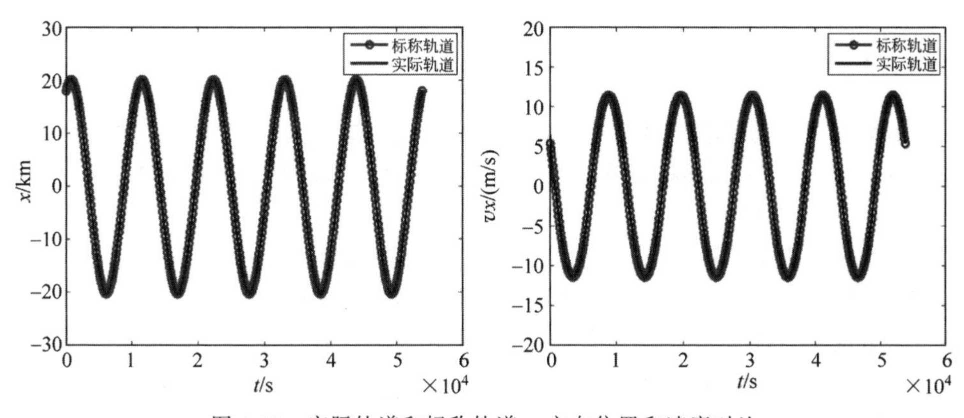

图 4-17 实际轨道和标称轨道 x 方向位置和速度对比

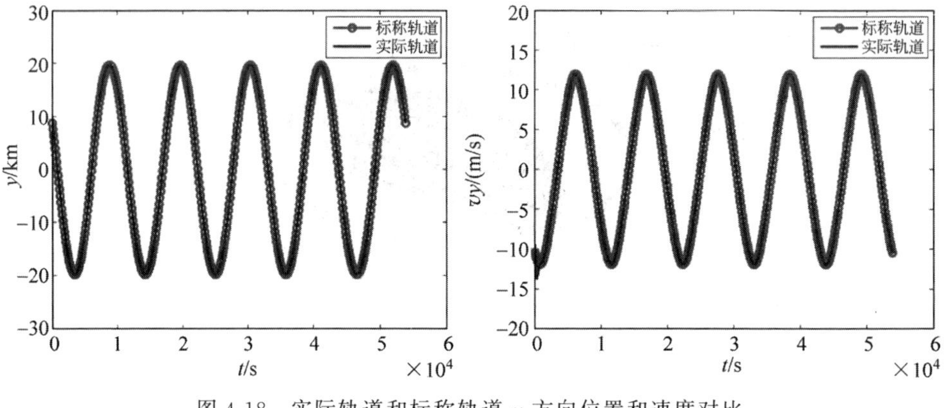

图 4-18 实际轨道和标称轨道 y 方向位置和速度对比

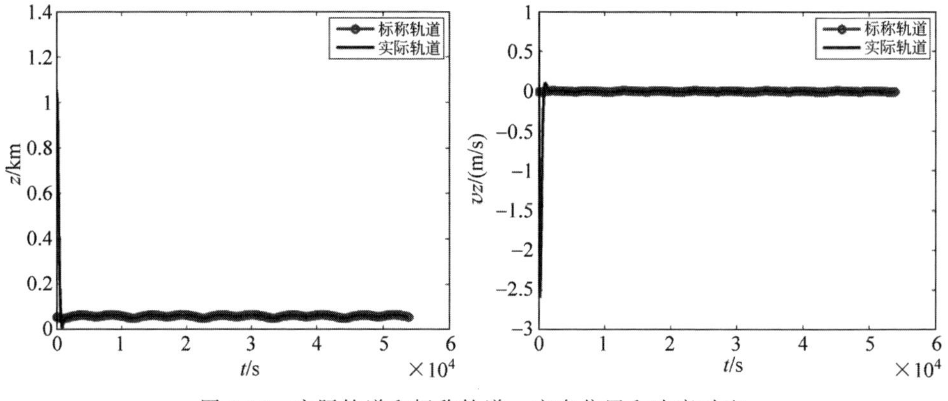

图 4-19 实际轨道和标称轨道 z 方向位置和速度对比

4.6 本章小结

本章分别介绍了小行星附近转移轨道和绕飞轨道的制导与控制方法。对于转移轨道,分别考虑了脉冲机动和连续推力机动两种情形。对于绕飞轨道,考虑赤道面附近逆行的周期轨道。

针对脉冲机动轨道转移问题,建立了双脉冲转移轨道设计问题对应的不规则引力场兰伯特问题。在求解不规则引力场兰伯特问题的打靶方程时,分别给出了基于粗略搜索与数值延拓以及基于经典兰伯特问题解获得打靶方程来求解初始点的方法。选取不规则小行星 433 Eros 为目标小行星,并通过仿真算例验证了两种求解方法的有效性。针对连续推力机动轨道转移问题,基于零控脱靶量/零控速度制导方法推导了轨道转移制导方法,获得了控制律表达式解析,且可以获得转移轨道。但是,应用该制导方法可能存在与小行星表面碰撞的问题,这值得进一步研究。

针对用于绕飞的赤道面附近逆行周期轨道,给出了一种生成周期轨道打靶法方程求解起始点的方法,介绍了周期轨道稳定性分析的数值方法,获得了小行星 433 Eros 赤道面附近多条不同尺寸的逆行周期轨道。基于线性二次型无限时间最优状态调节器,设计了绕飞轨道跟踪最优线性反馈控制。通过跟踪不稳定周期轨道的算例,验证了反馈控制方法的有效性。

参考文献

[1] JIANG Y,BAOYIN H,LI J,et al. Orbits and manifolds near the equilibrium points around a rotating asteroid[J]. Astrophysics and space science,2014,349(1): 83-106.

[2] YANG H,BAI X,LI S. Artificial equilibrium points near irregular-shaped asteroids with continuous thrust[J]. Journal of guidance,control,and dynamics,2018,41(6): 1308-1319.

[3] BATTIN R. An Introduction to the mathematics and methods of astrodynamics[M]. New York: AIAA,1999.

[4] PRUSSING J E, CONWAY B A. Orbital mechanics[M]. New York: Oxford Univ. Press,1993.

[5] IZZO D. Revisiting Lambert's problem[J]. Celestial mechanics and dynamical astronomy, 2015,121(1): 1-15.

[6] WERNER R A. The gravitational potential of a homogeneous polyhedron or don't cut corners[J]. Celestial mechanics and dynamical astronomy,1994,59(3): 253-278.

[7] WERNER R A, SCHEERES D J. Exterior gravitation of a polyhedron derived and compared with harmonic and mascon gravitation representations of asteroid 4769 Castalia [J]. Celestial mechanics and dynamical astronomy,1996,65(3): 313-344.

[8] 于洋. 小天体引力场中的轨道动力学研究[D]. 清华大学,2013.

[9] YU Y,BAOYIN H. Generating families of 3D periodic orbits about asteroids[J]. Monthly notices of the royal astronomical society,2012,427(1): 872-881.

[10] JIANG Y, YU Y, BAOYIN H. Topological classifications and bifurcations of periodic orbits in the potential field of highly irregular-shaped celestial bodies[J]. Nonlinear dynamics,2015,81(1-2): 119-140.

[11] LAN L, YANG H, BAOYIN H, et al. Retrograde near-circular periodic orbits near equatorial planes of small irregular bodies[J]. Astrophysics and space science, 2017, 362(9).

[12] BROUCKE R. Traveling between the Lagrange points and the Moon[J]. Journal of guidance,control,and dynamics,1979,2(4): 257-263.

[13] PRADO A F B A. Traveling between the Lagrangian points and the Earth[J]. Acta astronautica,1996,39(7): 483-486.

[14] WANG X,JIANG Y,GONG S. Analysis of the potential field and equilibrium points of irregular-shaped minor celestial bodies[J]. Astrophysics and space science,2014,353(1): 105-121.

[15] MORÉ J J,GARBOW B S,HILLSTROM K E. User guide for MINPACK-1[R]. United States: Argonne National Lab,1980.

[16] THOMAS P C,JOSEPH J,CARCICH B T,et al. NEAR MSI SHAPE MODEL FOR 433 EROS V1. 0. NASA Planetary Data System,NEAR-A-MSI-5-EROS-SHAPE-MODELS-V1. 0[EB/OL]. (2004-08-02)[2018-03-05]. https://sbn. psi. edu/pds/resource/nearmod. html.

[17] LIU X,BAOYIN H,MA X. Equilibria,periodic orbits around equilibria,and heteroclinic connections in the gravity field of a rotating homogeneous cube[J]. Astrophysics and space science,2011,333(2): 409-418.

[18] YANG H,LI S,BAI X. Fast homotopy method for asteroid landing trajectory optimization using approximate initial costates[J]. Journal of guidance,control,and dynamics,2019: 585-597.

[19] HAWKINS M,GUO Y,WIE B. ZEM/ZEV feedback guidance application to fuel-efficient orbital maneuvers around an irregular-shaped asteroid[C]//AIAA Guidance,Navigation,and Control Conference,August 13-16,2012,Minneapolis,Minnesota. AIAA 2012-5045.

[20] GUO Y,HAWKINS M,WIE B. Applications of generalized zero-effort-miss/zero-effort-velocity feedback guidance algorithm[J]. Journal of guidance,control,and dynamics,2013,36(3): 810-820.

[21] 姜宇,李恒年. 小行星探测器轨道力学[M]. 北京: 中国宇航出版社,2017.

[22] 陈杨. 受复杂约束的深空探测轨道精确设计与控制[D]. 清华大学,2012.

第5章
小行星表面着陆最优制导

5.1 引言

小行星表面着陆是小行星采样返回任务的必要环节，也是至关重要的环节。着陆探测相对于悬停观测可以采集更高分辨率的数据。从本章开始将关注小行星表面着陆制导与控制问题。本章研究的是小行星表面着陆最优制导问题，也即着陆轨迹优化问题。本章将根据最优控制原理分别对燃料最优轨迹规划问题和时间最优着陆轨迹规划问题开展研究，求解最优轨迹和最优控制律。值得指出的是，传统的通过轨迹优化获得标称轨迹和制导控制律的方式，属于离线、开环制导。近年来，随着轨迹优化求解效率的不断提升，通过在线测量状态量实时轨迹优化并更新标称轨迹和所需控制的计算制导方法属于在线、闭环制导[1]。

对于深空探测任务来说，燃料是制约任务成败的一个关键因素。虽然小行星大多尺寸较小，但也存在尺寸为数十千米甚至数百千米的小行星。采用燃料最优轨迹着陆小行星可以有效地降低任务所需的燃料，也可以延长探测器的寿命。

首先，本章介绍燃料最优轨迹求解的间接法。间接法的求解过程中使用庞特里亚金极小值原理将燃料最优控制问题转化为两点边值问题，然后使用打靶法求解两点边值问题[2-4]。使用间接法的主要困难在于求解两点边值问题时的初值敏感性和收敛域小[2-5]。此外，燃料最优控制问题通常最优控制为 bang-bang 控制，从而会导致微分方程不连续和雅可比矩阵奇异等问题[2,5]。Bertrand 和 Epenoy[5]最早提出了一种平滑技术即同伦法解决燃料最优 bang-bang 控制问题的收敛性问题。Gil-Fernandez 和 Gomez-Tierno[3]也提出了用同伦法求解小推力燃料最优转移问题。Jiang 等[2]提出了两种新的技术即初值归一化和开关函数检测技术，从而发展了一种燃料最优问题的快速同伦方法。由于同伦法[2]在日心转移轨迹优化中表现出的优越性能，本章中也将使用同伦法[2]求解小行星表面着陆的燃料最优问题。但是小行星着陆问题与日心转移问题不同之处在于小行星引力场不再是质点引力场而是不规则引力场。本章将介绍适用于不规则引力场的同伦求解方法[6]。

值得指出的是，虽然同伦法将燃料最优控制问题与较容易求解的能量最优控制问题建立了联系，但是求解能量最优两点边值问题仍然存在协态变量初值猜测问题。本章将介绍一种无初值猜测的同伦方法[7]。该方法中将能量最优控制问题进一步与一种具有近似解析解的零广义重力能量最优控制问题建立联系，从而求解过程的起始问题不再需要随机猜测协态变量初值。

然后，本章介绍燃料最优控制问题的一种凸优化方法[8]。该方法采用凸规划的一个子集——二阶锥规划(SOCP)[9]求解时间最优着陆轨迹。SOCP 的巨大优势在于只要求解的问题是可行的，则全局最优解可以通过有限的迭代即可得到[10,11]。Acikmese 和 Ploen[10]最早提出将火星探测燃料最优着陆问题转化为

SOCP 问题的方法。Acikmese 等[12]和 Scharf 等[13]提出了进一步的改进技术，使得该方法[10]更适合在轨使用。在火星着陆的凸优化研究[10,12,13]中均采用了引力是常数的假设。但是，小行星引力场是不规则的，导致该假设不能直接应用于小行星着陆问题。为了解决小行星引力场不规则问题，Pinson 和 Lu[8]提出用序列求解法(SSM)[14]解决凸优化不规则引力场问题。SSM 的思想也被用于生成更一般情形下含非凸约束的最优控制问题的 SOCP[15]。

最后，本章介绍时间最优轨迹规划求解方法。时间最优轨迹规划可以获得着陆小行星表面目标位置所需的最短飞行时间。而最短飞行时间是一个非常重要的参数，任何轨迹规划或者制导方式给定的着陆飞行时间必须大于等于该数值。此外，对于许多引力微弱的小行星，着陆所需的燃料可能很小。采用时间最优轨迹代替燃料最优轨迹可以有效地缩短着陆任务所需的时间。时间最优轨迹还有一个优点，即着陆过程中推力一直保持满开，无须调整。本章将给出该优点的具体证明。但是，目前鲜有小行星表面时间最优轨迹方面的研究。

本章介绍的时间最优轨迹规划求解方法基于凸优化方法[16]。相比于文献[8]中研究的燃料最优问题，时间最优着陆问题有一个额外的非凸因素即自由的飞行时间。为了解决该问题，本章介绍的方法解决思路如下：

(1) 发展了一种通过其他相关且可凸化的最优控制问题求解时间最优问题的方法。本章将探讨两类飞行时间固定的可凸化最优控制问题：一类是燃料最优控制问题[8]，另一类是最小着陆误差问题。最小着陆误差问题曾被用于火星着陆的研究[17]。但是，文献[17]是将最小着陆误差问题用于寻找燃料最优问题无解情形下的可行解。而本章中最小着陆误差问题是用于时间最优着陆轨迹的规划。

(2) 发展了凸优化快速求解方法的两项技术。第一项技术是提出了可以明显地降低所需求解时间的简化最小着陆误差问题。该简化最小着陆误差问题的提出是受到最小着陆问题当飞行时间小于最优飞行时间情形下推力保持满开的性质(本章将给出具体证明)的启发。本章也将证明简化最小着陆误差问题与原最小着陆误差问题的等价性。第二项技术是用结合外推插值和二分法的方法，在确定最优飞行时间时替代耗时的线性搜索方法[10]。线性搜索方法曾被用于飞行时间自由时火星燃料最优问题的最优时间的搜索。文献[13]提出使用插值方法替代文献[10]中的线性搜索方法，从而加速求解过程。而本章中给出的搜索算法与文献[13]是不同的。本章搜索算法是基于飞行时长小于最优飞行时长情形下最小着陆误差问题的最优指标随飞行时长单调递减的性质给出的。利用第二项技术，最优飞行时长可以通过求解少量飞行时间点对应的凸优化问题获得。

5.2 受控着陆最优制导问题描述

考虑探测器受控下降着陆小行星表面的任务。假设目标小行星均匀旋转且角速度$\boldsymbol{\omega}=[0,0,\omega]^{\mathrm{T}}$方向与 z 轴一致。由 2.3.2 节可将受控探测器在小行星下降过程中的运动方程写为

$$\ddot{\boldsymbol{r}}+2\boldsymbol{\omega}\times\dot{\boldsymbol{r}}+\boldsymbol{\omega}\times(\boldsymbol{\omega}\times\boldsymbol{r})-\frac{\partial U(\boldsymbol{r})}{\partial\boldsymbol{r}}=\frac{\boldsymbol{T}}{m} \tag{5-1}$$

对应的一阶微分方程组为

$$\dot{\boldsymbol{r}}=\boldsymbol{v} \tag{5-2}$$

$$\dot{\boldsymbol{v}}=-2\boldsymbol{\omega}\times\boldsymbol{v}-\boldsymbol{\omega}\times(\boldsymbol{\omega}\times\boldsymbol{r})+\frac{\partial U(\boldsymbol{r})}{\partial\boldsymbol{r}}+\frac{\boldsymbol{T}}{m} \tag{5-3}$$

下降过程中，探测器质量的变化由如下经典火箭方程描述：

$$\dot{m}=-\frac{\|\boldsymbol{T}\|}{I_{\mathrm{sp}}g_0} \tag{5-4}$$

式中，$\|\boldsymbol{T}\|=\sqrt{T_x^2+T_y^2+T_z^2}$ 表示推力矢量 $\boldsymbol{T}$ 的大小。

由于探测器发动机推力有限制，推力大小必须满足如下约束条件：

$$\|\boldsymbol{T}\|\leqslant T_{\max} \tag{5-5}$$

为实现定点软着陆目标，终端位置须为目标着陆点，终端速度须为零。因此，终端 t_{f} 时刻探测器的位置和速度约束条件为

$$\boldsymbol{r}(t_{\mathrm{f}})=\boldsymbol{r}_{\mathrm{f}},\quad \boldsymbol{v}(t_{\mathrm{f}})=[0,0,0]^{\mathrm{T}} \tag{5-6}$$

假设轨迹优化前已知初始 t_0 时刻探测器的位置、速度和质量，并将初始时刻约束条件记为

$$\boldsymbol{r}(t_0)=\boldsymbol{r}_0,\quad \boldsymbol{v}(t_0)=\boldsymbol{v}_0,\quad m(t_0)=m_0 \tag{5-7}$$

若探测器初始处于理想悬停状态，则$\boldsymbol{v}_0=[0,0,0]^{\mathrm{T}}$。在本章的研究中，$t_0$ 时刻选取为 0。

对于燃料最优着陆问题，最优指标可以选取为

$$J=\int_{t_0}^{t_{\mathrm{f}}}\frac{T_{\max}u}{I_{\mathrm{sp}}g_0}\mathrm{d}t \tag{5-8}$$

式中，$u\in[0,1]$，为发动机推力比，表示推力的大小。

对于时间最优着陆问题，最优指标可以选取为

$$J=t_{\mathrm{f}} \tag{5-9}$$

综上所述，本章研究的燃料最优制导问题为：求解最优控制使得方程(5-8)中指标取最优值且着陆轨迹满足约束条件方程(5-2)～方程(5-7)；而时间最优制导问题为：求解最优控制使得方程(5-9)中指标取最优值且着陆轨迹满足约束条件方程(5-2)～方程(5-7)。下文将分别给出燃料最优和时间最优制导的求解方法，也即轨迹优化求解方法。

5.3 最优控制律和一阶必要条件

本节将根据庞特里亚金极小值原理，依次针对时间最优问题和燃料最优问题推导最优控制律和一阶必要条件。

5.3.1 时间最优

为方便推导,将推力矢量记作

$$\boldsymbol{T}=T_{\max}u\boldsymbol{\alpha} \tag{5-10}$$

式中,$\boldsymbol{\alpha}$ 表示推力的方向。

本章根据庞特里亚金极小值原理[18]推导最优控制律。首先构建哈密顿函数,其表达式为

$$\begin{aligned}&H(\boldsymbol{x},\boldsymbol{\lambda},u,\boldsymbol{\alpha})\\&=\boldsymbol{\lambda}_r\cdot\boldsymbol{v}+\boldsymbol{\lambda}_v\cdot\left[-2\boldsymbol{\omega}\times\boldsymbol{v}-\boldsymbol{\omega}\times(\boldsymbol{\omega}\times\boldsymbol{r})+\frac{\partial U(\boldsymbol{r})}{\partial\boldsymbol{r}}+\frac{T_{\max}u}{m}\boldsymbol{\alpha}\right]-\lambda_m\frac{T_{\max}u}{I_{\mathrm{sp}}g_0}\end{aligned} \tag{5-11}$$

式中,$\boldsymbol{x}=[\boldsymbol{r}^{\mathrm{T}},\boldsymbol{v}^{\mathrm{T}},m]^{\mathrm{T}}$ 为探测器状态变量,$\boldsymbol{\lambda}=[\boldsymbol{\lambda}_r,\boldsymbol{\lambda}_v,\lambda_m]^{\mathrm{T}}$ 为对应的协态变量。

协态变量微分方程即欧拉-拉格朗日(Euler-Lagrange)方程[2,18],推导过程如下:

$$\begin{aligned}\dot{\boldsymbol{\lambda}}_r&=-\frac{\partial H}{\partial\boldsymbol{r}}=\frac{\partial\{\boldsymbol{\lambda}_v\cdot[\boldsymbol{\omega}\times(\boldsymbol{\omega}\times\boldsymbol{r})]\}}{\partial\boldsymbol{r}}-\boldsymbol{\lambda}_v\cdot\frac{\partial^2U(\boldsymbol{r})}{\partial\boldsymbol{r}^2}\\&=\boldsymbol{\omega}\times(\boldsymbol{\omega}\times\boldsymbol{\lambda}_v)-\boldsymbol{\lambda}_v\cdot\frac{\partial^2U(\boldsymbol{r})}{\partial\boldsymbol{r}^2}\end{aligned} \tag{5-12}$$

$$\begin{aligned}\dot{\boldsymbol{\lambda}}_v&=-\frac{\partial H}{\partial\boldsymbol{v}}=-\boldsymbol{\lambda}_r+2\frac{\partial[\boldsymbol{\lambda}_v\cdot(\boldsymbol{\omega}\times\boldsymbol{v})]}{\partial\boldsymbol{v}}\\&=-\boldsymbol{\lambda}_r+2\boldsymbol{\lambda}_v\times\boldsymbol{\omega}\end{aligned} \tag{5-13}$$

$$\dot{\lambda}_m=-\frac{\partial H}{\partial m}=\frac{T_{\max}u}{m^2}\boldsymbol{\lambda}_v\cdot\boldsymbol{\alpha} \tag{5-14}$$

根据极小值原理,最优控制使得哈密顿函数(5-11)取最小值。可以分为以下两种情况讨论最优控制律。

情形 1:$\|\boldsymbol{\lambda}_v\|\neq0$ 的时刻。

若 $\|\boldsymbol{\lambda}_v\|\neq0$,则最优推力的方向为

$$\boldsymbol{\alpha}^*=-\frac{\boldsymbol{\lambda}_v}{\|\boldsymbol{\lambda}_v\|} \tag{5-15}$$

将式(5-15)代入式(5-11)中,可得包含推力大小 u 的哈密顿函数部分为

$$\widetilde{H}(u)=-T_{\max}\left(\frac{\|\boldsymbol{\lambda}_v\|}{m}+\frac{\lambda_m}{I_{\mathrm{sp}}g_0}\right)u \tag{5-16}$$

为最小化 $\widetilde{H}(u)$,最优推力大小为

$$u^*=\begin{cases}1, & \rho<0\\ [0,1], & \rho=0\\ 0, & \rho>0\end{cases} \tag{5-17}$$

式中 ρ 为开关函数,其表达式为

$$\rho = -T_{\max}\left(\frac{\|\boldsymbol{\lambda}_v\|}{m} + \frac{\lambda_m}{I_{\mathrm{sp}}g_0}\right) \tag{5-18}$$

情形 2:$\|\boldsymbol{\lambda}_v\| = 0$ 的时刻。

若 $\|\boldsymbol{\lambda}_v\| = 0$,则哈密顿函数化简为

$$H(\boldsymbol{x}, \boldsymbol{\lambda}, u, \boldsymbol{\alpha}) = \boldsymbol{\lambda}_r \cdot \boldsymbol{v} - \lambda_m \frac{T_{\max}u}{I_{\mathrm{sp}}g_0} \tag{5-19}$$

这种情况下最优推力方向 $\boldsymbol{\alpha}^*$ 不能确定,而最优推力大小 u^* 对应的开关函数为

$$\rho = -\frac{\lambda_m T_{\max}}{I_{\mathrm{sp}}g_0} \tag{5-20}$$

以上只利用了哈密顿函数须取最小值的条件,推导了最优控制律应满足的必要条件。事实上,对于时间最优着陆问题,可以利用最优一阶必要条件进一步得到以下命题中关于最优控制律的规律。将本书研究的时间最优问题着陆轨迹优化问题记为 Prob1。

命题 5.1 对于时间最优着陆轨迹优化问题(Prob1),除可忽略孤立点,最优推力方向 $\boldsymbol{\alpha}^*$ 满足式(5-15),最优推力大小 u^* 保持为 1。

证明 首先推导最优控制一阶必要条件。

终端时刻的横截条件满足[4,18]:

$$-\boldsymbol{\lambda}^{\mathrm{T}}(t_{\mathrm{f}}) + \frac{\partial\varphi}{\partial x} + \boldsymbol{\mu}^{\mathrm{T}}\frac{\partial\boldsymbol{\chi}}{\partial\boldsymbol{x}} = 0 \tag{5-21}$$

式中,φ 为性能指标,$\boldsymbol{\chi}$ 为终端时刻约束向量,$\boldsymbol{\mu}$ 是与约束相关的常数乘子。对于时间最优问题,末端质量没有约束。因此,可以得到如下横截条件:

$$\lambda_m(t_{\mathrm{f}}) = 0 \tag{5-22}$$

由于终端时间自由,哈密顿函数满足静态条件。静态条件可通过下式推导得到[4,18]:

$$H(t_{\mathrm{f}}) + \frac{\partial\varphi}{\partial t_{\mathrm{f}}} + \boldsymbol{\mu}^{\mathrm{T}}\frac{\partial\boldsymbol{\chi}}{\partial t_{\mathrm{f}}} = 0 \tag{5-23}$$

由于 $\varphi = t_{\mathrm{f}}$ 并且终端约束不显含 t_{f},可以得到

$$H(t_{\mathrm{f}}) = -1 \tag{5-24}$$

下面根据 $\|\boldsymbol{\lambda}_v\|$ 的取值分三种情况进一步讨论最优控制律。

(1) $\|\boldsymbol{\lambda}_v\|$ 始终不为 0。

根据情形 1 分析结果,最优推力方向 $\boldsymbol{\alpha}^*$ 始终满足式(5-15)。此外,最优推力大小 u^* 的开关函数 ρ 始终满足式(5-18)。在 ρ 的表达式中,$T_{\max}$、m、$\|\boldsymbol{\lambda}_v\|$、$I_{\mathrm{sp}}$ 和 g_0 始终为正数。因此,如果 λ_m 不为负数,则 $\rho < 0$ 必定成立。根据式(5-17),进而可以得到如果 $\lambda_m \geqslant 0$,则 $u^* \equiv 1$ 在整个下降过程中始终成立。

将式(5-15)代入式(5-14),可得

$$\dot{\lambda}_m = -\frac{T_{\max} u}{m^2} \| \boldsymbol{\lambda}_v \| \tag{5-25}$$

由 $\| \boldsymbol{\lambda}_v \| \neq 0$ 可得 $\dot{\lambda}_m \leqslant 0$。根据横截条件(5-22),可以得到如下关于 λ_m 与时间的关系:

$$\begin{cases} \lambda_m \geqslant 0, & t < t_{\mathrm{f}} \\ \lambda_m = 0, & t = t_{\mathrm{f}} \end{cases} \tag{5-26}$$

因此,$\lambda_m \geqslant 0$ 对 $t \in [t_0, t_{\mathrm{f}}]$ 均成立。从而可知,最优推力大小 u^* 保持为 1。

(2) $\| \boldsymbol{\lambda}_v \|$ 仅在有限孤立点上为 0。

根据情形 1 和情形 2 的分析可知,最优推力方向 $\boldsymbol{\alpha}^*$ 仅在有限孤立点上方向不能确定,而在其余任何时刻均满足式(5-15)。

下面分析最优推力大小。

除有限孤立点外 $\| \boldsymbol{\lambda}_v \| \neq 0$,因此方程(5-16)~方程(5-18)始终成立。因为 $\| \boldsymbol{\lambda}_v \| = 0$ 和 $\dot{\lambda}_m = 0$ 仅存在于孤立点,所以式(5-26)中 λ_m 与时间的关系仍然成立。因此,当 $t < t_{\mathrm{f}}$ 时,$\rho < 0$;当 $t = t_{\mathrm{f}}$ 时,$\rho = 0$ 仅在 $\| \boldsymbol{\lambda}_v(t_{\mathrm{f}}) \| = 0$ 时发生;其余情况 $\rho < 0$。根据式(5-17),可得当 $t < t_{\mathrm{f}}$ 时,$u^* \equiv 1$;当 $t = t_{\mathrm{f}}$ 时,除 $\| \boldsymbol{\lambda}_v(t_{\mathrm{f}}) \| = 0$ 的情形,$u^* = 1$。

由于孤立点上控制对状态量的积分没有影响,因此可以忽略这些孤立点。除这些孤立点外,最优推力方向 $\boldsymbol{\alpha}^*$ 满足式(5-15),最优推力大小 u^* 保持为 1。

(3) $\| \boldsymbol{\lambda}_v \|$ 至少在某一区间上保持为 0。

假设 $\| \boldsymbol{\lambda}_v \|$ 在 $t \in (t_a, t_b)$ 时保持为 0,则在该区间内 $\dot{\boldsymbol{\lambda}}_v = \mathbf{0}$。根据式(5-12)和式(5-14),$\dot{\lambda}_m = 0$ 和 $\dot{\boldsymbol{\lambda}}_r = \mathbf{0}$ 在该区间内也成立。因为 $\boldsymbol{\lambda}_v = \mathbf{0}$ 且 $\dot{\boldsymbol{\lambda}}_v = \mathbf{0}$,由式(5-13)可以得到 $\boldsymbol{\lambda}_r$ 也为 $\mathbf{0}$。所以,在该区间内位置和速度的协态变量及其导数均为 $\mathbf{0}$。从该区间内某一刻初值 $\boldsymbol{\lambda}_r = \boldsymbol{\lambda}_v = \mathbf{0}$ 开始,对协态变量微分方程(5-12)和方程(5-13)正向和逆向积分可得整个飞行过程中位置和速度协态变量始终保持为 $\mathbf{0}$。由式(5-14)和式(5-22)可知 λ_m 也保持为 0。代入哈密顿函数(5-11)可知 $H(t_{\mathrm{f}}) = 0$,与方程(5-24)中静态条件矛盾。因此,$\| \boldsymbol{\lambda}_v \|$ 不可能在某一区间上保持为 0。

综合(1)、(2)、(3)三种情况结果,命题 5.1 得证。 □

对于时间最优着陆问题中推力始终满开的结论对下文中设计快速凸优化求解方法非常关键。利用该结论,飞行过程中探测器的质量可以由下式解析求解:

$$m(t_k) = m_0 - \frac{T_{\max}}{I_{\mathrm{sp}} g_0} t_k \tag{5-27}$$

式中,t_k 为 $[0, t_{\mathrm{f}}]$ 内给定的一个时间点。

5.3.2 燃料最优

根据燃料最优问题的优化指标,哈密顿函数的表达式为

$$H(\boldsymbol{x},\boldsymbol{\lambda},u,\boldsymbol{\alpha})=\boldsymbol{\lambda}_r\cdot\boldsymbol{v}+\boldsymbol{\lambda}_v\cdot\left[-2\boldsymbol{\omega}\times\boldsymbol{v}-\boldsymbol{\omega}\times(\boldsymbol{\omega}\times\boldsymbol{r})+\frac{\partial U(\boldsymbol{r})}{\partial\boldsymbol{r}}+\frac{T_{\max}u}{m}\boldsymbol{\alpha}\right]-\lambda_m\frac{T_{\max}u}{I_{\mathrm{sp}}g_0}+\frac{T_{\max}u}{I_{\mathrm{sp}}g_0}\tag{5-28}$$

协态变量微分方程的推导过程同时间最优问题的情形，结果与式(5-12)～式(5-14)一致，即

$$\dot{\boldsymbol{\lambda}}_r=\boldsymbol{\omega}\times(\boldsymbol{\omega}\times\boldsymbol{\lambda}_v)-\boldsymbol{\lambda}_v\cdot\frac{\partial^2U(\boldsymbol{r})}{\partial\boldsymbol{r}^2}\tag{5-29}$$

$$\dot{\boldsymbol{\lambda}}_v=-\boldsymbol{\lambda}_r+2\boldsymbol{\lambda}_v\times\boldsymbol{\omega}\tag{5-30}$$

$$\dot{\lambda}_m=\frac{T_{\max}u}{m^2}\boldsymbol{\lambda}_v\cdot\boldsymbol{\alpha}\tag{5-31}$$

对于终端时间固定的问题，终端时刻仅有式(5-22)中质量协态量的横截条件，即

$$\lambda_m(t_{\mathrm{f}})=0\tag{5-32}$$

对于终端时间自由问题，终端时刻除了横截条件(5-22)外还存在静态条件。由于本问题中，式(5-23)中 $\varphi=0$，因此

$$H(t_{\mathrm{f}})=0\tag{5-33}$$

下面推导燃料最优控制律。根据极小值原理，最优控制使式(5-28)中哈密顿函数最小化。若 $\|\boldsymbol{\lambda}_v\|$ 不保持为0，则最优推力方向 $\boldsymbol{\alpha}^*$ 应满足式(5-15)，即

$$\boldsymbol{\alpha}^*=-\frac{\boldsymbol{\lambda}_v}{\|\boldsymbol{\lambda}_v\|}\tag{5-34}$$

若 $\|\boldsymbol{\lambda}_v\|$ 保持为0，则根据命题5.1中(3)分析可知 $\boldsymbol{\lambda}_r=\boldsymbol{\lambda}_v=\boldsymbol{0}$，$\lambda_m\equiv0$。所以，对于 $\|\boldsymbol{\lambda}_v\|$ 保持为0的情况，式(5-28)的哈密顿函数变为

$$H(\boldsymbol{x},\boldsymbol{\lambda},u,\boldsymbol{\alpha})=\frac{T_{\max}u}{I_{\mathrm{sp}}g_0}\tag{5-35}$$

开关函数的形式为

$$\rho=\frac{T_{\max}}{I_{\mathrm{sp}}g_0}\tag{5-36}$$

根据极小值原理，u^* 始终为0，矛盾。因此，最优推力方向 $\boldsymbol{\alpha}^*$ 满足式(5-34)。

将式(5-34)代入式(5-28)，可得包含推力大小 u 的哈密顿函数部分为

$$\tilde{H}(u)=\frac{T_{\max}}{I_{\mathrm{sp}}g_0}\left(1-\frac{I_{\mathrm{sp}}g_0\|\boldsymbol{\lambda}_v\|}{m}-\lambda_m\right)u\tag{5-37}$$

为最小化 $\tilde{H}(u)$，最优推力大小为

$$u^*=\begin{cases}1, & \rho<0\\ [0,1], & \rho=0\\ 0, & \rho>0\end{cases}\tag{5-38}$$

式中 ρ 为开关函数,其表达式为

$$\rho=1-\frac{I_{sp}g_0\|\boldsymbol{\lambda}_v\|}{m}-\lambda_m \tag{5-39}$$

开关函数通常仅在有限孤立点即推力大小切换处为零[2]。所以最优推力大小为 1 或 0,即控制类型为 bang-bang 控制。

5.4 燃料最优问题求解的同伦方法

本节研究利用间接法求解小行星着陆燃料最优轨迹的问题。根据 5.2 节和 5.3 节的推导,可以将燃料最优问题转化为两点边值问题。该两点边值问题对应的 14 维常微分方程为式(5-2)~式(5-4)和式(5-29)~式(5-31),14 维变量为 $[\boldsymbol{r};\boldsymbol{v};m;\boldsymbol{\lambda}_r;\boldsymbol{\lambda}_v;\lambda_m]$。该问题的边界条件为式(5-6)、式(5-7)和式(5-32),共 14 维。为求解该问题,可以构建如下打靶方程:

$$\boldsymbol{\Phi}(\boldsymbol{\lambda}(t_0))=[\boldsymbol{r}(t_f)-\boldsymbol{r}_f;\boldsymbol{v}(t_f)-\boldsymbol{v}_f;\lambda_m(t_f)]=\boldsymbol{0} \tag{5-40}$$

式中,$\boldsymbol{\Phi}(\cdot)$为打靶函数。但是根据 5.3.2 节分析可知,燃料最优控制为 bang-bang 控制。因此,常微分方程组右端项是非光滑、不连续的。从而,利用 Newton 或 Powell 等方法求解打靶方程(5-40)将十分困难[2,5]。

为解决不连续 bang-bang 控制引起的困难,本节将推广深空探测转移段燃料最优轨迹优化的同伦法[2]至不规则引力场中燃料最优着陆问题。

5.4.1 同伦法描述

首先,引入同伦参数 ε 和正数乘子 λ_0 将式(5-8)中的性能指标修改为

$$J=\lambda_0\frac{T_{max}}{I_{sp}g_0}\int_{t_0}^{t_f}[u-\varepsilon u(1-u)]\,dt \tag{5-41}$$

其中,同伦参数 ε 将燃料最优问题($\varepsilon=0$)和能量最优问题($\varepsilon=1$)建立了联系。根据式(5-41)的性能指标,哈密顿函数应更新为

$$H=\boldsymbol{\lambda}_r\cdot\boldsymbol{v}+\boldsymbol{\lambda}_v\cdot\left[-2\boldsymbol{\omega}\times\boldsymbol{v}-\boldsymbol{\omega}\times(\boldsymbol{\omega}\times\boldsymbol{r})+\frac{\partial U(\boldsymbol{r})}{\partial\boldsymbol{r}}+\frac{T_{max}u}{m}\boldsymbol{\alpha}\right]+$$

$$\lambda_m\left(-\frac{T_{max}u}{I_{sp}g_0}\right)+\lambda_0\frac{T_{max}}{I_{sp}g_0}[u-\varepsilon u(1-u)] \tag{5-42}$$

为最小化更新的哈密顿函数,最优推力方向$\boldsymbol{\alpha}^*$保持为式(5-15)中的形式,而式(5-38)中的最优推力大小变为

$$u^*=\begin{cases}1, & \rho<-\varepsilon\\ \dfrac{\varepsilon-\rho}{2\varepsilon}, & |\rho|\leqslant\varepsilon\\ 0, & \rho>\varepsilon\end{cases} \tag{5-43}$$

式中开关函数 ρ 为

$$\rho = 1 - \frac{I_{sp} g_0 \| \boldsymbol{\lambda}_v \|}{\lambda_0 m} - \frac{\lambda_m}{\lambda_0} \tag{5-44}$$

虽然式(5-43)中控制是连续的,但是当同伦参数 ε 趋向于 0 时,控制也趋向于不连续。为了保证 ε 接近于 0 的收敛性和得到精确的 bang-bang 控制结果,本书采用文献[2]中开关函数检测技术结合定步长 Runge-Kutta 积分的方法代替变步长积分。在开关函数检测技术中,需要通过当前时刻开关函数的二阶导数来预报下一时刻的开关函数,即

$$\rho_{k+1} = \rho_k + \dot{\rho}_k h + \frac{1}{2} \ddot{\rho}_k h^2 \tag{5-45}$$

如果固定步长 h 选取足够小则用式(5-45)预报开关函数非常精确。式(5-45)中需要的一阶导数和二阶导数,通过式(5-44)求导整理得到:

$$\dot{\rho} = -\frac{I_{sp} g_0}{\lambda_0 m} \frac{\boldsymbol{\lambda}_v \cdot \dot{\boldsymbol{\lambda}}_v}{\| \boldsymbol{\lambda}_v \|} \tag{5-46}$$

$$\ddot{\rho} = -\frac{I_{sp} g_0}{\lambda_0 m} \frac{1}{\| \boldsymbol{\lambda}_v \|^3} [(\dot{\boldsymbol{\lambda}}_v \cdot \dot{\boldsymbol{\lambda}}_v + \boldsymbol{\lambda}_v \cdot \ddot{\boldsymbol{\lambda}}_v) \| \boldsymbol{\lambda}_v \|^2 - (\boldsymbol{\lambda}_v \cdot \dot{\boldsymbol{\lambda}}_v)^2] - \frac{T_{max} u}{\lambda_0 m^2} \frac{\boldsymbol{\lambda}_v \cdot \dot{\boldsymbol{\lambda}}_v}{\| \boldsymbol{\lambda}_v \|} \tag{5-47}$$

式中$\boldsymbol{\lambda}_v$ 的二阶导数为

$$\ddot{\boldsymbol{\lambda}}_v = -\dot{\boldsymbol{\lambda}}_r + 2\dot{\boldsymbol{\lambda}}_v \times \boldsymbol{\omega} \tag{5-48}$$

开关函数检测技术结合定步长 Runge-Kutta 积分的具体方法与文献[1]一致,读者可参考该文献。

为了降低协态变量初值猜测值的搜索空间,本文采用协态变量初值归一化技术。选取 $\boldsymbol{\lambda} = [\boldsymbol{\lambda}_r, \boldsymbol{\lambda}_v, \lambda_m, \lambda_0]^{\mathrm{T}}$ 为新的协态向量,则哈密顿函数表达式关于协态变量是齐次的。因此,可以对协态变量归一化而不影响最优控制结果。归一化的协态变量表达式为[1]

$$\boldsymbol{\lambda}_r = \frac{\boldsymbol{\lambda}_r}{\| \boldsymbol{\lambda} \|}, \quad \boldsymbol{\lambda}_v = \frac{\boldsymbol{\lambda}_v}{\| \boldsymbol{\lambda} \|}, \quad \lambda_m = \frac{\lambda_m}{\| \boldsymbol{\lambda} \|} \tag{5-49}$$

从而协态量变量初值范围限制为[−1,1]。由归一化得到的新的打靶边值条件为

$$\sqrt{\lambda_0^2 + \boldsymbol{\lambda}_r(t_0)^2 + \boldsymbol{\lambda}_v(t_0)^2 + \lambda_m(t_0)^2} = 1 \tag{5-50}$$

新的两点边值问题构建的打靶方程为

$$\boldsymbol{\Phi}(\boldsymbol{\lambda}(t_0)) = [\boldsymbol{r}(t_f) - \boldsymbol{r}_f; \boldsymbol{v}(t_f) - \boldsymbol{v}_f; \lambda_m(t_f); \| \boldsymbol{\lambda}(t_0) \| - 1] = \boldsymbol{0} \tag{5-51}$$

同伦方法求解过程[1,5]如下:

(1) 设 $\varepsilon = 1$ 并通过打靶法得到能量最优问题的协态变量初值;

(2) 逐步降低 ε,以前一步 ε 得到的协态变量初值为猜测值并打靶求解当前 ε 对应的协态变量初值;

(3) 当 ε 趋于 0 时,获得燃料最优问题的解。求解过程中,非线性打靶方向通过 FORTRAN 程序包 Min-Pack1[19]求解。

5.4.2 飞行时长和初始位置对燃料影响分析

5.4.1 节求解的过程中飞行时长和初始下降位置是固定的。本书通过离散飞行时长和初始下降位置的方法,分别求解不同离散点飞行时长和初始下降位置的燃料最优解,然后分析这两个参数对燃料消耗的影响。

首先,分析飞行时长可变的情况。在允许的飞行时长范围$[t_f^1, t_f^N]$内逐渐增加终端时间并固定初始下降位置,对于每个离散的终端时间点均求解燃料最优解。从而可以得到不同飞行时长对燃料消耗的影响。为了加速求解,可以采用以下方法。对第一个点利用快速同伦法直接求解,可以得到能量最优解协态变量初值 $\boldsymbol{\lambda}^1(t_0)$。之后点的求解利用同伦思想,第 k 点协态变量的初值猜测采用前一点即 $k-1$ 点的协态变量初值$\boldsymbol{\lambda}^{k-1}(t_0)$,然后利用同伦法求得第 k 点的协态变量初值 $\boldsymbol{\lambda}^k(t_0)$。

其次,分析初始下降位置可变的情况。对于从绕飞轨道下降的情况,探测器下降前并不像悬停情况一样固定在某一位置,初始位置可以从绕飞停泊轨道可行弧段上选取。以赤道面下降为例,给出不同下降位置离散点选取的方法(见图 5-1)。

(1) 定义 $\boldsymbol{i}$ 和 $\boldsymbol{j}$ 两个向量描述停泊轨道:

$$\boldsymbol{i} = \frac{\boldsymbol{r}_f}{\|\boldsymbol{r}_f\|}, \quad \boldsymbol{k} = \frac{\boldsymbol{\omega}}{\|\boldsymbol{\omega}\|}, \quad \boldsymbol{j} = \boldsymbol{k} \times \boldsymbol{l} \tag{5-52}$$

其中 $\boldsymbol{r}_f$ 为着陆点的位置。

(2) 假设可行的初始下降点位于弧段 S_1 和 S_2 上。弧段 S_1 和 S_2 分别由 $\boldsymbol{i}$ 向量及 $\boldsymbol{b}_1$ 向量或 $\boldsymbol{b}_2$ 向量与停泊轨道交点确定。记两个弧段的长度为 α 和 β。将两个弧段分别均匀离散,可以得到如图所示虚线与停泊轨道交点的离散点。

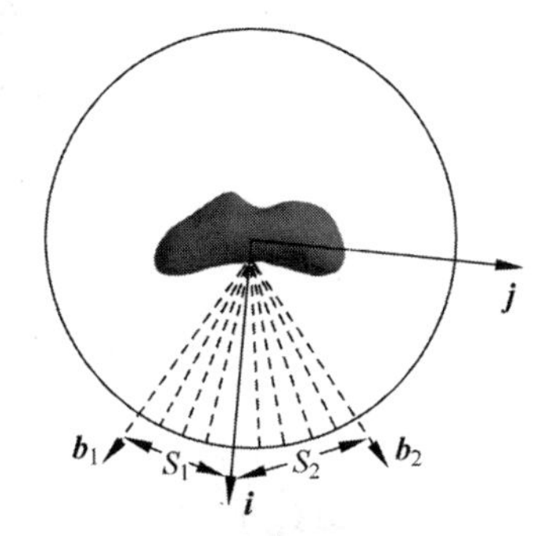

图 5-1 选取不同初始下降位置离散点

(3) 记图 5-1 中某一虚线与 $\boldsymbol{i}$ 向量的夹角为 $\mathrm{d}\theta$。其符号在弧段 S_1 上为负,在弧段 S_2 上为正。探测器的初始位置可以表示为

$$\boldsymbol{r}_0 = R_p(\cos\mathrm{d}\theta\boldsymbol{i} + \sin\mathrm{d}\theta\boldsymbol{j}) \tag{5-53}$$

其中,R_p 为停泊圆轨道半径。

固定飞行时长,并求解不同离散初始下降位置的燃料最优解,可以得到初始位置对燃料消耗的影响。同样,为加速求解速度,对不同的初始位置求解时利用同伦思想。即某一离散点求解时的协态变量初值猜测值采用其相邻点的能量最优解协

态变量初值。

应用同伦的思想求解不同飞行时长和不同下降位置问题，仅需在第一个离散点求解时用随机方法进行初值猜测，因此可以有效地加快求解效率。

5.4.3 仿真算例

本小节将验证燃料最优着陆轨迹优化的同伦方法。目标小行星选取为NEAR Shoemaker探测器曾着陆的小行星433 Eros。计算Eros多面体引力场时采用含856个顶点，1708个面的多面体模型[20]。Eros密度为2.67 g/cm^3，自转周期为5 h 16 min。

着陆位置选取为$\boldsymbol{r}_f=[0.0,-3.5,0.0]^T$ km。假设停泊圆轨道位于O-xy平面内，半径为35 km。初始下降位置选取为$\boldsymbol{r}_0=[17.5,-30.3,0.0]^T$ km。探测器初始质量为2000 kg，推力幅值为60 N，比冲为400 s。下降飞行时长选取为3000 s。

同伦过程如图5-2所示。当$\varepsilon=1$时，对应的是能量最优情况。由图可知，推力大小变化连续。当ε逐渐降低时，最优发动机推力比由连续变为bang-bang情况。当$\varepsilon=0$时，对应的是燃料最优情况。

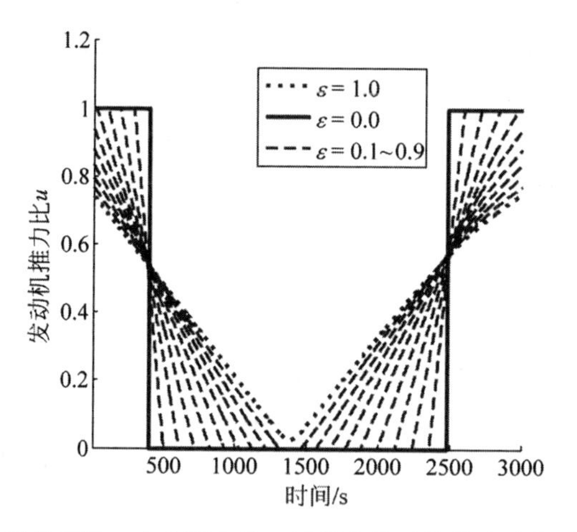

图5-2 同伦参数ε由1减小为0过程中发动机推力比与时间关系

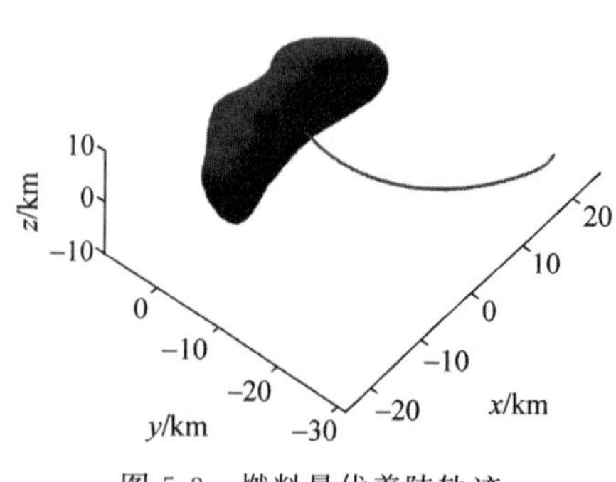

图5-3 燃料最优着陆轨迹

由燃料最优控制得到的燃料最优着陆轨迹如图5-3所示。最优推力在O-xyz三个方向的分力如图5-4所示。着陆过程中燃料消耗为13.98 kg，仅占初始质量的0.7%。

下面给出飞行时长可变的算例。将初始位置固定为$\boldsymbol{r}_0=[17.5,-30.3,0.0]^T$，将飞行时长范围选取为3000～

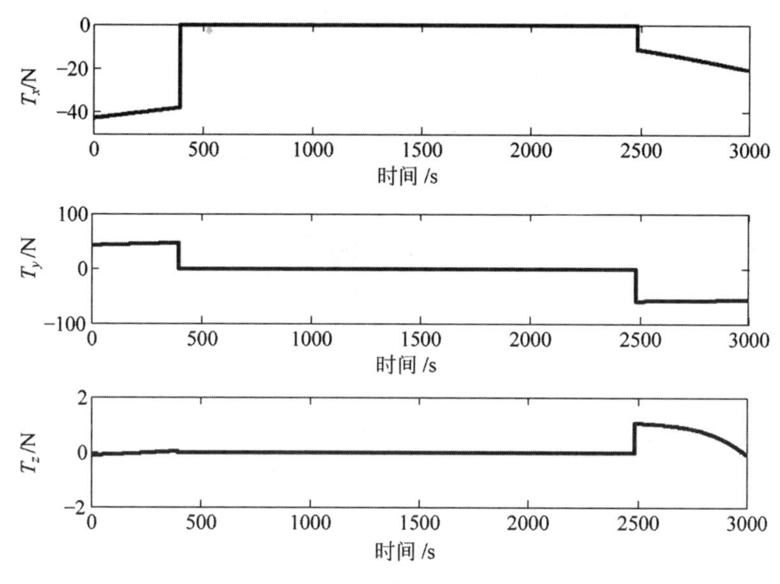

图 5-4 燃料最优着陆推力分量

5000 s,每隔 100 s 选取一个离散点,不同飞行时长的燃料最优着陆轨迹结果如图 5-5 所示,相应的燃料消耗情况如图 5-6 所示。由图 5-6 可知,燃料消耗随飞行时长增加而降低。

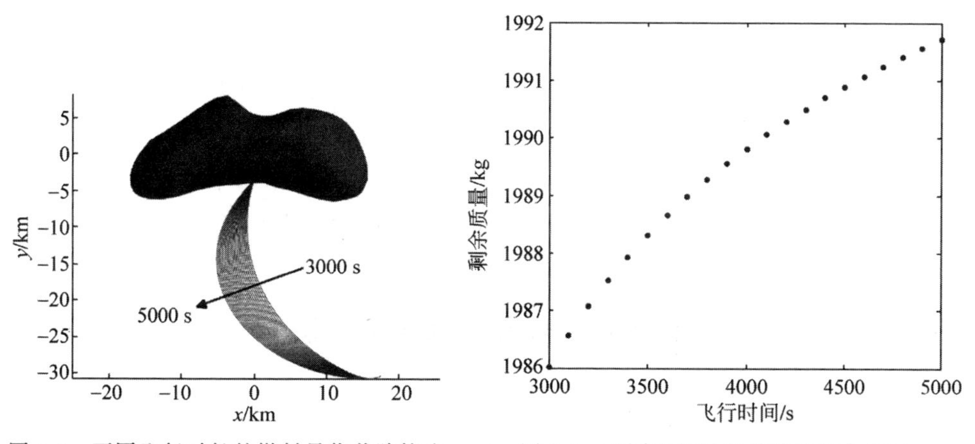

图 5-5 不同飞行时长的燃料最优着陆轨迹

图 5-6 不同飞行时长着陆的剩余质量

最后是初始位置可变的算例。根据 5.4.2 节方法选取离散点,选取弧段 S_1 和 S_2 的弧长分别为 30°和 50°,将下降时间固定为 3000 s,离散步长选取为 5°,不同初始位置对应的燃料最优着陆轨迹如图 5-7 所示。

不同初始位置着陆对应的剩余质量如图 5-8 所示。由图可知,燃料消耗随着 $d\theta$ 的增加而增加。因此,最优的初始下降位置为 $d\theta$ 等于 $-30°$的位置。但是最小的燃料消耗仅比最大的燃料消耗少0.5 kg。因此,初始下降位置对燃料的消耗影响不明显。

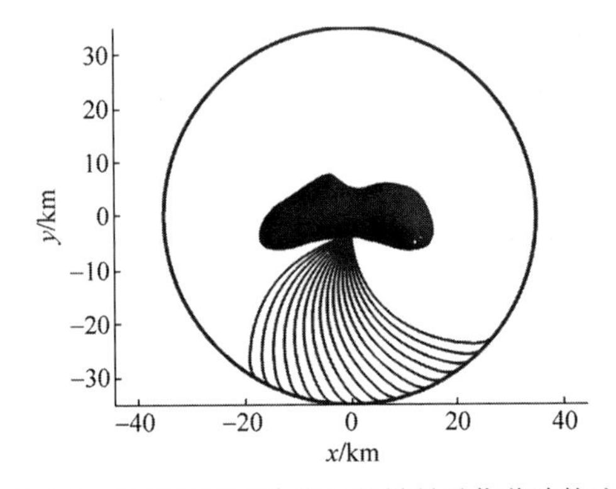

图5-7 不同初始下降位置的燃料最优着陆轨迹

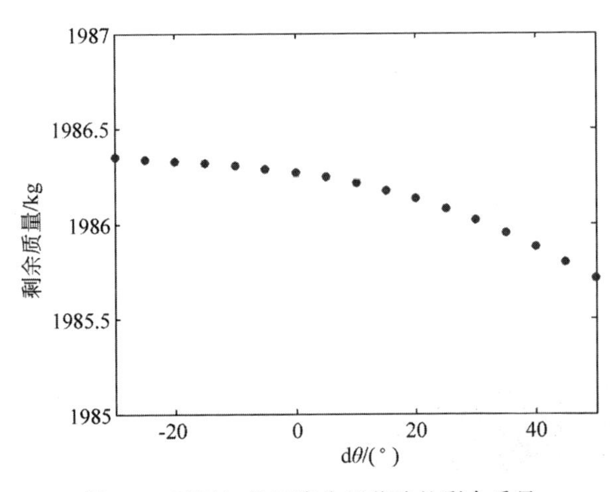

图5-8 不同初始下降位置着陆的剩余质量

5.5 燃料最优问题求解的无初值猜测同伦方法

上一节介绍的燃料最优问题求解方法中,通过同伦指标将不易求解燃料最优问题和较易求解能量最优问题建立了联系。但是,该方法求解能量最优问题打靶方程时仍然需要面临初值猜测的问题。而随机猜测并不能保障求解的收敛性,为了解决该问题,本节将提出一种无初值猜测同伦方法。在该方法中,首先提出一个零广义重力能量最优问题,然后将能量最优问题与该问题通过一个额外的同伦函数建立联系。在本节的推导过程中,可以发现一个与Battin书[21]中终端状态矢量控制解相似的解析解是零广义重力能量最优问题的近似解。从而,该最优控制问题可以基于该解析解实现高效求解。而获得零广义重力能量最优问题解在同伦求解中也可以进一步为能量最优问题提供近似值。因此，上节中能量最优控制问题协态变量初值猜测的问题可以被避免，并且求解高效。

5.5.1 燃料最优与能量最优控制问题

本小节首先定义基于广义重力的方程，然后推导用于无初值猜测同伦方法的燃料最优和能量最优控制问题。

定义广义重力为科里奥利力、离心力和重力的合力，即

$$\boldsymbol{G}(\boldsymbol{r},\boldsymbol{v},\boldsymbol{\omega})=-2\boldsymbol{\omega}\times\boldsymbol{v}-\boldsymbol{\omega}\times(\boldsymbol{\omega}\times\boldsymbol{r})+\frac{\partial U(\boldsymbol{r})}{\partial\boldsymbol{r}} \tag{5-54}$$

则动力学方程组可以写为

$$\begin{cases}\dot{\boldsymbol{r}}=\boldsymbol{v}\\ \dot{\boldsymbol{v}}=\boldsymbol{G}(\boldsymbol{r},\boldsymbol{v},\boldsymbol{\omega})+\dfrac{T_{\max}u\boldsymbol{\alpha}}{m}\\ \dot{m}=-\dfrac{\|\boldsymbol{T}\|}{\boldsymbol{I}_{\mathrm{sp}}g_0}\end{cases} \tag{5-55}$$

对于燃料最优控制问题，本节选取性能指标为

$$J_0=\lambda_0\int_0^{t_f}u\,\mathrm{d}t \tag{5-56}$$

由于 $T_{\max}$、I_{sp} 和 g_0 均为正常数，而 λ_0 也将选定为某一个正常数，因此式(5-56)中性能指标与式(5-8)中性能指标是等价的。状态量边界条件同式(5-6)和式(5-7)，即

$$\begin{cases}\boldsymbol{r}(t_0)=\boldsymbol{r}_0,\quad \boldsymbol{v}(t_0)=\boldsymbol{v}_0,\quad m(t_0)=m_0\\ \boldsymbol{r}(t_f)=\boldsymbol{r}_f,\quad \boldsymbol{v}(t_f)=[0,0,0]^{\mathrm{T}}\end{cases} \tag{5-57}$$

若使用式(5-56)中性能指标，则哈密顿函数(5-28)修改为

$$H_0=\boldsymbol{\lambda}_r\cdot\boldsymbol{v}+\boldsymbol{\lambda}_v\cdot\left[\boldsymbol{G}(\boldsymbol{r},\boldsymbol{v},\boldsymbol{\omega})+\frac{T_{\max}u\boldsymbol{\alpha}}{m}\right]-\lambda_m\frac{T_{\max}u}{I_{\mathrm{sp}}g_0}+\lambda_0u \tag{5-58}$$

同5.3.2节推导，最优控制方向和大小的表达式仍为

$$\boldsymbol{\alpha}^*=-\frac{\boldsymbol{\lambda}_v}{\|\boldsymbol{\lambda}_v\|} \tag{5-59}$$

$$u^*=\begin{cases}0, & \rho_0>0\\ 1, & \rho_0<0\\ [0,1], & \rho_0=0\end{cases} \tag{5-60}$$

式中开关函数的表达式为

$$\rho_0=\lambda_0-\frac{T_{\max}}{I_{\mathrm{sp}}g_0}\lambda_m-\frac{T_{\max}}{m}\|\boldsymbol{\lambda}_v\| \tag{5-61}$$

同时，相应的协态变量方程同式(5-12)～式(5-14)，即

$$\begin{cases}\dot{\boldsymbol{\lambda}}_r=\boldsymbol{\omega}\times(\boldsymbol{\omega}\times\boldsymbol{\lambda}_v)-\dfrac{\partial}{\partial \boldsymbol{r}}\left(\boldsymbol{\lambda}_v\cdot\dfrac{\partial U}{\partial \boldsymbol{r}}\right)\\ \dot{\boldsymbol{\lambda}}_v=-\boldsymbol{\lambda}_r+2\boldsymbol{\lambda}_v\times\boldsymbol{\omega}\\ \dot{\lambda}_m=-\dfrac{T_{\max}u}{m^2}\|\boldsymbol{\lambda}_v\|\end{cases}\tag{5-62}$$

此外，终端时刻的横截条件仍为

$$\lambda_m(t_f)=0\tag{5-63}$$

综上，燃料最优控制问题性能指标为式(5-56)，相应微分方程为式(5-55)和式(5-62)，边界条件为式(5-57)和式(5-63)。本节将该最优控制问题记为Prob0。

下面通过同伦函数建立燃料最优与能量控制问题的联系。将性能指标(5-56)修改为

$$J_1=\lambda_0\int_0^{t_f}[(1-\varepsilon_1)u+\varepsilon_1u^2]\,dt\tag{5-64}$$

式中，ε_1 为第一同伦参数。该参数使燃料最优准则($\varepsilon_1=0$)和能量最优准则($\varepsilon_1=1$)建立了联系[1,6]。下面定义一个新的最优控制问题，其中性能指标为式(5-64)，微分方程为式(5-55)和式(5-62)，边界条件为式(5-57)和式(5-63)。记该最优控制问题为Prob1。根据定义，当 $\varepsilon_1=0$ 时，Prob1 变为燃料最优控制问题，而当 $\varepsilon_1=1$ 时，Prob1 变为能量最优控制问题。

Prob1 对应的哈密顿函数为

$$H_1=\boldsymbol{\lambda}_r\cdot\boldsymbol{v}+\boldsymbol{\lambda}_v\cdot\left[\boldsymbol{G}(\boldsymbol{r},\boldsymbol{v},\boldsymbol{\omega})+\frac{T_{\max}u\boldsymbol{\alpha}}{m}\right]-\lambda_m\frac{T_{\max}u}{I_{sp}g_0}+\lambda_0[(1-\varepsilon_1)u+\varepsilon_1u^2]\tag{5-65}$$

同5.4.1节，可以推得最优推力方向仍为式(5-59)，而最优推力大小变为

$$u^*=\begin{cases}0, & \rho_1>\varepsilon_1\\ \dfrac{1}{2}-\dfrac{\rho_1}{2\varepsilon_1}, & -\varepsilon_1\leqslant\rho_1\leqslant\varepsilon_1\\ 1, & \rho_1<-\varepsilon_1\end{cases}\tag{5-66}$$

式中，ρ_1 是 Prob1 的开关函数，其表达式为

$$\rho_1=1-\frac{T_{\max}}{\lambda_0I_{sp}g_0}\lambda_m-\frac{T_{\max}}{\lambda_0m}\|\boldsymbol{\lambda}_v\|\tag{5-67}$$

下一小节进一步将能量最优控制问题与零广义重力能量最优控制问题建立联系，并推导后者的近似解析解。

5.5.2 零广义重力能量最优控制问题

零广义重力能量最优控制问题的性能指标与能量最优控制问题相同，但是动力学方程的广义重力 $\boldsymbol{G}$ 为零。为了建立零广义重力能量最优控制问题与能量最

优控制问题的联系，定义如下的同伦函数：

$$\boldsymbol{f}(\varepsilon_2)=\varepsilon_2\left[\boldsymbol{G}(\boldsymbol{r},\boldsymbol{v},\boldsymbol{\omega})+\frac{T_{\max}u\,\boldsymbol{\alpha}}{m}\right]+(1-\varepsilon_2)\frac{T_{\max}u\,\boldsymbol{\alpha}}{m} \tag{5-68}$$

式中，ε_2 是第二同伦参数。令

$$\dot{\boldsymbol{v}}=\boldsymbol{f}(\varepsilon_2) \tag{5-69}$$

则可以得到如下动力学方程：

$$\dot{\boldsymbol{v}}=\varepsilon_2\boldsymbol{G}(\boldsymbol{r},\boldsymbol{v},\boldsymbol{\omega})+\frac{T_{\max}u\,\boldsymbol{\alpha}}{m} \tag{5-70}$$

当 $\varepsilon_2=1$ 时，方程(5-70)与能量最优控制问题的动力学方程相同。当 $\varepsilon_2=0$ 时，方程(5-70)变为

$$\dot{\boldsymbol{v}}=\frac{T_{\max}u\,\boldsymbol{\alpha}}{m} \tag{5-71}$$

可以看到，广义重力 $\boldsymbol{G}$ 在动力学方程(5-71)中不再存在。

下面定义用于联系最优控制问题和零广义重力能量最优控制问题的最优控制问题(记为 Prob2)。性能指标选为

$$J_2=\lambda_0\int_0^{t_f}u^2\mathrm{d}t \tag{5-72}$$

相应的微分方程为

$$\begin{cases}\dot{\boldsymbol{r}}=\boldsymbol{v}\\ \dot{\boldsymbol{v}}=\varepsilon_2\boldsymbol{G}(\boldsymbol{r},\boldsymbol{v},\boldsymbol{\omega})+\dfrac{T_{\max}u\,\boldsymbol{\alpha}}{m}\\ \dot{m}=-\dfrac{\|\boldsymbol{T}\|}{I_{sp}g_0}\end{cases} \tag{5-73}$$

边界条件为式(5-57)和式(5-63)。根据定义，当 $\varepsilon_2=1$ 时，Prob2 变为能量最优控制问题，而当 $\varepsilon_2=0$ 时，则变为零广义重力能量最优控制问题。因此，Prob2 对能量最优控制问题和零广义重力能量最优控制问题建立了联系。

对于 Prob2，哈密顿函数为

$$H_2=\boldsymbol{\lambda}_r\cdot\boldsymbol{v}+\boldsymbol{\lambda}_v\cdot\left[\varepsilon_2\boldsymbol{G}(\boldsymbol{r},\boldsymbol{v},\boldsymbol{\omega})+\frac{T_{\max}u\,\boldsymbol{\alpha}}{m}\right]-\lambda_m\frac{T_{\max}u}{I_{sp}g_0}+\lambda_0u^2 \tag{5-74}$$

最优推力方向表达式仍然为式(5-59)，而最优推力大小化简为

$$u^*=\begin{cases}\rho_2, & \rho_2<1\\ 1, & \rho_2\geqslant 1\end{cases} \tag{5-75}$$

式中 ρ_2 为 Prob2 的开关函数，其表达式为

$$\rho_2=\frac{1}{2\lambda_0}\left(\frac{T_{\max}\lambda_m}{I_{sp}g_0}+\frac{T_{\max}\|\boldsymbol{\lambda}_v\|}{m}\right) \tag{5-76}$$

此外，$\boldsymbol{\lambda}_r$ 和 $\boldsymbol{\lambda}_v$ 的微分方程则分别变为

$$\dot{\boldsymbol{\lambda}}_r=-\frac{\partial H_2}{\partial \boldsymbol{r}}=\varepsilon_2\left[\boldsymbol{\omega}\times(\boldsymbol{\omega}\times\boldsymbol{\lambda}_v)-\frac{\partial}{\partial \boldsymbol{r}}\left(\boldsymbol{\lambda}_v\cdot\frac{\partial U}{\partial \boldsymbol{r}}\right)\right] \tag{5-77}$$

$$\dot{\boldsymbol{\lambda}}_v=-\frac{\partial H_2}{\partial \boldsymbol{v}}=-\boldsymbol{\lambda}_r+2\varepsilon_2\boldsymbol{\lambda}_v\times\boldsymbol{\omega} \tag{5-78}$$

而 λ_m 的微分方程仍与式(5-62)相同。

5.5.3 无控制约束零广义重力能量最优控制问题解

在前面的小节中，已经通过性能指标和动力学方程同伦函数（式(5-64)和式(5-72)）将燃料最优控制问题和零广义重力能量最优控制问题建立了联系。在本小节中，将推导无控制约束零广义重力能量最优控制问题的解析解。该解将作为零广义重力能量最优控制问题的近似初值。

首先，考虑如下最优控制问题（记为 Prob3）。其性能指标为

$$J_3=\frac{1}{2}\int_0^{t_f}\boldsymbol{a}^{\mathrm{T}}\boldsymbol{a}\,\mathrm{d}t \tag{5-79}$$

式中，$\boldsymbol{a}$ 为控制加速度。其动力学方程为

$$\dot{\boldsymbol{r}}=\boldsymbol{v} \tag{5-80}$$

$$\dot{\boldsymbol{v}}=\boldsymbol{a} \tag{5-81}$$

该问题不存在关于控制加速度的上界约束条件。边界条件仍为式(5-57)和式(5-63)。对该最优控制问题，哈密顿函数为

$$H_3=\boldsymbol{\lambda}_r\cdot\boldsymbol{v}+\boldsymbol{\lambda}_v\cdot\boldsymbol{a}+\frac{1}{2}\boldsymbol{a}^{\mathrm{T}}\boldsymbol{a} \tag{5-82}$$

为了使 H_3 最小化，最优控制加速度须满足 $\partial H_3/\partial\boldsymbol{a}=\boldsymbol{0}$。由此条件可推得

$$\boldsymbol{a}^*=-\boldsymbol{\lambda}_v \tag{5-83}$$

然后，可以推导协态变量微分方程为

$$\dot{\boldsymbol{\lambda}}_r=-\frac{\partial H_3}{\partial \boldsymbol{r}}=\boldsymbol{0} \tag{5-84}$$

$$\dot{\boldsymbol{\lambda}}_v=-\frac{\partial H_3}{\partial \boldsymbol{v}}=-\boldsymbol{\lambda}_r \tag{5-85}$$

根据方程(5-84)和方程(5-85)，可以推得

$$\boldsymbol{\lambda}_r=\boldsymbol{\lambda}_{r0} \tag{5-86}$$

$$\boldsymbol{\lambda}_v=-\boldsymbol{\lambda}_{r0}t+\boldsymbol{\lambda}_{v0} \tag{5-87}$$

式中，$\boldsymbol{\lambda}_{r0}$ 和 $\boldsymbol{\lambda}_{v0}$ 分别为位置和速度协态变量的初值。因此，最优控制加速度可以转化为

$$\boldsymbol{a}^*=\boldsymbol{\lambda}_{r0}t-\boldsymbol{\lambda}_{v0} \tag{5-88}$$

将式(5-88)代入式(5-81)，可得

$$\dot{\boldsymbol{v}}=\boldsymbol{\lambda}_{r0}t-\boldsymbol{\lambda}_{v0} \tag{5-89}$$

对式(5-85)和式(5-89)从初始时刻积分至终端时刻,并结合边界条件(5-57),可以推得如下结果:

$$\boldsymbol{\lambda}_{r0}=\frac{6(t_{\mathrm{f}}\boldsymbol{v}_0+t_{\mathrm{f}}\boldsymbol{v}_{\mathrm{f}}+2\boldsymbol{r}_0-2\boldsymbol{r}_{\mathrm{f}})}{t_{\mathrm{f}}^3} \tag{5-90}$$

$$\boldsymbol{\lambda}_{v0}=\frac{2(2t_{\mathrm{f}}\boldsymbol{v}_0+t_{\mathrm{f}}\boldsymbol{v}_{\mathrm{f}}+3\boldsymbol{r}_0-3\boldsymbol{r}_{\mathrm{f}})}{t_{\mathrm{f}}^2} \tag{5-91}$$

至此,Prob3 的解析解已经推得。将式(5-90)和式(5-91)代入式(5-88),即可得到最优控制加速度的表达式:

$$\boldsymbol{a}^*=\frac{6(t_{\mathrm{f}}\boldsymbol{v}_0+t_{\mathrm{f}}\boldsymbol{v}_{\mathrm{f}}+2\boldsymbol{r}_0-2\boldsymbol{r}_{\mathrm{f}})}{t_{\mathrm{f}}^3}t-\frac{2(2t_{\mathrm{f}}\boldsymbol{v}_0+t_{\mathrm{f}}\boldsymbol{v}_{\mathrm{f}}+3\boldsymbol{r}_0-3\boldsymbol{r}_{\mathrm{f}})}{t_{\mathrm{f}}^2} \tag{5-92}$$

事实上,式(5-92)与 Battin 书中的终端状态控制[21]表达式相同。

下面将性能指标式(5-56)、式(5-64)和式(5-72)中 λ_0 的值均设为

$$\lambda_0=\frac{T_{\max}^2}{2m_0^2} \tag{5-93}$$

则方程(5-72)变为

$$J_2=\frac{1}{2}\int_0^{t_{\mathrm{f}}}\left(\frac{T_{\max}u}{m_0}\right)^2\mathrm{d}t \tag{5-94}$$

对于小行星着陆问题,可以假设

$$\frac{1}{m_0}\approx\frac{1}{m} \tag{5-95}$$

进而可以建立 Prob2 和 Prob3 性能指标的联系,如下:

$$J_2\approx\frac{1}{2}\int_0^{t_{\mathrm{f}}}\left(\frac{T_{\max}u}{m}\right)^2\mathrm{d}t=\frac{1}{2}\int_0^{t_{\mathrm{f}}}\boldsymbol{a}^{\mathrm{T}}\boldsymbol{a}\,\mathrm{d}t=J_3 \tag{5-96}$$

根据式(5-96)可知,这两个最优控制问题的性能指标非常接近。Prob2($\varepsilon_2=0$)和 Prob3 的另一个区别在于,Prob2($\varepsilon_2=0$)具有推力大小约束而 Prob3 则不具有。如果 Prob3 的最优推力大小 $m\|\boldsymbol{a}^*\|$ 一直小于 $T_{\max}$,则可以认为 Prob3 拥有与 Prob2 一样的控制约束条件只是该约束不起作用。对于此情形,Prob2($\varepsilon_2=0$)和 Prob3 近似等价并且式(5-90)和式(5-91)中的协态变量初值可以作为 Prob2($\varepsilon_2=0$)的近似解。另外,如果 Prob3 的最优推力仅在一小段时间内大于 $T_{\max}$,也可以认为式(5-90)和式(5-91)为 Prob2($\varepsilon_2=0$)提供近似初值解。

此外,可以看到 Prob3 的最优解并没有直接提供 λ_m 的初值。这是因为 Prob3 中并不存在质量的微分方程。但是,Prob2($\varepsilon_2=0$)中 λ_{m0} 的近似解仍然可以借助 Prob3 的最优解求解。具体如下:

$$\lambda_{m0}=\int_0^{t_{\mathrm{f}}}\frac{T_{\max}u^*}{m^2}\|\boldsymbol{\lambda}_v\|\,\mathrm{d}t=\int_0^{t_{\mathrm{f}}}\frac{\|\boldsymbol{a}^*\|}{m}\|\boldsymbol{\lambda}_v\|\,\mathrm{d}t$$

$$=\int_0^{t_f}\frac{\boldsymbol{a}^{*T}\boldsymbol{a}^*}{m}dt\approx\frac{\int_0^{t_f}\boldsymbol{a}^{*T}\boldsymbol{a}^*dt}{m_0} \tag{5-97}$$

将式(5-88)代入式(5-97),即可得到 Prob2($\varepsilon_2=0$)中 λ_{m0} 的近似解,如下:

$$\lambda_{m0}=\frac{1}{m_0}\left(\frac{1}{3}\boldsymbol{\lambda}_{r0}\cdot\boldsymbol{\lambda}_{r0}t_f^3-\boldsymbol{\lambda}_{r0}\cdot\boldsymbol{\lambda}_{v0}t_f^2+\boldsymbol{\lambda}_{v0}\cdot\boldsymbol{\lambda}_{v0}t_f\right) \tag{5-98}$$

5.5.4 无初值猜测同伦方法

基于前述最优控制问题,本节提出的高效同伦求解方法包括以下 4 个步骤。

(1) 通过式(5-90)和式(5-91)计算初始时刻位置和速度协态变量的值,并通过式(5-98)计算近似的初始质量协态变量。

(2) 以(1)中求得的协态变量初值为近似解,通过打靶法求解 Prob2($\varepsilon_2=0$)的两点边值问题(TPBVP)。

(3) 以步长 $d\varepsilon_2$ 增加 ε_2 直至 $\varepsilon_2=1$。对于每一个 ε_2,以上一步求得的协态变量初值为打靶法的求解初始值并求解相应的两点边值问题。若某一步求解未收敛,则减小 $d\varepsilon_2$ 为 $0.8d\varepsilon_2$ 并重新求解该两点边值问题。

(4) 以步长 $d\varepsilon_1$ 降低 ε_1 从 1 变为 0。对于每一个 ε_1,以上一步求得的协态变量初值为打靶法的求解初始值并求解相应的两点边值问题。若某一步求解未收敛,则减小 $d\varepsilon_1$ 为 $0.8d\varepsilon_1$ 并重新求解该两点边值问题。当 $\varepsilon_1=0$ 时的两点边值问题解求得之后,输出燃料最优控制解结果。

上述算法的示意流程图如图 5-9 所示。在该图中,TPBVP1 表示 Prob1 的两点边值问题,TPBVP2 表示 Prob2 的两点边值问题。TPBVP1 和 TPBVP2 的打靶方程均具有与式(5-40)相同的形式。TPBVP1 和 TPBVP2 与燃料最优控制问题 TPBVP 的差别如下。第一,在计算微分方程中最优控制时采用式(5-66)和式(5-75)代替式(5-60)。第二,TPBVP2 中采用式(5-70)、式(5-77)和式(5-78)代替式(5-55)和式(5-62)中的方程。在数值仿真中,打靶方程的求解采用非线性求解器 MinPack-1。此外,初始 $d\varepsilon_1$ 和 $d\varepsilon_2$ 均设置为 1 并且 ε_t 用于存储前一步 ε_1 和 ε_2 的值。

此外,在求解 Prob2 和 Prob3 的最优控制问题时需要使用数值积分。对于 Prob2,采用变步长 Runge-Kutta 78 阶(RK78)算法。但是,对于 Prob1,当 ε_1 靠近零时,由于微分方程右端项在开关点附近变化很剧烈而导致变步长 Runge-Kutta 方法无法保证积分精度[1]。为了克服这一困难,采用 Jiang 等[2]提出的结合 4 阶 Runge-Kutta 算法和开关函数检测技术的方法。

在开关函数检测技术中,在 t_{k+1} 时刻的开关函数 ρ_1 通过当前时刻 t_k 进行预测[1],即

$$\rho_1(t_{k+1})=\rho_1(t_k)+\dot{\rho}_1(t_k)\Delta t+\frac{1}{2}\ddot{\rho}_1(t_k)\Delta t^2 \tag{5-99}$$

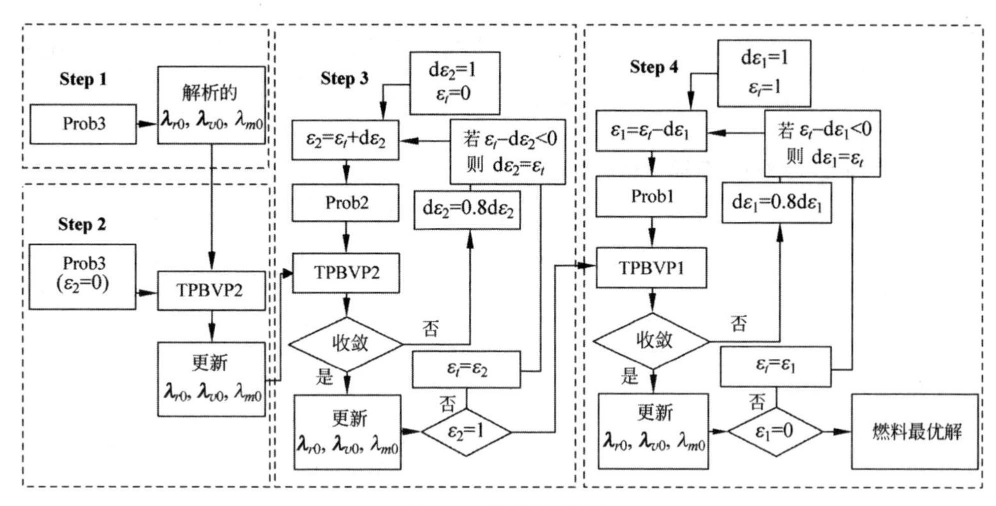

图 5-9 算法流程图

式中,Δt 表示 t_k 和 t_{k+1} 之间的步长。开关函数检测技术方法的应用可以参考文献[1]。此处,ρ_1 的导数表达式须根据式(5-67)稍作修改,其表达式如下:

$$\dot{\rho}_1 = -\frac{T_{\max}\boldsymbol{\lambda}_v \cdot \dot{\boldsymbol{\lambda}}_v}{\lambda_0 m \|\boldsymbol{\lambda}_v\|} \tag{5-100}$$

$$\ddot{\rho}_1 = -\frac{T_{\max}}{\lambda_0 m \|\boldsymbol{\lambda}_v\|}\left(\frac{T_{\max}u\boldsymbol{\lambda}_v \cdot \dot{\boldsymbol{\lambda}}_v}{mI_{\mathrm{sp}}g_0} + \dot{\boldsymbol{\lambda}}_v \cdot \dot{\boldsymbol{\lambda}}_v + \dot{\boldsymbol{\lambda}}_v \cdot (-\dot{\boldsymbol{\lambda}}_r + 2\dot{\boldsymbol{\lambda}}_v \times \boldsymbol{\omega}) - \frac{(\boldsymbol{\lambda}_v \cdot \dot{\boldsymbol{\lambda}}_v)^2}{\|\boldsymbol{\lambda}_v\|^2}\right) \tag{5-101}$$

在下文的仿真算例中,固定步长 Δt 均设置为 $t_{\mathrm{f}}/100$。

5.5.5 仿真算例

本小节将验证上述求解燃料最优控制问题方法的有效性。所有的仿真程序均采用 FORTRAN 语言编写。运行计算的配置如下:CPU 为 Intel Core i7-7700HQ;内存为 8 GB。程序运行模式为 Release 模式并只使用单线程。

在仿真算例中,考虑采用中推力着陆较大尺寸小行星 433 Eros 的两个场景和采用小推力着陆较小尺寸小行星(101 955 Bennu)的场景分别验证方法有效性。不规则小行星的引力场计算均采用多面体方法[22]。433 Eros 建模采用 856 顶点和 1708 面的形状模型[20];101 955 Bennu 采用 1348 顶点和 2692 面的形状模型[23]。小行星的密度分别设为 2.67 g/m^3 和 0.97 g/m^3,自转角速度分别设为 3.314 588×10^{-4} rad/s 和 4.070 264×10^{-4} rad/s[6,16,24]。在以下仿真中,均采用小行星质心本体坐标系 $O\text{-}xyz$。

在数值计算过程对数据采用归一化处理。对 433 Eros 和 101 955 Bennu 的算例,归一化长度单位 LU 分别选取 10 km 和 246 m。归一化时间单位 TU 选取为

$$\mathrm{TU}=\sqrt{\frac{\mathrm{LU}^3}{\mu_0}} \tag{5-102}$$

式中,μ_0 为目标小行星的中心引力常数。

1. 中推力着陆小行星 433Eros

本部分考虑两个与文献[25]中着陆小行星 433Eros 类似的场景,包括着陆北极和赤道面。探测器的初始质量设为 1400 kg。推力幅值和比冲分别设为 80 N 和 225 s。下降飞行时长为 2400 s。根据式(5-93)可得,归一化的 λ_0 等于 82.855 308。

算例 1:着陆北极

在本算例中,探测器的初始位置和速度分别选取为$[17.287,2.833,30.301]^{\mathrm{T}}$ km 和$[-2.107,-6.223,1.784]^{\mathrm{T}}$ m/s。着陆点位置选取为$[-3.244,-0.140,5.579]^{\mathrm{T}}$ km。着陆时刻速度设置为零。

4 种不同最优控制问题即燃料最优控制问题(Prob0/Prob1($\varepsilon_1=0$))、能量最优控制问题(Prob1($\varepsilon_1=1$)/Prob2($\varepsilon_2=1$))、零广义重力能量最优控制问题(Prob2($\varepsilon_2=0$))和近似零广义重力能量最优控制问题(Prob3)的协态变量初值结果如表 5.1 所示。由该表可知,Prob3 的位置和速度协态变量与 Prob2($\varepsilon_2=0$)非常接近。存在误差的原因在于两个最优控制问题的性能指标是近似的(见式(5-96))。该结果表明,式(5-90)和式(5-91)为零广义重力能量最优控制问题的协态变量初值提供了很好的近似值。Prob3 中不存在质量协态变量。表中 Prob3 的质量协态变量是通过式(5-98)求解得到的,用于近似 Prob2($\varepsilon_2=0$)的 $\lambda_m(0)$。由该表可知,式(5-98)为 Prob2($\varepsilon_2=0$)的 $\lambda_m(0)$提供了很好的近似值。

表 5.1 算例 1 不同最优控制问题协态变量初值结果

最优控制问题	$\boldsymbol{\lambda}_r(0)$	$\boldsymbol{\lambda}_v(0)$	$\lambda_m(0)$
Prob3	[5.283 875,−1.319 193,7.884 400]	[4.026 746,−1.638 830,6.471 121]	(31.937 941)
Prob2($\varepsilon_2=0$)	[5.134 844,−1.289 947,7.667 834]	[3.929 213,−1.596 913,6.312 761]	31.347 027
Prob1($\varepsilon_1=1$)/Prob2($\varepsilon_2=1$)	[5.153 195,−0.834 885,8.441 620]	[3.447 548,0.795 940,6.560 909]	33.508 896
Prob0/Prob1($\varepsilon_1=0$)	[5.462 871,−0.663 630,8.844 557]	[3.334 988,1.063 461,7.191 528]	34.813 235

由表 5.1 也可以看到 Prob1($\varepsilon_1=1$)/Prob2($\varepsilon_2=1$)和 Prob2($\varepsilon_2=0$)的协态变量差异比 Prob2($\varepsilon_2=0$)和 Prob3 的更大。而 Prob0/Prob1($\varepsilon_1=0$)和 Prob1($\varepsilon_1=1$)/Prob2($\varepsilon_2=1$) 的协态变量差异也比 Prob2($\varepsilon_2=0$)和 Prob3 的更大。但是,Prob2($\varepsilon_2=1$)

可以直接以 Prob2($\varepsilon_2=0$)提供的打靶法初始值直接求解得到；Prob1($\varepsilon_1=0$)可以直接以 Prob1($\varepsilon_2=1$)提供的打靶法初始值直接求解得到。因此，燃料最优轨迹通过依次求解 Prob3、Prob2($\varepsilon_2=0$)、Prob2($\varepsilon_2=1$)和 Prob1($\varepsilon_1=0$)得到。在求解过程中，ε_2 和 ε_1 的序列分别为(0,1)和(1,0)。计算总 CPU 时间仅为 5.16 s。

对于这些最优控制问题，其推力大小和质量的结果如图 5-10 和图 5-11 所示。由图 5-10 可知，Prob3 和 Prob2($\varepsilon_2=0$)的最优控制非常接近。这也说明了 Prob3

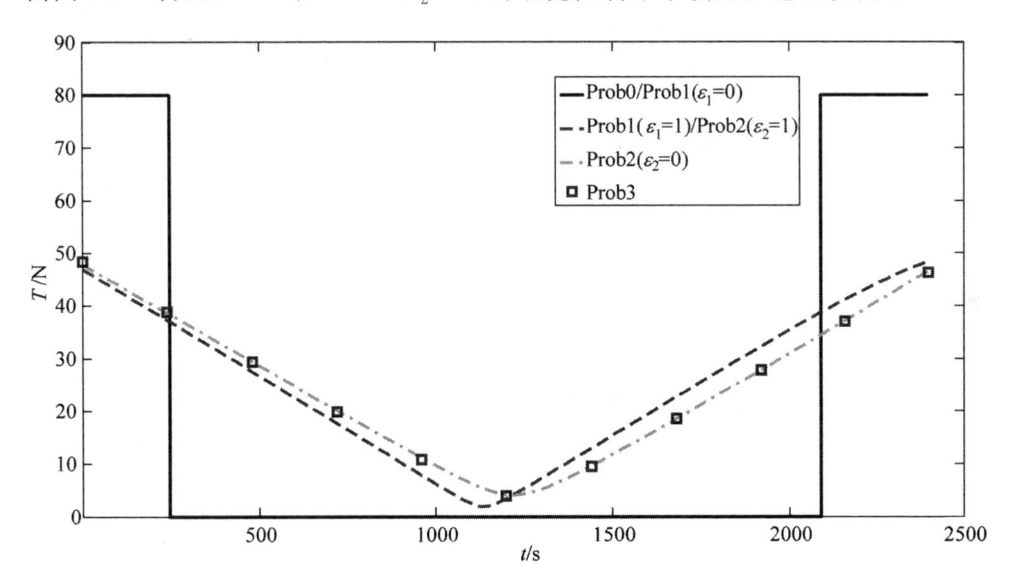

图 5-10　算例 1 不同最优控制问题推力大小随时间变化

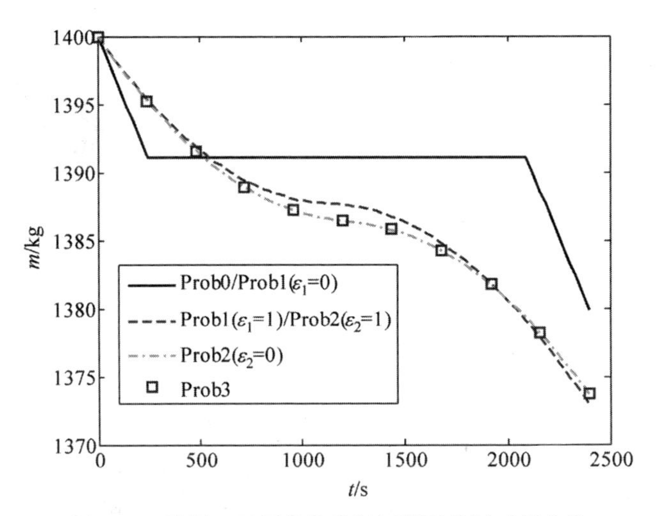

图 5-11　算例 1 不同最优控制问题质量随时间变化

是 Prob2($\varepsilon_2=0$)的近似问题。也可以看到,Prob3、Prob2($\varepsilon_2=0$)和 Prob1($\varepsilon_1=1$)/Prob2($\varepsilon_2=1$)的最优控制均是连续的,而 Prob0/Prob1($\varepsilon_1=0$)的最优控制即燃料最优控制在下降过程中是不连续的 bang-bang 控制。由图 5-11 可知,燃料最优控制所需燃料消耗最小,而其他三种最优控制的燃料消耗非常接近。燃料最优控制相比能量最优控制可以节约 7 kg 左右燃料。

燃料最优控制问题解的详细结果如图 5-12 所示。根据图 5-12(a)、(b)和(d)可知,探测器着陆至目标着陆点并且速度为零。燃料最优推力的分量如图 5-12(c)所示。

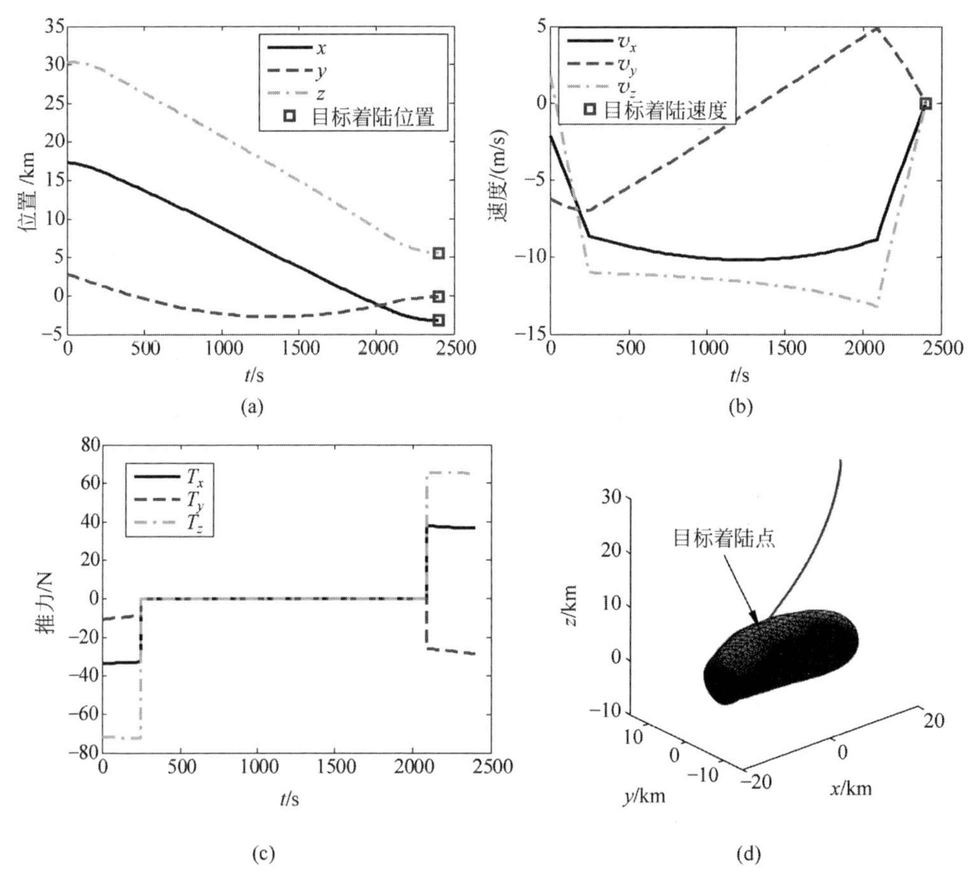

图 5-12 算例 1 燃料最优控制问题解结果

为了说明本方法的优势,将本方法与文献[6]的方法(即 5.4 节方法)进行对比。这两种方法的根本差别在于如何求解能量最优控制问题。在文献[6]中,能量最优控制问题的求解中基于协态变量初值归一化技术进行随机猜测。归一化技术即通过 λ_0 将[$\boldsymbol{\lambda}_r(0)$, $\boldsymbol{\lambda}_v(0)$, $\lambda_m(0)$]的分量缩放至[$-1,1$],并且使得[$\boldsymbol{\lambda}_r(0)$, $\boldsymbol{\lambda}_v(0)$, $\lambda_m(0)$, λ_0]的模等于 1。这两种方法求解能量最优控制问题的结果如表 5.2 所示,其中

$$\hat{\boldsymbol{\lambda}}_r(0)=\boldsymbol{\lambda}_r(0)/\lambda_0,\quad \hat{\boldsymbol{\lambda}}_v(0)=\boldsymbol{\lambda}_v(0)/\lambda_0,\quad \hat{\lambda}_m(0)=\lambda_m(0)/\lambda_0 \tag{5-103}$$

根据表 5.2 可知,这两种方法得到的协态变量初值是等价的。采用归一化加随机猜测的方法运行 100 次,仅收敛 28 次。相较而言,本节方法可以保障收敛。更高的收敛率是本节方法最大的优势。该优势的原因在于本节方法使用了近似解析协态变量初值而不是随机猜测。此外,表中求解一次能量最优控制问题解所需的 CPU 时间表明本节方法计算的有效性。文献[6]方法对应的平均 CPU 时间是通过总 CPU 时间除以收敛次数得到的。如表 5.2 所示,用文献[6]方法所需的平均 CPU 时间为 10.93 s,而本节方法所需 CPU 时间仅为 1.76 s。该结果表明本节方法在计算速度上也具有优势。

表 5.2 算例 1 不同方法求解能量最优控制问题的结果

方法	λ_0	$[\boldsymbol{\lambda}_r(0),\boldsymbol{\lambda}_v(0),\lambda_m(0)]$	$[\hat{\boldsymbol{\lambda}}_r(0),\hat{\boldsymbol{\lambda}}_v(0),\hat{\lambda}_m(0)]$	收敛率	求一次解所需的 CPU 时间/s
本节方法	82.855 308	[5.153 195,−0.834 885, 8.441 620,3.447 548, 0.795 940,6.560 909, 33.508 896]	[0.062 195,−0.010 076, 0.101 884,0.041 609, 0.009 606,0.079 185, 0.404 427]	1/1	1.76
归一化+随机猜测	0.918 241	[0.057 110,−0.009 256, 0.093 554,0.038 207, 0.008 821,0.072 711, 0.371 361]	[0.062 195,−0.010 076, 0.101 884,0.041 609, 0.009 606,0.079 185, 0.404 427]	28/100	10.93(平均值)

算例 2:着陆赤道面

在本算例中,探测器的初始位置和速度分别选取为$[22.167,-26.860,-0.029]^{\mathrm{T}}$ km 和$[-6.200,-5.087,0.002]^{\mathrm{T}}$ m/s,着陆点位置选取为$[9.302,-6.213,1.478]^{\mathrm{T}}$ km,着陆时刻速度设置为零。

燃料最优控制问题、能量最优控制问题、零广义重力能量最优控制问题和近似零广义重力能量最优控制问题的协态变量初值结果如表 5.3 所示。与算例 1 类似,Prob3 的位置和速度协态变量与 Prob2($\varepsilon_2=0$)非常接近。因此,式(5-90)和式(5-91)为零广义重力能量最优控制问题的协态变量初值提供了很好的近似值。相比而言,能量最优控制问题和零广义重力能量最优控制问题的协态变量初值差异及燃料最优控制问题和能量最优控制问题之间的差异却大很多。但是,燃料最优控制解仍然可以通过逐步求解 Prob3、Prob2($\varepsilon_2=0$)、Prob2($\varepsilon_2=1$)和 Prob1($\varepsilon_1=0$)顺利得到。在此求解过程中,ε_2 和 ε_1 的序列依然分别是(0,1)和(1,0)。总 CPU 时间为 10.8 s,大于算例 1。

表 5.3 算例 2 不同最优控制问题协态变量初值结果

最优控制问题	$\boldsymbol{\lambda}_r(0)$	$\boldsymbol{\lambda}_v(0)$	$\lambda_m(0)$
Prob3	[1.592 271，−7.851 703，−0.441 609]	[0.691 078，−6.755 015，−0.352 884]	(22.840 782)
Prob2($\varepsilon_2=0$)	[1.548 108，−7.674 121，−0.431 297]	[0.677 366，−6.618 747，−0.345 774]	22.495 623
Prob1($\varepsilon_1=1$)/Prob2($\varepsilon_2=1$)	[1.792 984，−8.553 933，−0.251 563]	[3.615 603，−5.323 723，−0.261 846]	22.669 205
Prob0/Prob1($\varepsilon_1=0$)	[2.200 279，−10.357 102，−0.349 274]	[4.521 793，−6.317 237，−0.434 333]	26.828 980

最优推力大小和质量结果分别如图 5-13 和图 5-14 所示。与算例 1 类似，燃料最优控制为 bang-bang 控制而其他最优控制均为连续控制。同时，燃料最优控制所需燃料最小而其他三种最优控制所需燃料几乎相同。燃料最优控制相比能量最优控制可以节约 6.2 kg 左右燃料。

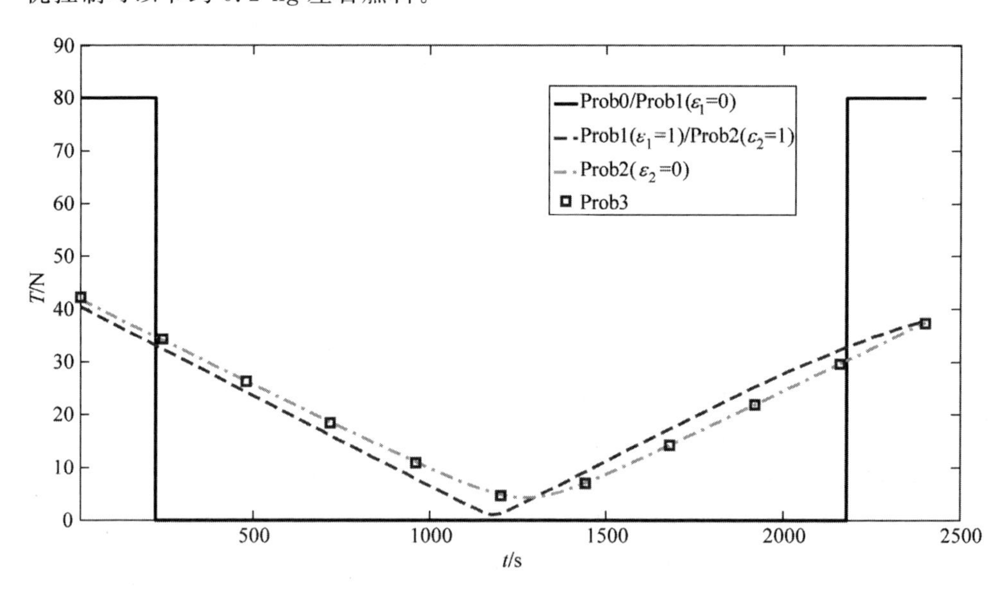

图 5-13 算例 2 不同最优控制问题推力大小随时间变化

燃料最优控制问题解中位置、速度、质量和下降轨迹如图 5-15 所示。这些结果表明探测器可以软着陆于目标位置。

本节方法与文献[6]方法的对比结果如表 5.4 所示。类似于算例 1，这两种方法求解能量最优控制问题所得的协态变量初值是等价的。本节方法可以保障收敛而文献[6]方法收敛率仅为 27/100。此外，文献[6]方法的平均 CPU 时间大约是 10.81 s 而本节方法仅为 1.50 s。这些结果再次表明了本节方法的优势。

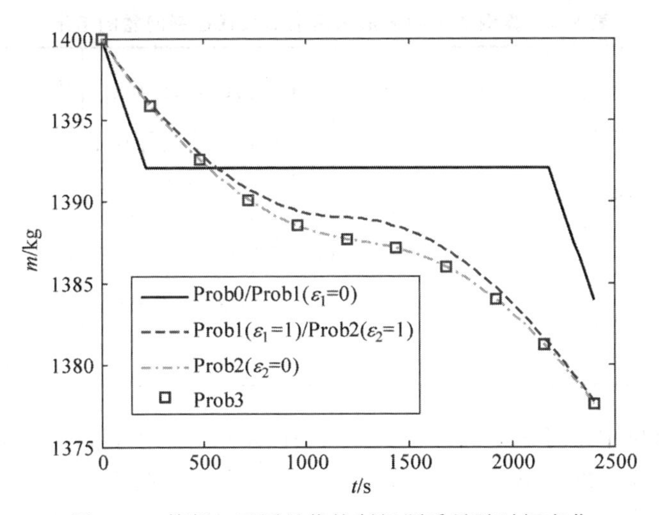

图 5-14 算例 2 不同最优控制问题质量随时间变化

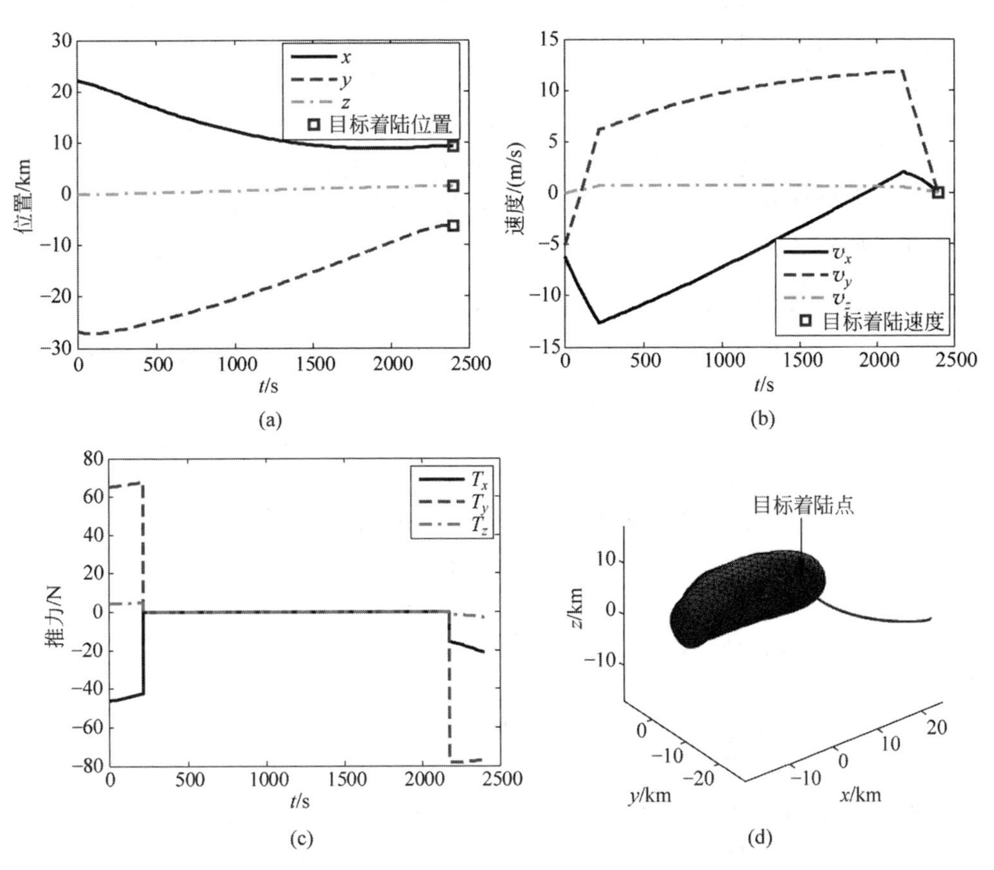

图 5-15 算例 2 燃料最优控制问题解结果

表 5.4 算例 2 不同方法求解能量最优控制问题的结果

方法	λ_0	$[\boldsymbol{\lambda}_r(0),\boldsymbol{\lambda}_v(0),\lambda_m(0)]$	$[\hat{\boldsymbol{\lambda}}_r(0),\hat{\boldsymbol{\lambda}}_v(0),\hat{\lambda}_m(0)]$	收敛率	求一次解所需的CPU时间/s
本节方法	82.855 308	[1.792 984,−8.553 933,−0.251 563,3.615 603,−5.323 723,−0.261 846,22.669 205]	[0.021 640,−0.103 239,−0.003 036,0.043 638,−0.064 253,−0.003 160,0.273 600]	1/1	1.50
归一化+随机猜测	0.956 933	[0.020 708,−0.098 793,−0.002 905,0.041 758,−0.061 486,−0.003 024,0.261 817]	[0.021 640,−0.103 239,−0.003 036,0.043 638,−0.064 253,−0.003 160,0.273 600]	27/100	10.81(平均值)

在上述算例中仅考虑了飞行时长(即 t_f)固定情形的燃料最优控制问题。而对于飞行时长不固定的情形,其燃料最优控制问题也可以基于飞行时长固定的燃料最优控制问题进行求解。一种可行的方式如下。在内环中,通过飞行时长固定燃料最优控制问题求解方法求解得到某一给定飞行时长所需的燃料。本节所提出的方法即可以用于内环中。而在外环中,在给定的时间范围内求解最优飞行时长。当最优飞行时长求得之后,则用内环方法求解得到燃料最优解。可以看到,外环中的方法仅为单变量优化问题。对于该优化问题,一种直接的方法即如 5.4.2 节所述的离散飞行时长范围并根据每个离散点所需的燃料选择最优飞行时长。下面将在一个仿真场景中给出一个示例。此外,更为高效的方法如 Brent 方法等[26,27]也可以用于确定最优飞行时长。

2. 小推力着陆小行星 101 955 Bennu

在前面的小节中已经讨论了中推力情形下的燃料最优轨迹。在本小节中,将分析用小推力着陆小行星 101 955 Bennu 的燃料最优轨迹。小推力推进虽然推力幅值小很多,但是其比冲很大。由于小推力控制加速度比上一小节中推力控制加速度小很多,本节方法应用于小推力的算例则更具有挑战性。其原因如下:广义零重力能量最优控制问题中被忽略的广义重力相比控制加速度越大,则忽略广义重力的影响越大。对比广义零重力能量最优控制问题和能量最优控制问题可以看到,两者的差别仅在于忽略的广义重力。因此,控制加速度幅值越小,则用广义零重力能量最优控制问题的解作为能量最优控制问题打靶求解的初始输入值时,效果越差。

在仿真中分别选取初始位置和速度为 $[0.72,0.035,0.12]^{\mathrm{T}}$ km 和 $[0.01,0.01,0.01]^{\mathrm{T}}$ m/s。着陆点位置选取为 $[0.22,0.031,0.1]^{\mathrm{T}}$ km。着陆时刻速度设置为零。探测器初始质量设为 800 kg。最大推力和比冲分别设为 0.3 N 和 3800 s。根据式(5-93)可得,归一化的 λ_0 等于 15.854 876 954 171 3。

设定飞行时长为 3000 s。在求解过程中得到的协态变量初值如表 5.5 所示。由表 5.5 可知能量最优控制问题和广义零重力能量最优控制问题的 $\lambda_m(0)$ 差异比前面两个算例更大。因此，忽略广义重力 $\boldsymbol{G}$ 对 $\lambda_m(0)$ 有更大的影响。但是，能量最优控制问题仍然可以通过广义零重力能量最优控制问题的解为打靶初值进行求解。

表 5.5 不同最优控制问题协态变量初值结果(t_f=3000 s)

最优控制问题	$\boldsymbol{\lambda}_r(0)$	$\boldsymbol{\lambda}_v(0)$	$\lambda_m(0)$
Prob3	[6.606 022,0.243 717,0.448 953]	[5.205 677,0.240 262,0.400 437]	13.924 112
Prob2(ε_2=0)	[6.605 887,0.243 711,0.448 942]	[5.205 545,0.240 272,0.400 442]	13.923 921
Prob1(ε_1=1)/Prob2(ε_2=1)	[11.544 909,0.136 882,0.829 811]	[6.329 140,5.238 005,0.580 964]	26.841 394
Prob0/Prob1(ε_1=0)	[9.957 976,0.089 938,0.727 905]	[5.189 509,4.630 772,0.429 310]	23.139 334

最优推力大小和质量结果如图 5-16 和图 5-17 所示。根据图 5-16 可知，Prob2(ε_2=1)与 Prob2(ε_2=0)的最优控制大小并不如前面算例那样接近。这个现象是原因是广义重力相对控制加速度的比重更大。对于能量最优控制问题，推力大小达到了最大值。由图 5-17 可知，零广义重力能量最优控制问题所需燃料比燃料最优控制更少。其原因是这两个最优控制问题的动力学模型不同。该现象表明考虑广义重力 $\boldsymbol{G}$ 时需要额外的燃料去抵消该力。此外，燃料最优控制消耗比能量最优控制少。

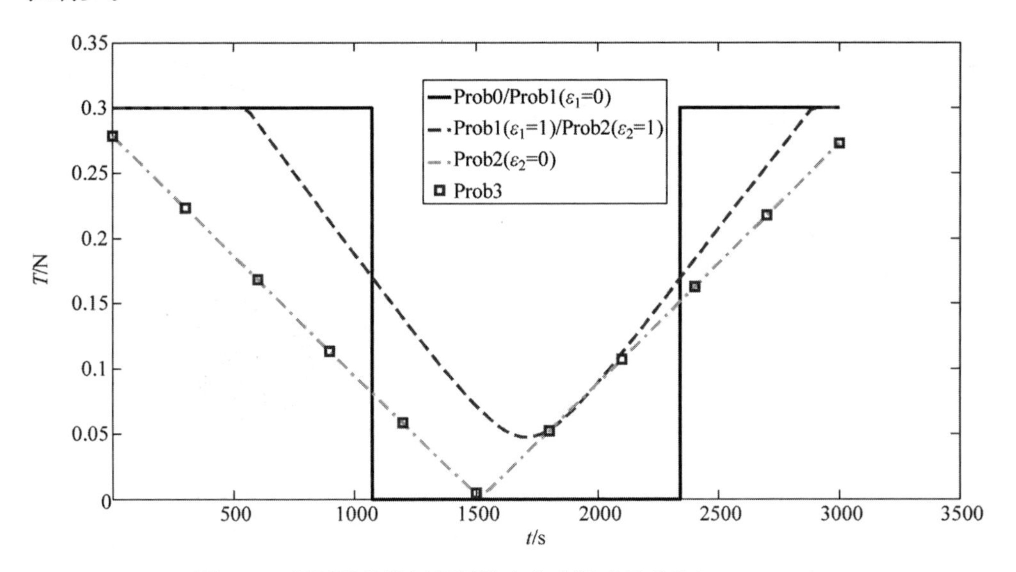

图 5-16 不同最优控制问题推力大小随时间变化(t_f=3000 s)

燃料最优控制问题的详细结果如图 5-18 所示。根据该图可知，探测器在目标着陆点以零速度着陆。

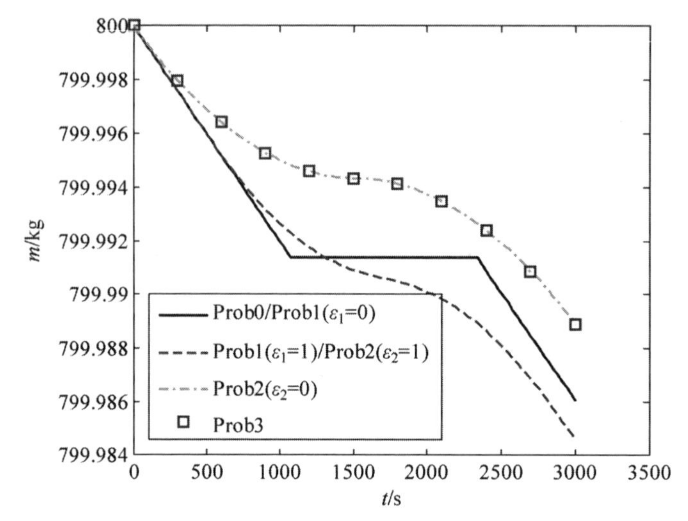

图 5-17 不同最优控制问题质量随时间变化(t_f=3000 s)

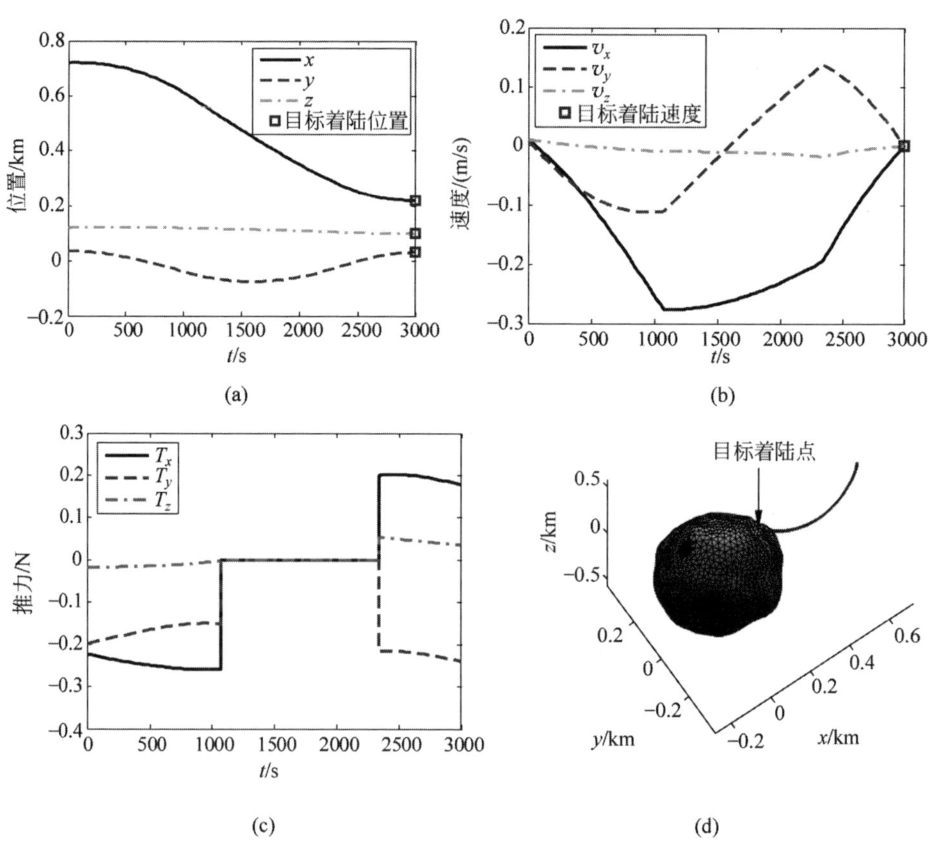

图 5-18 燃料最优控制问题解结果(t_f=3000 s)

在前面的算例中飞行时长均固定。下面将一个考虑飞行时长不固定的算例。在该算例中,假设飞行时长的范围是3000～3900 s。对该飞行时长范围以50 s的步长离散,并在每一个时间点应用本节方法以搜索燃料最优解。可以发现本节方法在每一个离散点均有效。此外,求解能量最优解所需CPU时间(图5-9中的Step 1～Step 3)和求解燃料最优解所需CPU时间(图5-9中的Step 1～Step 4)如图5-19所示。由该图可知,求解这两个最优控制问题所需CPU时间几乎都分别小于10 s和15 s,仅有部分孤立的点需要更多CPU时间。其原因是设置ε_2步长为1求解时所出现不收敛情形导致Prob2需要使用更小的ε_2步长重新求解。具体如下:当$t_f=3250$ s时,ε_2的求解序列为(0,1,0.8,0.64,1);当$t_f=3300$ s时,ε_2的求解序列为(0,1,0.8,1)。此外,每个离散点对应的终端质量如图5-20所示。根据该图可知,终端质量随着飞行时长增加而增加,即燃料最优飞行时长为3900 s。

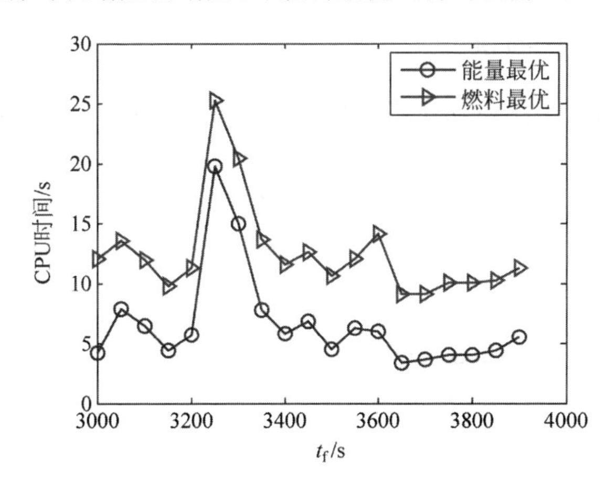

图5-19 求解不同飞行时长最优控制问题所需CPU时间

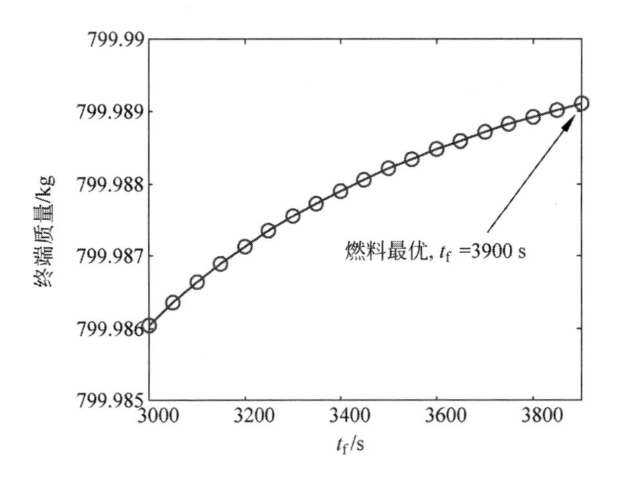

图5-20 确定最优飞行时长

5.6 燃料最优问题凸优化求解方法

在前面两小节中介绍了间接法中的一类高效求解方法——同伦法。本节将介绍一种高效的直接法——凸优化方法。应用凸优化求解燃料最优问题主要难点在于原问题是非凸问题。针对着陆燃料最优控制问题中的非凸因素，Acikmese 和 Ploen[10]提出用松弛变量把非凸推力约束转化为凸约束；用变量转换和泰勒展开解决质量分母项导致的非凸问题。Pinson 和 Lu[8]针对小行星着陆问题中不规则引力场问题提出了用序列求解方法使得每次迭代求解时引力项仅为关于时间的函数。下面给出燃料最优问题的近似等价凸优化问题，然后简单介绍文献[8]对该方法的仿真验证算例。

5.6.1 近似等价问题

基于文献[8]的结论，着陆轨迹燃料最优控制问题的近似等价最优控制问题描述如下：其指标选取为

$$J=-m(t_f) \tag{5-104}$$

动力学方程为

$$\begin{cases}\dot{\boldsymbol{r}}=\boldsymbol{v}\\ \dot{\boldsymbol{v}}=-2\boldsymbol{\omega}\times\boldsymbol{v}-\boldsymbol{\omega}\times(\boldsymbol{\omega}\times\boldsymbol{r})+\dfrac{\partial U(\boldsymbol{r})}{\partial\boldsymbol{r}}+\boldsymbol{u}\\ \dot{q}=-\dfrac{1}{I_{sp}g_0}\sigma\end{cases} \tag{5-105}$$

式中，

$$\boldsymbol{u}=\frac{\boldsymbol{T}}{m},\quad \sigma=\frac{\Gamma}{m},\quad q=\ln m \tag{5-106}$$

终端时刻边界条件同式(5-6)；初始时刻边界条件为

$$\boldsymbol{r}(t_0)=\boldsymbol{r}_0,\quad \boldsymbol{v}(t_0)=\boldsymbol{v}_0,\quad q=\ln m_0 \tag{5-107}$$

推力的约束条件为

$$\begin{cases}\|\boldsymbol{T}\|\leqslant\Gamma\\ T_{\min}e^{-q_0}[1-(q-q_0)+0.5(q-q_0)^2]\leqslant\Gamma\\ \Gamma\leqslant T_{\max}e^{-q_0}[1-(q-q_0)]\end{cases} \tag{5-108}$$

为了解决式(5-105)中的非线性引力场问题，采用文献[8]的 SSM 方法。将动力学方程写为

$$\dot{\boldsymbol{x}}(t_k)=\boldsymbol{A}(\hat{\boldsymbol{r}})\boldsymbol{x}(t_k)+\boldsymbol{B}\boldsymbol{u}+\boldsymbol{c}(\hat{\boldsymbol{r}}) \tag{5-109}$$

其中,$\hat{\boldsymbol{r}}$ 表示参考轨迹,$\boldsymbol{A}(\hat{\boldsymbol{r}})$、$\boldsymbol{B}$ 和 $\boldsymbol{c}(\hat{\boldsymbol{r}})$ 的表达式分别为[8]

$$\boldsymbol{A}(\hat{\boldsymbol{r}})=\begin{bmatrix} 0 & 0 & 0 & 1 & 0 & 0 & 0 \\ 0 & 0 & 0 & 0 & 1 & 0 & 0 \\ 0 & 0 & 0 & 0 & 0 & 1 & 0 \\ \omega^2-\dfrac{\mu}{\|\hat{\boldsymbol{r}}(t_k)\|^2} & 0 & 0 & 0 & 2\omega & 0 & 0 \\ 0 & \omega^2-\dfrac{\mu}{\|\hat{\boldsymbol{r}}(t_k)\|^2} & 0 & -2\omega & 0 & 0 & 0 \\ 0 & 0 & -\dfrac{\mu}{\|\hat{\boldsymbol{r}}(t_k)\|^2} & 0 & 0 & 0 & 0 \\ 0 & 0 & 0 & 0 & 0 & 0 & 0 \end{bmatrix} \tag{5-110}$$

$$\boldsymbol{B}=\begin{bmatrix} 0 & 0 & 0 & 0 \\ 0 & 0 & 0 & 0 \\ 0 & 0 & 0 & 0 \\ 1 & 0 & 0 & 0 \\ 0 & 1 & 0 & 0 \\ 0 & 0 & 1 & 0 \\ 0 & 0 & 0 & -\dfrac{1}{I_{sp}g_0} \end{bmatrix} \tag{5-111}$$

$$\boldsymbol{c}(\hat{\boldsymbol{r}})=\begin{bmatrix} 0 \\ 0 \\ 0 \\ \nabla U(\hat{\boldsymbol{r}}(t_k))+\dfrac{\mu}{r^3}\hat{\boldsymbol{r}}(t_k) \\ 0 \end{bmatrix} \tag{5-112}$$

式(5-110)和式(5-111)中$\hat{\boldsymbol{r}}(t_k)$为 t_k 时刻参考轨迹的位置,μ 为目标小行星中心引力。此外,式(5-112)适用于球谐函数引力场,也适用于多面体引力场。

在序列求解过程中,以前一步凸优化所得的轨迹为下一步凸优化求解的参考轨迹。当前后两次求得的轨迹差异小于给定容差时,则认为已经收敛至最优轨迹。初始的参考轨迹可以采用初末位置的连线。

在利用数值凸优化求解器时,离散动力学方程是必需的。本书将用固定步长 $\mathrm{d}t$ 离散整个飞行时长$[t_0,t_f]$。若 t_f-t_0 不是 $\mathrm{d}t$ 的整数倍,则最后一个步长为 $\mathrm{d}t_f<\mathrm{d}t$。获得离散时间点后,梯形法则将用于两个离散点间的状态变量的递推[8,15]。

5.6.2 仿真算例

下面简单介绍文献[8]中验证凸优化求解方法的算例。仿真中参数选择如下所述。探测器初始质量为1400 kg,最大推力为80 N,最小推力为20 N,比冲为225 s。目标小行星尺寸为1000 m×500 m×250 m,自转周期为8 h,密度为3 g/cm^3。在着陆北极的算例中,初始位置和速度分别选取为$[-50,50,1250]^T$ m和$[2,1,0]^T$ m/s;末端位置和速度分别选取为$[0,0,250]^T$ m和$[0,0,0]^T$ m/s。在着陆赤道的算例中,初始位置和速度分别选取为$[2000,-50,-50]^T$ m和$[0,2,1]^T$ m/s;末端位置和速度分别选取为$[1000,0,0]^T$ m和$[0,0,0]^T$ m/s。下降飞行时长设为380 s。引力场模型计算采用二阶球谐项模型。凸优化计算采用凸优化软件CVX[28,29]完成。

通过凸优化求解得到燃料最优轨迹、最优推力结果分别如图5-21～图5-23所示。由图5-22和图5-23可知,求解得到的最优控制为bang-bang控制,与5.3.2节推导相符。

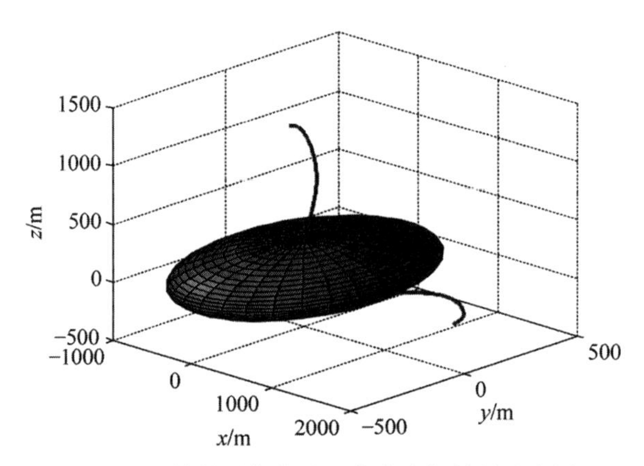

图5-21 燃料最优轨迹凸优化求解结果示意图

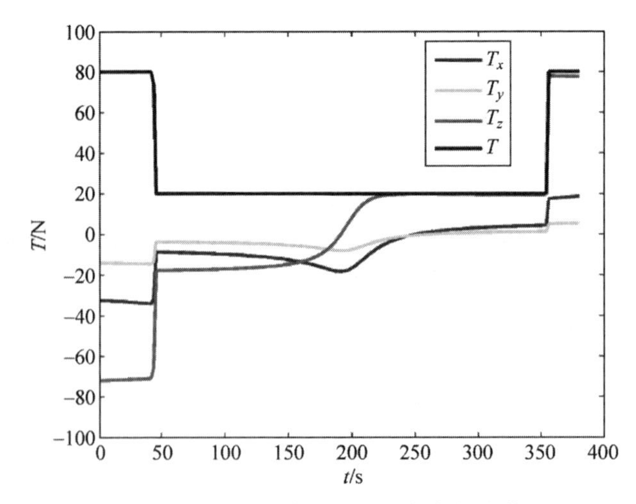

图5-22 着陆北极情形燃料最优解推力结果

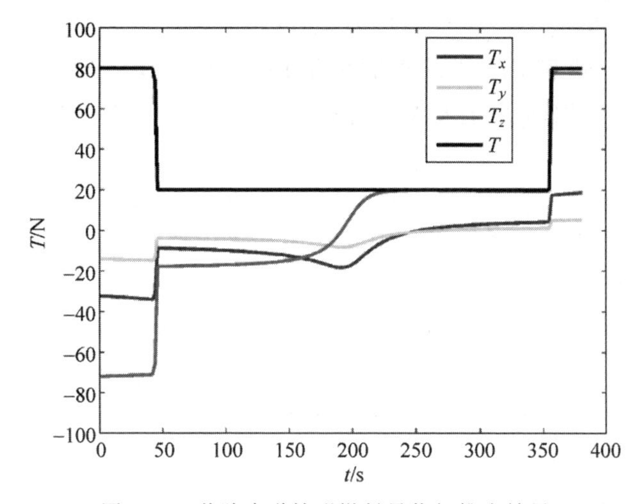

图 5-23 着陆赤道情形燃料最优解推力结果

5.7 时间最优问题凸优化求解方法

对于时间最优着陆问题，本节给出一种基于凸优化的快速求解方法。对比 Pinson 和 Lu[8]研究的燃料最优着陆问题，本问题存在一个新的非凸因素，即终端时间自由。因此，时间最优问题无法通过文献[8]中的凸化技术直接转换成二阶锥规划问题。

本文首先将时间最优问题与可凸化的燃料最优问题和最小着陆误差问题建立等价关联，然后证明了最小着陆误差问题的两个特性，最后根据最小着陆误差问题的特性提出了用于快速求解的简化最小着陆误差问题和最优飞行时长快速搜索方法。

本文在以下时间最优着陆轨迹优化问题相关推导中需要如下假设。

假设 5.1 在整个下降过程中，探测器可以提供的最大推力大于离心力和引力的合力，即

$$\frac{T_{\max}}{m} > \left\| -\boldsymbol{\omega} \times (\boldsymbol{\omega} \times \boldsymbol{r}) + \frac{\partial U(\boldsymbol{r})}{\partial \boldsymbol{r}} \right\| \tag{5-113}$$

因为小行星的引力通常很弱，因此假设 5.1 中的条件(5-113)易满足。本节的仿真算例中，该条件对每种情况均成立。

5.7.1 等价关联可凸化最优着陆问题

本小节将时间最优问题分别与可凸化的燃料最优问题和最小着陆误差问题等价关联。

燃料最优问题为文献[8]研究的问题(Prob2)，最优指标为

$$J = -m(t_f) \tag{5-114}$$

式中，终端时间 t_f 固定，满足的约束条件为方程(5-2)～式(5-7)。

记时间最优问题优化指标即最优飞行时长为 t_f^*。则对于该燃料最优问题，满足以下命题。

命题 5.2 如果 $t_f<t_f^*$，则燃料最优问题(Prob2)无可行解；如果给定 $t_f=t_f^*$，则燃料最优问题(Prob2)有解且该解为时间最优解；如果给定 $t_f>t_f^*$，燃料最优问题(Prob2)有可行解。

证明 因为燃料最优问题与时间最优问题具有相同约束条件，因此当给定 t_f 小于 t_f^* 时无可行解；同时可以推得当 $t_f=t_f^*$ 时，燃料最优解即时间最优解。

当 $t_f>t_f^*$ 时，根据假设5.1可以得到如下燃料最优问题的一种控制可行解：

$$\boldsymbol{T}=\begin{cases}\boldsymbol{T}^*, & t\leqslant t_f^* \\ m\left[\boldsymbol{\omega}\times(\boldsymbol{\omega}\times\boldsymbol{r})-\dfrac{\partial U(\boldsymbol{r})}{\partial \boldsymbol{r}}\right], & t_f^*<t\leqslant t_f\end{cases} \tag{5-115}$$

式中，$\boldsymbol{T}^*$ 为时间最优控制。利用式(5-115)控制，当 $t\leqslant t_f^*$ 时，探测器将沿时间最优轨迹下降；当 $t=t_f^*$ 时，控制将维持探测器以零速度停在着陆点位置。 □

定义最小着陆误差问题(Prob3)最优指标为

$$J=\|\boldsymbol{r}(t_f)-\boldsymbol{r}_f\| \tag{5-116}$$

终端约束条件为

$$\boldsymbol{v}(t_f)=[0,0,0]^{\mathrm{T}} \tag{5-117}$$

须满足所有约束条件分别为方程(5-2)～方程(5-5)，方程(5-7)和方程(5-117)。因此，本文研究的最小着陆误差问题与时间最优问题相比，约束条件仅终端约束不同。

对于该最小着陆误差问题，满足以下命题。

命题 5.3 如果 $t_f<t_f^*$，则最小着陆误差问题(Prob3)无可行解或有解且最优指标大于0；如果给定 $t_f=t_f^*$，则最小着陆误差问题(Prob3)有解且最优指标为0，该解也为时间最优解；如果给定 $t_f>t_f^*$，最小着陆误差问题(Prob3)有可行解且最优指标为0。

证明 当 $t_f<t_f^*$ 时，由于最小着陆误差问题有终端约束，因此可能无可行解。但如果存在可行解，则最优指标必大于0。否则，时间最优问题存在 $t_f<t_f^*$ 的可行解，与 t_f^* 为最短可行时间的前提矛盾。

当 $t_f=t_f^*$ 时，可以直接推得最小着陆误差问题解为时间最优解且最优指标为0。

当 $t_f>t_f^*$ 时，式(5-115)中解为最小着陆误差问题可行解且对应指标为0。因此当 $t_f>t_f^*$ 时，问题有解且最优指标为0。 □

命题5.2和命题5.3为时间最优问题等价关联提供了准则。由这两个命题可以得到，时间最优问题的最优飞行时长 t_f^* 是使得燃料最优问题变为可行以及最小着陆误差问题最优指标变为 0 的临界飞行时长。当 $t_f = t_f^*$ 时，时间最优问题与可凸化的燃料最优问题和最小着陆误差问题等价关联。

一种确定 t_f^* 的直接的方法是利用线性搜索 t_f 来获得临界时间 t_f^*。该方法曾被用于确定终端时间自由的燃料最优问题的最优时间[10]。在线性搜索过程中，从一个合理的较小的值开始搜索 t_f 并以固定步长 Δt_f 逐步增大 t_f。对于每一个给定的 t_f，求解燃料最优问题或最小着陆误差问题。在该方法中，步长 Δt_f 需要足够小以确保获得的近似最优飞行时长与真实的 t_f^* 足够接近。这样将导致搜索效率变得低下。另外的搜索方法，比如二分法等，可以用于提高搜索效率。以二分法为例，开始搜索前需要给定小于 t_f^* 的搜索时间下界 t_{low} 和大于 t_f^* 的搜索上界 t_{up}。为了快速搜索的目的，t_{low} 和 t_{up} 需要足够接近。5.7.4 节将给出一种利用外推插值方法确定一对接近的 t_{low} 和 t_{up} 的方法。

在燃料最优问题和最小着陆误差问题中还存在两个非凸因素，即式(5-3)中质量分母和不规则引力项。文献[8,10]已提出了处理这两个非凸因素的凸化技术。因此，本书仅对凸化技术做简单介绍。对于第一个非凸因素的处理方法是，首先对质量和推力的变量替换，然后对新的推力约束不等式的泰勒级数作截断以实现 SOCP 求解要求[8,10]。对于第二个非凸因素的处理方法是 SSM 方法[8]。在 SSM 方法中，每个离散时间点对应的引力非线性项通过参考轨迹对应时刻的位置求解从而使得动力学方程线性化。参考轨迹将不断更新为每次迭代求解中新优化的轨迹直到新优化轨迹与参考轨迹间的偏差小于容许值 δ。在本节的仿真算例中，文献[8]中的凸化技术将用于转化燃料最优问题和最小着陆误差问题为序列的 SOCP 问题。

对比前面方法，本书还将提出一种新的消除质量分母引起的非凸性的方法。对于最小着陆误差问题，5.7.2 节将证明质量也可以在优化前通过式(5-27)计算。根据该性质，5.7.3 节将给出无须凸化质量分母项的简化最小着陆误差问题。此外，本书将利用多面体引力场[22,30]代替文献[8]中的二阶球谐系数引力场。仿真结果将验证 SSM 方法对解决多面体引力场问题时的有效性。

5.7.2 最小着陆误差问题性质

根据前面对 $t_f < t_f^*$ 的分析，燃料最优问题始终无可行解，而最小着陆误差问题则可能有可行解。因此，求解最小着陆问题对求解时间最优问题提供了更有效的途径。然后，我们将证明关于最小着陆问题最优推力大小和最优指标的两条重要性质。这两条性质对于 5.7.3 节和 5.7.4 节中快速优化技术十分关键。

第一条性质是当 $t_f \leqslant t_f^*$ 时，最小着陆问题的最优推力大小和时间最优问题一样保持最大值，有如下命题。

命题 5.4 如果最小着陆误差问题(Prob3)有可行解，则最优推力大小对于 $t_f \leqslant t_f^*$ 时保持最大值。

证明 首先证明当 $t_{\mathrm{f}}<t_{\mathrm{f}}^{*}$ 时，最优推力大小保持最大值。

对于该问题，哈密顿函数、欧拉-拉格朗日条件和质量协态量横截条件与时间最优问题一致，即式(5-11)、式(5-12)～式(5-14)和式(5-22)。因此，命题5.1证明中情况(1)和情况(2)的分析对该问题仍然成立，即最优推力大小保持最大值。

由于终端时刻固定，静态条件(5-24)对该问题不再存在。但由于终端位置是自由的，所以存在额外的横截条件。将 $\varphi=\|\boldsymbol{r}(t_{\mathrm{f}})-\boldsymbol{r}_{\mathrm{f}}\|$ 代入方程(5-21)，可以得到

$$\boldsymbol{\lambda}_{r}(t_{\mathrm{f}})=\frac{\partial\|\boldsymbol{r}(t_{\mathrm{f}})-\boldsymbol{r}_{\mathrm{f}}\|}{\partial\boldsymbol{r}(t_{\mathrm{f}})}=\frac{\boldsymbol{r}(t_{\mathrm{f}})-\boldsymbol{r}_{\mathrm{f}}}{\|\boldsymbol{r}(t_{\mathrm{f}})-\boldsymbol{r}_{\mathrm{f}}\|} \tag{5-118}$$

根据命题5.3，当 $t_{\mathrm{f}}<t_{\mathrm{f}}^{*}$ 时 $\boldsymbol{r}(t_{\mathrm{f}})$ 不等于 $\boldsymbol{r}_{\mathrm{f}}$。因此，$\|\boldsymbol{\lambda}_{r}(t_{\mathrm{f}})\|$ 不等于0。基于命题5.1证明中情况(3)中的分析，如果 $\|\boldsymbol{\lambda}_{r}\|$ 保持为0，则 $\boldsymbol{\lambda}_{r}(t_{\mathrm{f}})$ 为0，矛盾。因此情况(3)不会发生，所以当 $t_{\mathrm{f}}<t_{\mathrm{f}}^{*}$ 时，最优推力大小保持最大值。

根据命题5.3，当 $t_{\mathrm{f}}=t_{\mathrm{f}}^{*}$ 时最小着陆误差问题与时间最优问题等价。因此，当 $t_{\mathrm{f}}=t_{\mathrm{f}}^{*}$ 时最优推力大小保持最大值。

得证。 □

根据命题5.4可知，对于 $t_{\mathrm{f}}\leqslant t_{\mathrm{f}}^{*}$ 的最小着陆误差问题，探测器下降过程中质量可以由式(5-27)计算。

根据命题5.3可知，对于 $t_{\mathrm{f}}>t_{\mathrm{f}}^{*}$ 时 $\boldsymbol{r}(t_{\mathrm{f}})=\boldsymbol{r}_{\mathrm{f}}$。从而，命题5.4证明中的 $\|\lambda_{r}(t_{\mathrm{f}})\|\neq 0$ 不再成立。因此，最优推力大小无法保证始终取最大值。此外，式(5-115)提供的可行解对应的指标为0，为最优值。对于该最优解，推力大小没有保持最大值。因此，可以推断对于 $t_{\mathrm{f}}>t_{\mathrm{f}}^{*}$ 的最小着陆误差问题，推力大小未始终保持最大值。

此外，需要注意的是命题5.4的证明过程不需要使用假设5.1。

第二条性质是当 $t_{\mathrm{f}}\leqslant t_{\mathrm{f}}^{*}$ 时最小着陆问题的最优指标关于 t_{f} 单调递减并且当 $t_{\mathrm{f}}>t_{\mathrm{f}}^{*}$ 时保持为0。在命题5.3中，我们已经证明了当 $t_{\mathrm{f}}>t_{\mathrm{f}}^{*}$ 时最优指标保持为0。这里仅需证明最优指标单调性即可。

命题5.5 如果当 $t_{\mathrm{f}}=t_{A}<t_{\mathrm{f}}^{*}$ 时最小着陆误差问题(Prob3)有可行解且 $t_{A}<t_{B}\leqslant t_{\mathrm{f}}^{*}$，则当 $t_{\mathrm{f}}=t_{B}$ 时最小着陆误差问题(Prob3)有可行解并且最优指标小于 $t_{\mathrm{f}}=t_{A}$ 时的最优指标，即 $J^{*}(t_{B})<J^{*}(t_{A})$。

证明 记 $t_{\mathrm{f}}=t_{A}$ 时最优推力为 $\boldsymbol{T}_{A}^{*}(t)$。利用该推力，$\boldsymbol{v}(t_{A})=0$。根据假设5.1，推力有足够控制能力平衡其他模型力，所以可以保持速度为0。因此，采用以下推力解为当 $t_{\mathrm{f}}=t_{B}$ 时最小着陆问题的可行解：

$$\boldsymbol{T}_{B}(t)=\begin{cases}\boldsymbol{T}_{A}^{*}, & t\leqslant t_{A}\\ m\left[\boldsymbol{\omega}\times(\boldsymbol{\omega}\times\boldsymbol{r})-\dfrac{\partial U(\boldsymbol{r})}{\partial\boldsymbol{r}}\right], & t_{A}<t\leqslant t_{B}\end{cases} \tag{5-119}$$

对于式(5-119)中的推力解，最小着陆问题 $t_f=t_B$ 时的指标与 $t_f=t_A$ 时的最优指标相等，即 $J(t_B)=J^*(t_A)$。

根据命题 5.5，最优推力大小应保持为最大值。但是对于式(5-119)中的解，当 $t\leqslant t_A$ 时 $\|\boldsymbol{T}_B(t)\|=\|\boldsymbol{T}_A^*(t)\|=T_{max}$，而当 $t_A<t\leqslant t_B$ 时 $\|\boldsymbol{T}_B(t)\|<T_{max}$。所以利用式(5-119)可知，$\boldsymbol{T}_B(t)$ 的解并非最优解，即 $J(t_B)$ 大于最优指标 $J^*(t_B)$。因此，$J^*(t_B)<J(t_B)=J^*(t_A)$。 □

5.7.3 简化最小着陆误差问题

5.7.2 节证明了当 $t_f\leqslant t_f^*$ 时，最小着陆误差问题的推力始终保持满开。因此，质量消耗的微分方程有解析解，且优化过程中质量可以看作一个已知参数而不是状态变量。那么，状态量 $\boldsymbol{x}=[\boldsymbol{r}^T,\boldsymbol{v}^T,m]^T$ 可以简化为 $\boldsymbol{x}=[\boldsymbol{r}^T,\boldsymbol{v}^T]^T$。对应的简化最小着陆误差问题(Prob4)指标仍为式(5-116)，其中终端时间 t_f 固定。约束条件比最小着陆误差问题减少质量微分方程约束，为方程(5-2)、(5-3)、(5-5)、(5-7)和方程(5-117)。

动力学约束方程(5-3)中 $\boldsymbol{T}/m$ 项的质量

$$m(t_k)=m_0-\frac{T_{max}}{I_{sp}g_0}t_k \tag{5-120}$$

在简化最小着陆误差问题中仍然采用 $\|\boldsymbol{T}\|\leqslant T_{max}$ 约束条件的原因是约束 $\|\boldsymbol{T}\|=T_{max}$ 是非凸的。下面将证明该问题中最优推力的大小仍为 T_{max}。

命题 5.6 当 $t_f\leqslant t_f^*$ 时，简化最小着陆问题(Prob4)的最优推力大小为 T_{max}。

证明 对于该问题，式(5-11)中哈密顿函数变为

$$H(\boldsymbol{x},\boldsymbol{\lambda},u,\boldsymbol{\alpha})=\boldsymbol{\lambda}_r\cdot\boldsymbol{v}+\boldsymbol{\lambda}_v\cdot\left[-2\boldsymbol{\omega}\times\boldsymbol{v}-\boldsymbol{\omega}\times(\boldsymbol{\omega}\times\boldsymbol{r})+\frac{\partial U(\boldsymbol{r})}{\partial\boldsymbol{r}}+\frac{T_{max}u}{m}\boldsymbol{\alpha}\right] \tag{5-121}$$

与最小着陆误差问题相比，式(5-12)和式(5-13)中的欧拉-拉格朗日条件以及式(5-118)中的终端位置横截条件没有改变。因此，最小着陆误差问题中当 $t_f<t_f^*$ 时最优推力大小为 T_{max} 的证明对简化最优着陆误差问题仍然成立。当 $t_f<t_f^*$ 时，若最优推力大小不为 T_{max}，则与命题 5.1 矛盾。综上，简化最小着陆误差问题对 $t_f\leqslant t_f^*$ 的情况最优推力大小均为 T_{max}。 □

此外，也有必要证明当 $t_f>t_f^*$ 时简化最小着陆误差问题的最优指标为 0。具体证明在如下命题的证明中给出。

命题 5.7 当 $t_f>t_f^*$ 时，简化最小着陆问题(Prob4)的最优指标为 0。

证明 最优控制的可能形式为

$$\boldsymbol{T}=\begin{cases}\boldsymbol{T}^*, & t\leqslant t_f^*\\ m(t_k)\left[\boldsymbol{\omega}\times(\boldsymbol{\omega}\times\boldsymbol{r})-\dfrac{\partial U(\boldsymbol{r})}{\partial\boldsymbol{r}}\right], & t_f^*<t\leqslant t_f\end{cases} \tag{5-122}$$

式中,$m(t_k)$通过式(5-120)计算获得。根据命题5.3证明中的分析可知,应用式(5-122)可得最优指标为0。 □

结合命题5.6和命题5.7可以得出,简化最小着陆误差问题与最小着陆误差问题在求解时间最优轨迹时是等价的。

下面我们将讨论简化最小着陆误差问题的凸化方法。由于离散点质量可以优化前计算得到,质量分母项不再是非凸因素。状态量的维度也同时减低了。SSM方法中线性化的动力学方程简化为

$$\dot{\boldsymbol{x}}(t_k)=\boldsymbol{A}(\hat{\boldsymbol{r}})\boldsymbol{x}(t_k)+\boldsymbol{B}\boldsymbol{u}+\boldsymbol{c}(\hat{\boldsymbol{r}}) \tag{5-123}$$

式中,$\hat{\boldsymbol{r}}$表示参考轨迹,控制$\boldsymbol{u}$的形式为

$$\boldsymbol{u}=\frac{\boldsymbol{T}}{m(t_k)} \tag{5-124}$$

$\boldsymbol{A}(\hat{\boldsymbol{r}})$、$\boldsymbol{B}$和$\boldsymbol{c}(\hat{\boldsymbol{r}})$的表达式分别为

$$\boldsymbol{A}(\hat{\boldsymbol{r}})=\begin{bmatrix} 0 & 0 & 0 & 1 & 0 & 0 \\ 0 & 0 & 0 & 0 & 1 & 0 \\ 0 & 0 & 0 & 0 & 0 & 1 \\ \omega^2-\dfrac{\mu}{\|\hat{\boldsymbol{r}}(t_k)\|^2} & 0 & 0 & 0 & 2\omega & 0 \\ 0 & \omega^2-\dfrac{\mu}{\|\hat{\boldsymbol{r}}(t_k)\|^2} & 0 & -2\omega & 0 & 0 \\ 0 & 0 & -\dfrac{\mu}{\|\hat{\boldsymbol{r}}(t_k)\|^2} & 0 & 0 & 0 \end{bmatrix} \tag{5-125}$$

$$\boldsymbol{B}=\begin{bmatrix} 0 & 0 & 0 \\ 0 & 0 & 0 \\ 0 & 0 & 0 \\ 1 & 0 & 0 \\ 0 & 1 & 0 \\ 0 & 0 & 1 \end{bmatrix} \tag{5-126}$$

$$\boldsymbol{c}(\hat{\boldsymbol{r}})=\begin{bmatrix} 0 \\ 0 \\ 0 \\ \nabla U(\hat{\boldsymbol{r}}(t_k))+\dfrac{\mu}{r^3}\hat{\boldsymbol{r}}(t_k) \end{bmatrix} \tag{5-127}$$

式(5-125)和式(5-127)中$\hat{\boldsymbol{r}}(t_k)$为$t_k$时刻参考轨迹的位置,$\mu$为目标小行星质点引力。

本节中,采用$\boldsymbol{r}_0$和$\boldsymbol{r}_\mathrm{f}$间线性插值获取初始参考轨迹。

5.7.4 最优飞行时长快速搜索方法

根据命题 5.5 中最小着陆误差问题性质，当 $t_f \leqslant t_f^*$ 时最优指标关于 t_f 单调递减，当 $t_f \geqslant t_f^*$ 时最优指标保持为 0。因此，可以用少数(t_f，J_{Prob3})点通过外推插值的方法来估计最优时间 t_f^*。利用获得的估计的最优时间可以通过几次凸优化获得二分法的一对接近的初始时间上下界 t_{low} 和 t_{up}。进一步，利用二分法可以通过少量点的计算获得精确的最优时间。

最优快速搜索算法包括三部分。第一部分是执行外推插值(Step 1～Step 3)。第二部分是生成二分法用的 t_{low} 和 t_{up}(Step 4)。第三部分通过二分法确定设定精度的最优时间 t_f^*(Step 5)。具体算法步骤如图 5-24 所示。

在该算法中，使用小量 ε 的原因是计算所得 $J(t_f^*)$ 并不是精确为 0，γ 控制 t_{low} 和 t_{up} 间隔的宽度，δt^1 是用于外推插值的前三个离散时刻的步长，δt^2 控制二分法求解 t_f^* 的精度。

需要指出的是，由于算法中设定二分法求解终止时 t_f^* 选取为 t_{up}，所以解出的 t_f^* 将比真实的 t_f^* 稍大。根据命题 5.3，这样设定的优点在于保证解出的着陆误差为 0。另外，根据命题 5.4 后的讨论分析，当 $t_f > t_f^*$ 时推力不能保证严格满开。但是，当解出的 t_f^* 趋向于真实的 t_f^* 时，得到的最优推力将趋向于满开。

5.7.5 仿真算例

本小节将验证上文提出的时间最优轨迹快速求解方法。仿真算例中目标小行星选取为 2063 Bacchus 和 101 955 Bennu。推力形式选取为有限推力或小推力。有限推力由化学推进提供，特点是推力大但比冲小。小推力由电推进提供，特点是比冲大。为了计算多面体引力场，对 101 955 Bennu 选取含 1348 个顶点和 2692 个面的多面体模型[23]，对 2063 Bacchus 选取含 2048 个顶点和 4092 个面的多面体模型[31]。101 955 Bennu 和 2063 Bacchus 的密度分别为 970 $\mathrm{kg/m^3}$ 和 2000 $\mathrm{kg/m^3}$，自转周期分别为 4.288 h 和 14.9 h[32]。凸优化求解采用 MATLAB® 凸优化软件 CVX[28,29]。在凸优化求解过程中，将调用 CVX 内置的求解器 SDPT3。外推插值 t_f^* 估计值时，调用 MATLAB® 函数 interp1 并选择分段三次样条插值方法。所有仿真算例均在个人计算机完成。计算机 CPU 为主频 2.6 GHz 的 Intel Core i5-4210，内存共 4 GB。

Step 1	根据公式 $t_1=\sqrt{2\lVert \boldsymbol{r}_{\mathrm{f}}-\boldsymbol{r}_0\rVert m_0/T_{\max}}$，$t_2=t_1+\delta t^1$，$t_3=t_2+\delta t^1$，初始化三个离散时刻 t_1，t_2 和 t_3。
Step 2	计算时刻 t_1、t_2 和 t_3 简化最小着陆误差问题对应凸优化问题的最优指标——$J(t_1)$，$J(t_2)$和 $J(t_3)$。

Step 3	令 $k=3$ 并执行以下循环：
	While($J(t_k)>\varepsilon$)
	{
	采用样条外推插值法，利用数据 $t_1,t_2,\cdots,t_k$ 和 $J(t_1),J(t_2),\cdots,J(t_k)$ 获取 $J(t_{k-1})=\varepsilon$ 的时间点 t_{k+1}；
	$k=k+1$；
	用凸优化求解 $J(t_k)$；
	}。

Step 4	If($t_k-t_{k-1}<2\gamma$)，则
	$t_{\mathrm{up}}=t_k$，$t_{\mathrm{low}}=t_{k-1}$；
	else
	{
	$t_{\mathrm{up}}=t_k$，$t_{\mathrm{low}}=t_{\mathrm{up}}-\gamma$；
	用凸优化计算 $J(t_{\mathrm{low}})$；
	While($J(t_{\mathrm{low}})<\varepsilon$)
	{
	$t_{\mathrm{up}}=t_{\mathrm{low}}$，$t_{\mathrm{low}}=t_{\mathrm{low}}-\gamma$；
	用凸优化计算 $J(t_{\mathrm{low}})$；
	}
	}。

Step 5	While($t_{\mathrm{up}}-t_{\mathrm{low}}>\delta t^2$)
	{
	$t_m=(t_{\mathrm{up}}-t_{\mathrm{low}})/2$；
	用凸优化计算 $J(t_m)$；
	if($J(t_m)<\varepsilon$)
	$t_{\mathrm{up}}=t_m$；
	else
	$t_{\mathrm{low}}=t_m$；
	}
	$t_{\mathrm{f}}^*=t_{\mathrm{up}}$。

图 5-24 时间最优凸优化求解算法流程图

本书共选取三个不同仿真算例。在仿真算例中，SSM 方法求解的偏差容许值 δ 设为 10^{-5} km；快速搜索算法中 ε 设为 10^{-5} km，γ 设为 2 s，δt^2 设为 1 s；动力学方程离散的步长 dt 选取为 2 s。快速搜索算法的 δt^1 在三个算例中分别选取为 40 s，40 s 和 60 s。

算例 1：有限推力着陆小行星 2063 Bacchus(a)

在本算例中，探测器初始时刻悬停在小行星自然平衡点[32,33]。着陆点选择为悬停点下方一个点。

仿真中用到的参数如下：$\boldsymbol{r}_0=[0.020,-1.074,0.001]^{\mathrm{T}}$ km，$\boldsymbol{v}_0=[0.001,0.001,0.001]^{\mathrm{T}}$ m/s，$m_0=1000$ kg，$\boldsymbol{r}_{\mathrm{f}}=[0.130,-0.210,0.100]^{\mathrm{T}}$ km，$I_{\mathrm{sp}}=225$ s，$T_{\max}=2$ N。

外推插值的过程，即搜索算法 Step 1 ～ Step 3，如图 5-25 所示。在第一次外推插值中，利用前三个点的数据估计最优时间，外推插值得到的时间为 1312.315 s。

设定 $t_{\mathrm{f}}=1312.315$ s 并求解最小着陆误差问题，计算得最小着陆误差大于 ε。因此，用第四个点与前三个点一同进行第二次外推插值，插值得到的时间为 1341.313 s。由图 5-25 可知，第二次外推插值得到的时间点非常接近于最小着陆误差减小为 0 的时刻。在本算例求解过程中，一共需要两次外推插值。

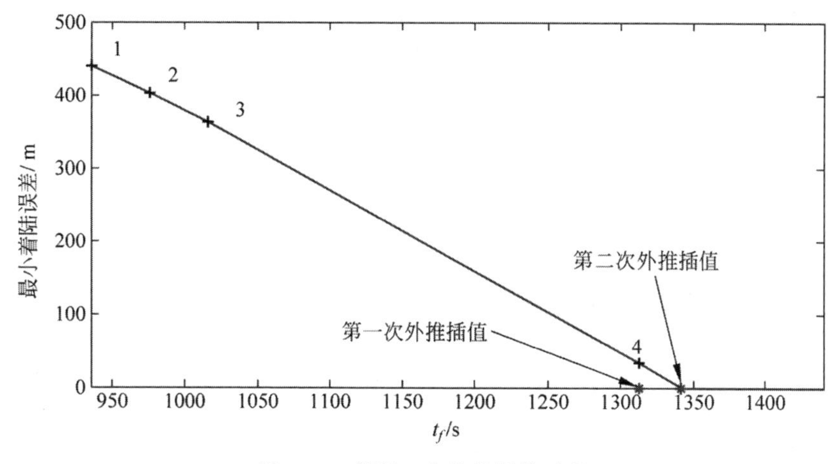

图 5-25 算例 1 中外推插值过程

利用得到的估计最优时间，搜索算法 Step 4 生成了二分法需要的搜索时间上下界：$t_{\mathrm{low}}=1339.313$ s，$t_{\mathrm{up}}=1341.313$ s。

在求解精度为 1 s 的条件下，执行算法 Step 5，即使用二分法求解得到最优时间，计算结果为 $t_{\mathrm{f}}^{*}=1340.813$ s。因此，第二次外推插值得到的时间非常接近于最终得到的 t_{f}^{*}。对于本算例，用二次外推插值即可对最优时间作精确的估计。

在整个求解过程中，用凸优化方法一共求解了 8 个不同 t_{f} 对应的简化最小着陆误差问题。

选取 $t_{\mathrm{f}}=t_{\mathrm{f}}^{*}=1340.813$ s 并优化简化最小着陆误差问题，可以得到时间最优着陆轨迹优化结果，如图 5-26 所示。由图 5-26(a)、(b)和(d)可知探测器终端时刻软着陆与目标位置。由图 5-26(c)可知，整个下降过程中探测器的推力幅值基本保持在 2 N。同时也可以看到，推力幅值曲线上有一微小段的值略小于 2 N。这是因为得到的 $t_{\mathrm{f}}^{*}=1340.813$ s 比真实的 t_{f}^{*} 稍大。根据算法的精度设置，这两个时间的误差最多可能为 1 s。此外，整个下降过程中燃料消耗为 1.215 kg。

为了进一步验证命题 5.1、命题 5.6 及命题 5.4 后的推断，选取三个不同终端时刻 t_1、t_2 和 t_3 来优化简化最小着陆误差问题。如图 5-27(a)所示，三个终端时刻与 t_{f}^{*} 的关系为 $t_1<t_{\mathrm{f}}^{*}$，$t_2=t_{\mathrm{f}}^{*}$ 及 $t_3>t_{\mathrm{f}}^{*}$。对应的推力优化结果如图 5-27(b)、(c)和(d)所示。由图中推力幅值曲线可知，当 $t_{\mathrm{f}}<t_{\mathrm{f}}^{*}$ 和 $t_{\mathrm{f}}=t_{\mathrm{f}}^{*}$ 时推力幅值始终保持为最大值，而当 $t_{\mathrm{f}}>t_{\mathrm{f}}^{*}$ 时推力幅值不再保持推力最大值。这些数值结果与命题 5.1、命题 5.6 及命题 5.4 后的推断吻合。需要指出的是，图 5-27(c)中 $t_2=$

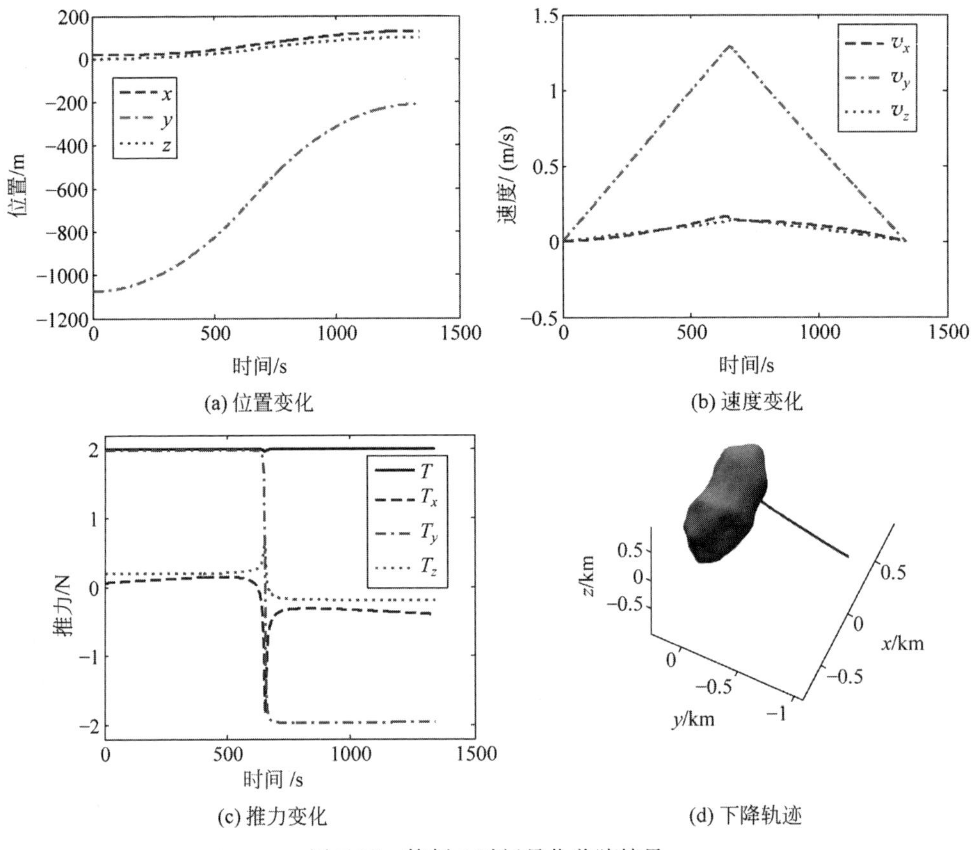

(a) 位置变化

(b) 速度变化

(c) 推力变化

(d) 下降轨迹

图 5-26 算例1时间最优着陆结果

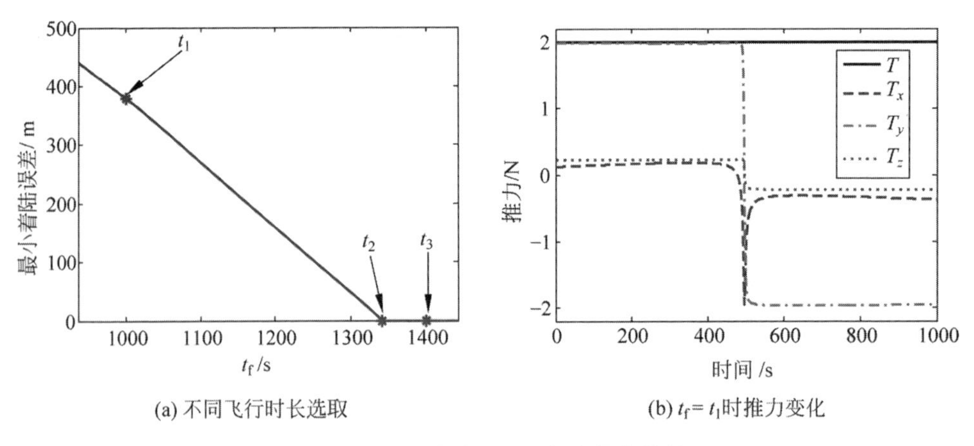

(a) 不同飞行时长选取

(b) $t_f=t_1$时推力变化

图 5-27 不同终端时间的推力优化结果

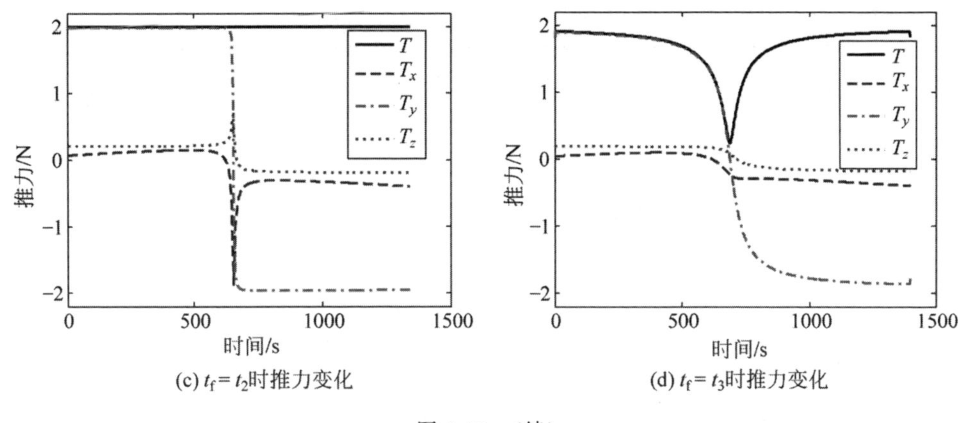

(c) $t_f=t_2$时推力变化
(d) $t_f=t_3$时推力变化

图 5-27 （续）

$t_f^*=1340.625$ s 是通过设置二分法求解精度为 0.1 s 得到的。因此，图 5-27(c)对应的时间最优解比图 5-27(c)中的解更精确。

算例 2：有限推力着陆小行星 2063 Bacchus(b)

在上一个算例中，我们考虑探测器从本体系悬停状态开始下降。这本算例中，我们考虑探测器初始速度不接近于零的情况，从而验证算法对初始状态非悬停的情况的有效性。

仿真中用到的参数如下：$\boldsymbol{r}_0=[0.020,-1.074,0.001]^{\mathrm{T}}$ km，$\boldsymbol{v}_0=[1.0,0.001,0.001]^{\mathrm{T}}$ m/s，$m_0=1000$ kg，$\boldsymbol{r}_f=[0.130,-0.210,0.100]^{\mathrm{T}}$ km，$I_{sp}=225$ s，$T_{max}=2$ N。

外推插值的过程如图 5-28 所示。在第一次外推插值得到的时间为 1484.780 s，第二次外推插值得到的时间为 1607.828 s，在搜索算法中一共仅需两次外推插值，通过二分法得到的最优飞行时长为 1599.328 s。因此，本算例中第二次外推插值得到时间也是一个好的最优飞行时长估计值。在整个求解过程中，一共需要对 12 个 t_f 点进行凸优化。

选取 $t_f=t_f^*=1599.328$ s 并优化简化最小着陆误差问题，可以得到时间最优着陆轨迹优化结果，如图 5-29 所示。图 5-29 结果验证了时间最优推力始终保持最大值并且探测器在终端时间实现在目标位置软着陆。整个下降过程燃料消耗为 1.450 kg。

算例 3：小推力着陆小行星 101 955 Bennu

在深空探测中，连续小推力推进由于其大比冲的特点相对于传统化学推进更为有效[34]。如果日心转移段和着陆段均采用小推力推进，则可以避免在探测器上安装两类发动机[34]。相对有限推力着陆，小推力着陆时推力更小，因此所需要的最优飞行时长更长。这个算例将验证本书算法对小推力着陆时间最优轨迹求解的有效性。

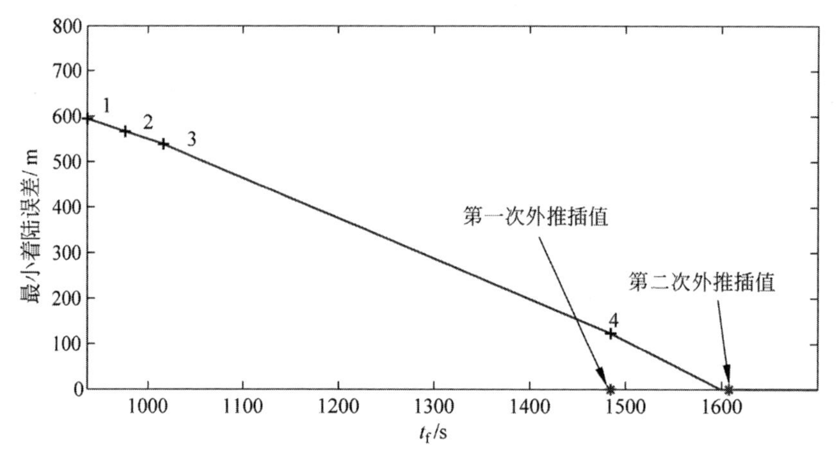

图 5-28 算例 2 中外推插值过程

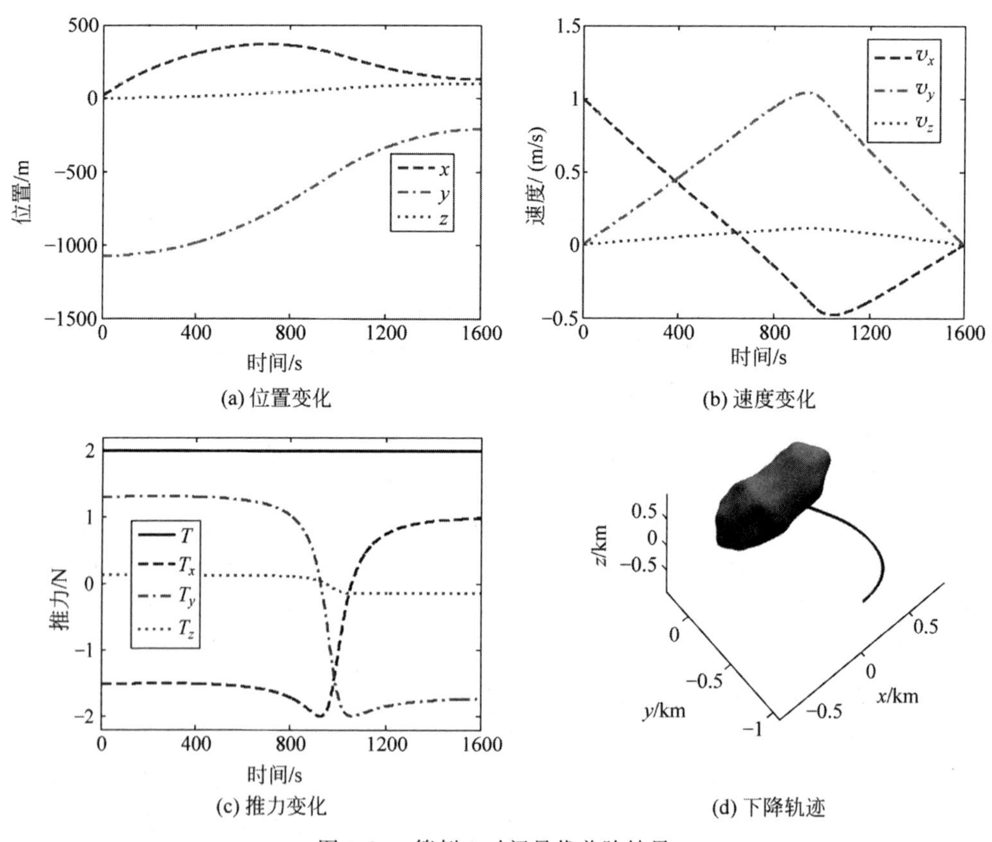

(a) 位置变化 (b) 速度变化

(c) 推力变化 (d) 下降轨迹

图 5-29 算例 2 时间最优着陆结果

仿真中用到的参数如下：$\boldsymbol{r}_0=[0.720,0.035,0.120]^{\mathrm{T}}$ km，$\boldsymbol{v}_0=[0.01,0.01,0.01]^{\mathrm{T}}$ m/s，$m_0=800$ kg，$\boldsymbol{r}_{\mathrm{f}}=[0.220,0.031,0.100]^{\mathrm{T}}$ km，$I_{\mathrm{sp}}=3800$ s，$T_{\max}=0.3$ N。

外推插值的过程如图 5-30 所示。在第一次外推插值得到的时间为 2468.970 s，第二次外推插值得到的时间为 2592.564 s，在搜索算法中一共仍然仅需两次外推插值，通过二分法得到的最优飞行时长为 2588.751 s。因此，本算例中第二次外推插值得到时间是最优飞行时长精确的估计值。在整个求解过程中，一共需要对 9 个 t_{f} 点进行凸优化。

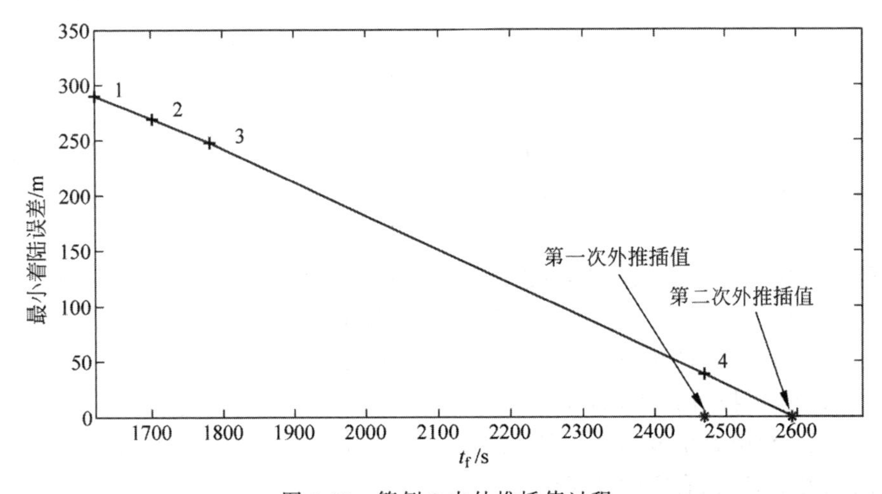

图 5-30 算例 3 中外推插值过程

选取 $t_{\mathrm{f}}=t_{\mathrm{f}}^{*}=2588.751$ s，并优化简化最小着陆误差问题，可以得到时间最优着陆轨迹优化结果，如图 5-31 所示。与前两个算例结果一致，本算例结果推力始终保持最大值并且探测器在终端时间实现在目标位置软着陆。整个下降过程燃料消耗为 0.021 kg。

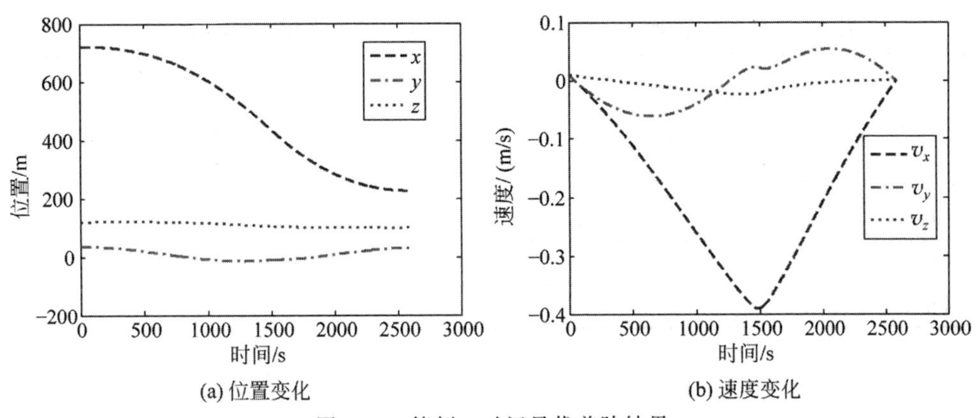

图 5-31 算例 3 时间最优着陆结果

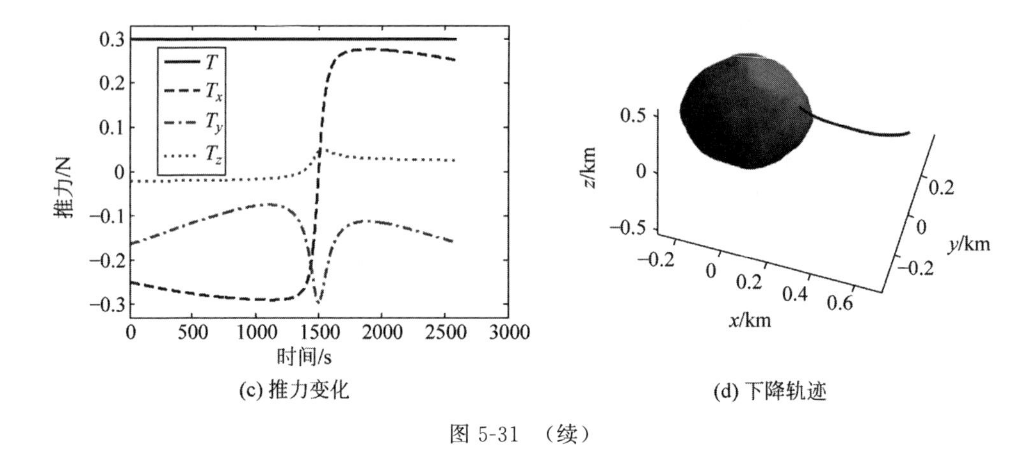

(c) 推力变化

(d) 下降轨迹

图 5-31 （续）

至此，以上三个算例均表明最优飞行时长估计值仅需 4 次求解凸优化问题和两次外推插值，同时需要凸优化求解总共约 10 次的简化最小着陆误差问题来得到最优飞行时长的精确值。

下面将验证使用简化最小着陆误差问题的计算优势。表 5.6 列出了当 $t_f=t_f^*$ 时凸优化求解燃料最优问题、最小着陆误差问题和简化最小着陆误差问题所需的 SSM 迭代次数和总 CPU 时间。表中所列的总 CPU 时间是 CVX 软件[28,29]在每次 SSM 迭代时报告的 CPU 时间之和，可以用于反映凸优化的计算时间。如表 5.7 所示，利用简化最小着陆误差问题求解时，相对于燃料最优问题和最小着陆误差问题关于 CPU 时间的加速倍数大约为十倍至百倍。根据表 5.7 结果可知，利用本文提出的简化最小着陆误差问题可以显著降低计算时间，并且对更大的 t_f 其优势更明显。

此外，在求解三个算例中 SSM 迭代的次数为 4～5 次。该结果与文献[8]中最多 5 次迭代的结论相符。并且本书验证了 SSM 方法对解决多面体引力场的有效性。

表 5.6 当 $t_f=t_f^*$ 时三个算例凸优化求解 SSM 迭代次数和总 CPU 时间

优化问题	算例 1		算例 2		算例 3	
	SSM 迭代次数	总 CPU 时间/s	SSM 迭代次数	总 CPU 时间/s	SSM 迭代次数	总 CPU 时间/s
燃料最优	5	75.82	4	121.90	4	295.08
最小着陆误差	4	140.02	4	210.01	4	325.04
简化最小着陆误差	4	2.27	4	1.99	4	2.92

表 5.7 当 $t_f=t_f^*$ 时利用简化最小着陆误差问题的优势

描述	算例 1 (1340.813 s)	算例 2 (1599.328 s)	算例 3 (2588.751 s)
比燃料最优问题加速倍数	33.40	61.26	101.05
比最小着陆误差问题加速倍数	61.68	105.54	111.32

5.8 本章小结

本章分别介绍了求解燃料最优和时间最优制导律的轨迹优化方法。对于燃料最优着陆轨迹优化问题,本章应用并扩展了日心转移燃料最优轨迹求解的同伦方法。该方法通过同伦参数,将燃料最优问题与能量最优问题的问题建立了联系并构建了两点边值问题。对于燃料最优着陆问题重新推导了开关函数检测方程。在仿真算例中,以小行星 433 Eros 为例,验证了本方法在求解燃料最优着陆轨迹时的有效性。仿真结果中推力同伦过程表明,推力随着同伦参数的变化逐步变为不连续的燃料最优 bang-bang 控制。为了进一步提高能量最优问题的求解收敛性,本章通过同伦参数将能量最优控制问题与零重力广义能量最优控制问题建立联系,并给出了零重力广义能量最优控制问题的近似解析解。在仿真算例中,分别以中等推力着陆小行星 433 Eros 和小推力着陆 101 955 Bennu 为例,验证了方法在提高收敛性和计算效率方面的优势。此外,本章还介绍了一种基于凸优化方法的燃料最优问题求解方法。该方法通过逐步求解策略有效解决了凸优化求解中非线性引力场的问题。

对于时间最优着陆轨迹优化问题,本章介绍了一种基于凸优化的新方法。为了利用凸优化求解时间最优着陆轨迹规划问题,推导了时间最优着陆问题和可凸化的最小着陆误差问题的等价关联准则,从而可以采用最小着陆误差问题求解时间着陆最优轨迹。本章中给出了最小着陆误差问题中当给定飞行时长等于或小于最优时长时推力大小始终保持最大值的证明。根据该特性,得到了简化最小着陆误差问题,用于替换最小着陆误差问题从而提高求解效率。利用推力幅值大于离心力和引力合力的假设,可以得到以下特性:当给定飞行时长小于最优时长时,最小着陆误差随飞行时长增加而单调减小;当给定飞行时长大于或等于最优时长时,最小着陆误差保持为零。基于该特性,本章介绍了一种结合外推插值和二分法的快速确定最优飞行时长的搜索方法。三个算例的仿真结果表明本章方法在求解时间最优着陆轨迹时的有效性。仅需要两次外推插值就可以得到最优飞行时长的一个很好估计值。这个求解过程中,大约需要用凸优化方法求解大约 10 个不同飞行时长对应的简化最小着陆误差问题来得到精度为 1 s 的最优飞行时长。三个算例仿真结果还表明,当给定飞行时长为最优飞行时长时,利用简化最小着陆误差问题求解相对于用最小着陆误差问题求解和用燃料最优问题求解，关于 CPU 时间的加速倍数可达 1～2 个量级。因此，利用本章介绍的简化最小着陆误差问题可以有效地提高凸优化求解效率。

参考文献

[1] SIMPLÍCIO P, MARCOS A, Joffre E, et al. Review of guidance techniques for landing on small bodies[J]. Progress in aerospace sciences, 2018, 103: 69-83.

[2] JIANG F, BAOYIN H, LI J. Practical techniques for low-thrust trajectory optimization with homotopic approach[J]. Journal of guidance, control, and dynamics, 2012, 35(1): 245-258.

[3] GIL-FERNANDEZ J, GOMEZ-TIERNO M A. Practical method for optimization of low-thrust transfers[J]. Journal of guidance, control, and dynamics, 2010, 33(6): 1927-1931.

[4] CASALINO L, COLASURDO G, PASTRONE D. Optimization procedure for preliminary design of opposition-class Mars missions[J]. Journal of guidance, control, and dynamics, 1998, 21(1): 134-140.

[5] BERTRAND R, EPENOY R. New smoothing techniques for solving bang-bang optimal control problems—numerical results and statistical interpretation[J]. Optimal control applications and methods, 2002, 23(4): 171-197.

[6] YANG H, BAOYIN H. Fuel-optimal control for soft landing on an irregular asteroid[J]. IEEE Transactions on aerospace and electronic systems, 2015, 51(3): 1688-1697.

[7] YANG H, LI S, BAI X. Fast Homotopy method for asteroid landing trajectory optimization using approximate initial costates[J]. Journal of guidance, control, and dynamics, 2019, 42(3): 585-597.

[8] PINSON R, LU P. Rapid generation of optimal asteroid powered descent trajectories via convex optimization[C]//AAS/AIAA Astrodynamics Specialist Conference, August 9-13, 2015, Vail, Colorado. AAS 15-616.

[9] VANDENBERGHE L, BOYD S. Semidefinite programming[J]. SIAM review, 1996, 38(1): 49-95.

[10] ACIKMESE B, PLOEN S R. Convex programming approach to powered descent guidance for mars landing[J]. Journal of guidance, control, and dynamics, 2007, 30(5): 1353-1366.

[11] STURM J F. Implementation of interior point methods for mixed semidefinite and second order cone optimization problems[J]. Optimization methods and software, 2002, 17(6): 1105-1154.

[12] ACIKMESE B, SCHARF D, BLACKMORE L, et al. Enhancements on the convex programming based powered descent guidance algorithm for mars landing[C]//AIAA/AAS Astrodynamics Specialist Conference and Exhibit, August 18-21, 2008, Honolulu, Hawaii. AIAA 2008-6426.

[13] Scharf D P, Ploen S R, Acikmese B A. Interpolation-enhanced powered descent guidance for onboard nominal, off-nominal, and multi-X scenarios [C]//AIAA Guidance, Navigation, and Control Conference, January 5-9, 2015, Kissimmee, Florida. AIAA 2015-0850.

[14] LU P,LIU X. Autonomous trajectory planning for rendezvous and proximity operations by conic optimization[J]. Journal of guidance,control,and dynamics,2013,36(2): 375-389.

[15] Liu X,Lu P. Solving nonconvex optimal control problems by convex optimization[J]. Journal of guidance,control,and dynamics,2014,37(3): 750-765.

[16] YANG H,BAI X,BAOYIN H. Rapid generation of time-optimal trajectories for asteroid landing via convex optimization[J]. Journal of guidance, control, and dynamics, 2017, 40(3): 628-641.

[17] BLACKMORE L,ACIKMESE B,SCHARF D P. Minimum-landing-error powered-descent guidance for Mars landing using convex optimization[J]. Journal of guidance,control,and dynamics,2010,33(4): 1161-1171.

[18] GEERING H P. Optimal control with engineering applications[M]. Berlin: Springer,2007.

[19] MORÉ J J,GARBOW B S,HILLSTROM K E. User guide for MINPACK-1[R]. United States: Argonne National Lab,1980.

[20] THOMAS P C,JOSEPH J,CARCICH B T,et al. NEAR MSI SHAPE MODEL FOR 433 EROS V1. 0. NASA Planetary Data System,NEAR-A-MSI-5-EROS-SHAPE-MODELS-V1. 0[EB/OL]. (2004-08-02)[2018-03-05]. https://sbn. psi. edu/pds/resource/nearmod. html.

[21] BATTIN R. An Introduction to the mathematics and methods of astrodynamics[M]. New York: AIAA,1999.

[22] WERNER R A, SCHEERES D J. Exterior gravitation of a polyhedron derived and compared with harmonic and mascon gravitation representations of asteroid 4769 Castalia [J]. Celestial mechanics and dynamical astronomy,1996,65(3): 313-344.

[23] NOLAN M C,MAGRI C,Howell ES,et al. Asteroid (101955) Bennu Shape Model V1. 0. NASA Planetary Data System,EAR-A-I0037-5-BENNUSHAPE-V1. 0 [EB/OL]. (2013-09-23)[2018-04-01]. https://sbn. psi. edu/pds/resource/bennushape. html.

[24] YANG H, GONG S, BAOYIN H. Two-impulse transfer orbits connecting equilibrium points of irregular-shaped asteroids[J]. Astrophysics and space science,2015,357(1): 66.

[25] HAWKINS M,GUO Y,WIE B. ZEM/ZEV feedback guidance application to fuel-efficient orbital maneuvers around an irregular-shaped asteroid[C]//AIAA Guidance,Navigation, and Control Conference,August 13-16,2012,Minneapolis,Minnesota. AIAA 2012-5045.

[26] PINSON R, LU P. Trajectory design employing convex optimization for landing on irregularly shaped asteroids[J]. Journal of guidance,control,and dynamics,2018,41(6): 1243-1256.

[27] BRENT R P. Algorithms for minimization without derivatives[M]. New Jersey: Prentice-Hall,Englewood Cliffs,1973,47-80.

[28] GRANT M,BOYD,S. CVX: Matlab software for disciplined convex programming,version 2. 0 beta[EB/OL]. (2013-09)[2016-02-02]. http://cvxr. com/cvx.

[29] GRANT M C,BOYD S P. Graph implementations for nonsmooth convex programs[M]// Recent advances in learning and control. London: Springer,2008: 95-110.

[30] WERNER R A. The gravitational potential of a homogeneous polyhedron or don't cut corners[J]. Celestial mechanics and dynamical astronomy,1994,59(3): 253-278.

[31] Benner L A M,Hudson R S,Ostro S J,et al. Asteroid radar shape models,2063 Bacchus.

NASA Planetary Data System,EAR-A-5-DDR-RADARSHAPE-MODELS-V2.0: RSHAPES-2063BACCHUS-200405[EB/OL]. (2006-02-08)[2018-03-05]. https://sbnarchive.psi.edu/pds3/non_mission/EAR_A_5_DDR_RADARSHAPE_MODELS_V2_0/data/.

[32] WANG X,JIANG Y,GONG S. Analysis of the potential field and equilibrium points of irregular-shaped minor celestial bodies[J]. Astrophysics and space science,2014,353(1): 105-121.

[33] YANG H,BAI X,BAOYIN H. Finite-time control for asteroid hovering and landing via terminal sliding-mode guidance[J]. Acta astronautica,2017,132: 78-89.

[34] LANTOINE G,BRAUN R. Optimal trajectories for soft landing on asteroids[R]. AE8900 MS Special Problems Report,Space Systems Design Lab,Georgia Institute of Technology, Atlanta,GA,2006.

第6章 小行星表面着陆在线制导与控制

6.1 引言

为了实现安全着陆，探测器需要以接近零的相对速度落在目标着陆点处。但是由于地面与探测器之间存在通信延时，地面无法根据探测器自主导航系统得到当前状态信息并立即完成轨迹规划。因此，适合于在轨应用的在轨轨迹规划或制导方法对保障任务的成功十分有利。此外，在小行星的着陆飞行任务中，存在动力学模型不确定性和其他摄动力的扰动问题，闭环控制则可以帮助保证飞行任务的成功。

本章首先介绍一种可实时求解的轨迹规划方法[1]。第5章介绍了着陆轨迹最优制导方法。小行星表面着陆轨迹规划的数值求解方法包括间接法和直接法[2,4]，但是难以实现实时求解。为了提高轨迹优化效率，最优着陆轨迹规划问题被转换为凸优化问题[5,7]。对于第5章提及的在线计算制导方法，其中核心的部分是轨迹优化，而凸优化方法是实现实时轨迹优化的一种主要途径。但是，对于小行星不规则引力场中轨迹优化，这些方法在求解效率方面仍有一定不足。在已有的小行星着陆在线制导方法中轨迹实时规划的一种主要途径是利用多项式规划着陆轨迹[8,10]实现的。但是这类方法无法在轨迹规划中考虑推力约束。

本章首先介绍一种可以实现小行星着陆轨迹快速规划的方法，具备实时计算性能，也可以使规划的轨迹满足推力约束。为了实现实时求解目标，本章采用动力学解耦大幅降低求解复杂性。该思路是受四旋翼无人机实时轨迹规划方法[11,12]的启发。在文献[11]和文献[12]中，对计算复杂性和控制能力做了折中处理，从而将四旋翼无人机的三维运动被解耦为三个方向独立的运动。而对于小行星着陆问题，由于小行星引力通常比较弱，因此当控制能力降低后仍能实现着陆目的。为了推导解耦问题，首先利用引力抵消方法消除非线性引力的影响从而受控方程变为线性方程。然后逐步收紧约束并使用解耦权数对三个方向的运动进行解耦[11]。事实上，用主动控制抵消引力的方法在其他的研究中也有应用[13,17]

随后，本章给出了原问题的次优问题即解耦轨迹规划问题的控制解析解的推导。而利用解耦控制结果再通过代数运算即可以得到原问题轨迹规划对应的推力。重要的是，由解耦轨迹规划得到的轨迹满足原问题的推力大小约束条件。最后，将给出一种解耦轨迹规划的算法。

第5章介绍的最优制导及本章介绍的基于解耦轨迹规划的在线制导方法，若不结合跟踪控制或通过模型预测控制等方法形成闭环，则直接得到的控制属于开环控制。本章将进一步介绍基于滑模控制的小行星表面着陆制导与控制方法。

滑模控制是一种有效的非线性控制，当存在有界不确定性和扰动时，可以保障受控系统的稳定性。终端滑模控制是滑模控制的一种类型，相比传统的线性滑模控制，其优势在于更快和有限时间收敛性[18]。本章研究的控制属于终端滑模控制。滑模控制在小行星附近的应用多为跟踪控制。而近年来,Furfaro 等[16]利用二阶滑模控制[20,21](一类终端滑模控制)设计小行星悬停和着陆控制,并证明存在有界不确定性和扰动情形下受控系统的全局稳定性。文献[16]的方法用于小行星着陆问题时无须跟踪标称轨迹。该方法被称为多滑模面制导,其中定义了一种新的滑模面并设计为虚拟控制器,然后利用主动控制追踪该虚拟控制。本章将介绍该多滑模面制导方法。

Furfaro 等[16]方法可以有效解决直接着陆问题,但是不能直接用于着陆过程中需要先下降至着陆点上方悬停保持的情形。本章将介绍一种在 Furfaro 等方法的基础上发展的可以同时适用于着陆与悬停的控制方法[22]。该方法采用一种通用的终端滑模面[18]来代替 Furfaro 等[16]使用的滑模面。在推导控制律的过程中,文献[16]和文献[19]中的第一层滑模面即相对位置矢量被选作动力学方程的变量,并得到了关于该变量的动力学方程。然后根据文献[18]定义了终端滑模面,并得到了终端滑模控制律。使用该控制律,受控系统被证明具有全局稳定性。与文献[18]不同之处在于,本章方法处理控制中奇异项采取的措施是当探测器与目标点之间的距离小于某一个预设的阈值时即关闭该项控制。利用该方法,所得控制始终保持非奇异并且滑模面向量在转移过程中变为零之后将保持为零。此外,利用本章方法设计的控制律可以给出从初始点到目标点所需的转移时间上界的解析估计。

6.2 基于解耦轨迹规划的在线制导

本节介绍一种基于解耦轨迹规划的在线制导方法[1]。该方法通过快速求解解耦的轨迹规划问题获得着陆所需的控制。解耦轨迹规划问题解满足原问题的约束条件,但是求解该问题只需要代数计算,因此适用于在线制导。

6.2.1 解耦轨迹规划问题

本节方法采用小行星质心惯性坐标系。由第 2 章可知,若忽略摄动力,则惯性系下探测器受控动力学方程为

$$\dot{\boldsymbol{r}} = \boldsymbol{v} \tag{6-1}$$

$$\dot{\boldsymbol{v}} = \boldsymbol{g}(\boldsymbol{r}, t) + \boldsymbol{a}_c \tag{6-2}$$

式中,$\boldsymbol{g}(\boldsymbol{r}, t)$为小行星的引力,控制 $\boldsymbol{a}_c$ 由发动机提供。$\boldsymbol{a}_c$ 与推力 $\boldsymbol{T}$ 的关系式为

$$\boldsymbol{a}_c = \frac{\boldsymbol{T}}{m} \tag{6-3}$$

飞行过程中探测器质量的变化为

$$\dot{m} = -\frac{\|\boldsymbol{T}\|}{v_{ex}} \tag{6-4}$$

式中,v_{ex} 为排气速度。

记初始时刻探测器的位置、速度和质量为

$$\boldsymbol{r}(t_0)=\boldsymbol{r}_0, \quad \boldsymbol{v}(t_0)=\boldsymbol{v}_0, \quad m(t_0)=m_0 \tag{6-5}$$

在终端时刻 t_f,要求探测器以零相对速度着陆目标点。记惯性坐标系中目标位置和速度为

$$\boldsymbol{r}(t_f)=\boldsymbol{r}_f, \quad \boldsymbol{v}(t_f)=\boldsymbol{v}_f \tag{6-6}$$

由于探测器推力能力限制,推力大小存在上界即 T_{max}。另外,为防止着陆过程中重新点火,可以考虑着陆过程中存在推力大小下界即 T_{min}[5,23],则探测器推力的约束为

$$T_{min} \leqslant \|\boldsymbol{T}\| \leqslant T_{max} \tag{6-7}$$

将式(6-3)代入式(6-7)可得 $\boldsymbol{a}_c$ 的约束如下:

$$\frac{T_{min}}{m} \leqslant \|\boldsymbol{a}_c\| \leqslant \frac{T_{max}}{m} \tag{6-8}$$

本节研究的着陆轨迹规划问题描述如下:已知初始时刻探测器位置、速度和质量即式(6-5)。规划的轨迹可使得探测器转移至目标位置并达到目标速度即式(6-6)。规划的轨迹必须满足动力学方程(6-1)、方程(6-2)和方程(6-4)以及控制约束即式(6-8)。此外,着陆轨迹规划问题求解具有实时性。

为了实现实时轨迹规划的目标,一个有效的方法是给出控制的解析解。但是,要给出三维轨迹规划问题的解析解通常非常困难。事实上,文献[2-6]对着陆轨迹优化问题均没有提出解析解。在本章中将对动力学方程(6-2)和控制约束(6-8)解耦,从而各方向的运动将不再耦合并且解耦问题中控制是线性的。通过该方法,可以实现轨迹实时规划的目的。

探测器受控运动存在两个耦合因素。第一是式(6-2)中的时变非线性引力 $\boldsymbol{g}$。第二是式(6-8)中的控制大小约束。为了消除第一个耦合因素,本书采用文献[15]和文献[24]中用控制直接抵消非线性引力的方法。将控制定义为

$$\boldsymbol{a}_c=-\boldsymbol{g}(\boldsymbol{r},t)+\boldsymbol{u}(t) \tag{6-9}$$

事实上,式(6-9)是推导 Apollo 任务中月球着陆制导方法最优制导律的基础公式[17]。

将式(6-9)代入式(6-2)可得如下线性控制方程:

$$\dot{\boldsymbol{v}}=\boldsymbol{u}(t) \tag{6-10}$$

下面对 $\boldsymbol{u}$ 的约束解耦。解耦方法为收紧约束的方法,即新推导得到的约束在原约束边界之内。根据式(6-4)和式(6-7)可知,在 t 时刻质量必须满足

$$m_0-\frac{T_{max}}{v_{ex}}(t-t_0) \leqslant m \leqslant m_0-\frac{T_{min}}{v_{ex}}(t-t_0) \tag{6-11}$$

其中,t_0 为初始时刻。

首先可以将式(6-11)中的约束收紧为

$$\frac{T_{\min}}{m_0-\frac{T_{\max}}{v_{\mathrm{ex}}}(t-t_0)}\leqslant\|\boldsymbol{a}_{\mathrm{c}}\|\leqslant\frac{T_{\max}}{m_0-\frac{T_{\min}}{v_{\mathrm{ex}}}(t-t_0)}\tag{6-12}$$

该约束可以进一步收紧为

$$\frac{T_{\min}}{m_0-\frac{T_{\max}}{v_{\mathrm{ex}}}(t_{\mathrm{f}}-t_0)}\leqslant\|\boldsymbol{a}_{\mathrm{c}}\|\leqslant\frac{T_{\max}}{m_0}\tag{6-13}$$

若下降过程中燃料消耗很小,则式(6-13)中的控制大小约束边界与式(6-11)中的控制大小约束边界很接近。这对于大多数引力场微弱的小行星是合理的。

将式(6-9)代入式(6-13)可得

$$\frac{T_{\min}}{m_0-\frac{T_{\max}}{v_{\mathrm{ex}}}(t_{\mathrm{f}}-t_0)}\leqslant\|-\boldsymbol{g}+\boldsymbol{u}\|\leqslant\frac{T_{\max}}{m_0}\tag{6-14}$$

根据以下关系:

$$\|-\boldsymbol{g}+\boldsymbol{u}\|\leqslant\|\boldsymbol{u}\|+\|\boldsymbol{g}\|\leqslant\|\boldsymbol{u}\|+\|\boldsymbol{g}\|_{\max}\tag{6-15}$$

$$\|-\boldsymbol{g}+\boldsymbol{u}\|\geqslant\|\boldsymbol{u}\|-\|\boldsymbol{g}\|\geqslant\|\boldsymbol{u}\|-\|\boldsymbol{g}\|_{\max}\tag{6-16}$$

式(6-14)中约束可以进一步收敛为

$$\frac{T_{\min}}{m_0-\frac{T_{\max}}{v_{\mathrm{ex}}}(t_{\mathrm{f}}-t_0)}+\|\boldsymbol{g}\|_{\max}\leqslant\|\boldsymbol{u}\|\leqslant\frac{T_{\max}}{m_0}-\|\boldsymbol{g}\|_{\max}\tag{6-17}$$

若飞行时间 $t_{\mathrm{f}}-t_0$ 和 $\|\boldsymbol{g}\|_{\max}$ 给定,则式(6-17)中控制上下界均为常数。对于软着陆问题,飞行时间可以提前选定而 $\|\boldsymbol{g}\|_{\max}$ 可以选为着陆点的引力。需要指出的是式(6-17)是式(6-11)的充分条件而非必要条件。

根据式(6-17)可知,$(T_{\max}-T_{\min})/m_0$ 必须大于 $2\|\boldsymbol{g}\|_{\max}$。若该条件不能满足,则本章算法将失效。

上述条件对于小尺寸的小行星来说容易满足。考虑一个半径为 1000 m 且密度为 3000 $\mathrm{kg/m^3}$ 的虚拟球形小行星。该小行星的半径大于 Hayabusa 和 OSIRIS-REx 任务的目标小行星。假设探测器的质量为 1000 kg。如果 $T_{\max}-T_{\min}$ 大于 0.3 N,则该条件可以满足。另外,若 $T_{\min}=5$ N,则抵消该小行星最大引力仅需最小推力的 5%。

为了解耦式(6-17)中的约束,本章与文献[11]和[12]一致,采用控制和计算效率折中的权数。本文定义的权数 $\alpha_i>0(i=1,2,3)$ 满足 $\sqrt{\alpha_1^2+\alpha_2^2+\alpha_3^2}=1$。其中脚标 $i=1,2,3$ 分别代表 x、y 和 z 方向。利用这些权数,控制沿三个方向的控制约束分别为

$$\left(\frac{T_{\min}}{m_0-\frac{T_{\max}}{v_{\mathrm{ex}}}t_{\mathrm{f}}}+\|\boldsymbol{g}\|_{\max}\right)\alpha_i\leqslant|u_i|\leqslant\left(\frac{T_{\max}}{m_0}-\|\boldsymbol{g}\|_{\max}\right)\alpha_i\tag{6-18}$$

综上,探测器的解耦动力学和约束为

$$\dot{r}_i = v_i \tag{6-19}$$

$$\dot{v}_i = u_i \tag{6-20}$$

$$\underline{u}_i \leqslant |u_i| \leqslant \bar{u}_i \tag{6-21}$$

式中

$$\underline{u}_i = \left(\frac{T_{\min}}{m_0 - \dfrac{T_{\max}}{v_{\mathrm{ex}}}t_{\mathrm{f}}} + \|\boldsymbol{g}\|_{\max}\right)\alpha_i, \quad \bar{u}_i = \left(\frac{T_{\max}}{m_0} - \|\boldsymbol{g}\|_{\max}\right)\alpha_i \tag{6-22}$$

由式(6-19)~式(6-21)规划的轨迹将满足式(6-1)、式(6-2)和式(6-8)。在下文中将使用如下解耦轨迹规划问题。边界条件为

$$r_i(t_0) = r_{i0}, \quad v_i(t_0) = v_{i0}, \quad r_i(t_{\mathrm{f}}) = r_{i\mathrm{f}}, \quad v_i(t_0) = v_{i\mathrm{f}} \tag{6-23}$$

式中,r_{i0} 和 v_{i0} 为初始位置和速度,$r_{i\mathrm{f}}$ 和 $v_{i\mathrm{f}}$ 为终端位置和速度。规划的轨迹必须满足动力学方程(6-19)和方程(6-20)以及控制约束(6-21)。

为了简化推导,在下文中将忽略脚标 i。

6.2.2 解耦轨迹规划方法

本小节将介绍解耦轨迹规划的实时求解方法。首先将推导解耦轨迹规划的控制解析解。然后给出轨迹规划算法和最优权数的设计方法。

本节将推导解耦轨迹规划的控制解析解。根据式(6-9)可知,当得到了解耦问题的解 $\boldsymbol{u}$ 之后,叠加用于抵消引力的控制即可得到原问题的控制解。

选取解耦轨迹规划的指标为

$$J = \int_{t_0}^{t_{\mathrm{f}}} |u| \, \mathrm{d}t \tag{6-24}$$

对应的哈密顿函数为

$$H(\boldsymbol{x}, u, \boldsymbol{\lambda}) = |u| + \lambda_r v + \lambda_v u \tag{6-25}$$

式中,$\boldsymbol{x} = [r, v]^{\mathrm{T}}$ 为状态变量,$\boldsymbol{\lambda} = [\lambda_r, \lambda_v]^{\mathrm{T}}$ 为协态变量。

对于最优控制情形,协态变量应满足欧拉-拉格朗日条件,即

$$\dot{\boldsymbol{\lambda}} = -\frac{\partial H(\boldsymbol{x}^*, u^*, \boldsymbol{\lambda})}{\partial \boldsymbol{x}^*} \tag{6-26}$$

因此,

$$\dot{\lambda}_r = 0 \tag{6-27}$$

$$\dot{\lambda}_v = -\lambda_r \tag{6-28}$$

方程(6-27)和方程(6-28)的解为

$$\lambda_r = p \tag{6-29}$$

$$\lambda_v = -pt + q \tag{6-30}$$

式中，p 和 q 为常数。

根据庞特里亚金极小值原理，最优控制 u^* 使得哈密顿函数取极小值，即

$$u^* = \underset{u \in [\underline{u}, \bar{u}]}{\arg\min} \{ |u| + \lambda_v u \} \tag{6-31}$$

从而可得最优控制的解为

$$u^* = \begin{cases} \bar{u}, & \lambda_v < -1 \\ \underline{u}, & -1 < \lambda_v < 0 \\ -\underline{u}, & 0 < \lambda_v < 1 \\ -\bar{u}, & \lambda_v > 1 \end{cases} \tag{6-32}$$

若 $\lambda_v = 0, -1$ 或 1，则 u^* 奇异。根据式(6-29)和式(6-30)可知，仅当 $\{p, q\} = \{0, 0\}$，$\{0, -1\}$ 或 $\{0, 1\}$ 时，u^* 将保持奇异。对于这些情形，协态变量 λ_r 将恒为零。忽略这些奇异情形，则由式(6-30)可知最多存在三个孤立奇异点。孤立奇异点对动力学递推没有影响，因此在下文将忽略。

解耦轨迹规划问题的非奇异最优控制序列可以根据切换次数分类。对于零次切换，控制序列可能为 $\{\bar{u}\}$，$\{-\bar{u}\}$，$\{\underline{u}\}$ 或 $\{-\underline{u}\}$。对于一次切换，控制序列可能为 $\{\bar{u}, \underline{u}\}$，$\{\underline{u}, -\underline{u}\}$，$\{-\underline{u}, -\bar{u}\}$，$\{-\bar{u}, -\underline{u}\}$，$\{-\underline{u}, \underline{u}\}$ 或 $\{\underline{u}, \bar{u}\}$。对于二次切换，控制序列可能为 $\{\bar{u}, \underline{u}, -\underline{u}\}$，$\{\underline{u}, -\underline{u}, -\bar{u}\}$，$\{-\bar{u}, -\underline{u}, \underline{u}\}$ 或 $\{-\underline{u}, \underline{u}, \bar{u}\}$。对于三次切换，控制序列可能为 $\{\bar{u}, \underline{u}, -\underline{u}, -\bar{u}\}$ 或 $\{-\bar{u}, -\underline{u}, \underline{u}, \bar{u}\}$。

在下面的推导中，零次切换、一次切换、二次切换和三次切换的控制序列分别记为 $\{u_0\}$、$\{u_0, u_1\}$、$\{u_0, u_1, u_2\}$ 和 $\{u_0, u_1, u_2, u_3\}$。切换时间点依次记为 t_{s1}、t_{s2} 和 t_{s3}。

对于零次切换，则终端速度和位置分别为

$$v(t_f) = v_0 + u_0(t_f - t_0) \tag{6-33}$$

$$r(t_f) = r_0 + v_0(t_f - t_0) + \frac{1}{2}u_0(t_f - t_0)^2 \tag{6-34}$$

若式(6-33)和式(6-34)满足以下两个边界条件，则控制是可行的：

$$v(t_f) = v_f \tag{6-35}$$

$$r(t_f) = r_f \tag{6-36}$$

对其余三次情形，切换时间点是未知变量。利用边界条件(6-35)和边界条件(6-36)可以得切换时间点的解析解。详细的推导过程请参见附录。此处仅给出解析解的结果和可行性判定条件。

一次切换：

利用式(6-35)中的速度边界条件，切换时间点的解为

$$t_{s1} = \frac{v_f - v_0 + u_0 t_0 - u_1 t_f}{u_0 - u_1} \tag{6-37}$$

当且仅当式(6-36)中的边界条件成立且切换时间点满足 $t_0 < t_{s1} < t_f$ 时，式(6-37)

对应的一次切换的控制解是可行解。

二次切换：

根据附录A中的推导，第一次切换时间点满足如下二次方程：

$$At_{s1}^2 + Bt_{s1} + C = 0 \tag{6-38}$$

式中，A、B 和 C 的表达式参见附录。记 $\Delta = B^2 - 4AC$，则式(6-38)的解为

$$t_{s1,a} = \frac{-B + \sqrt{\Delta}}{2A}, \quad t_{s1,b} = \frac{-B - \sqrt{\Delta}}{2A} \tag{6-39}$$

第二次切换时间点的解为

$$\begin{aligned} t_{s2,a} &= \frac{v_f - v_0 + t_0 u_0 - u_2 t_f - (u_0 - u_1) t_{s1,a}}{u_1 - u_2} \\ t_{s2,b} &= \frac{v_f - v_0 + t_0 u_0 - u_2 t_f - (u_0 - u_1) t_{s1,b}}{u_1 - u_2} \end{aligned} \tag{6-40}$$

当且仅当 $\Delta \geqslant 0$ 且切换时间点满足

$$t_{s1} > t_0, \quad t_{s1} < t_{s2}, \quad t_{s2} < t_f \tag{6-41}$$

时，式(6-39)和式(6-40)对应的二次切换的控制解是可行解。

若两对切换时间点均可行，则按如下性能指标选取更优的二次切换控制：

$$J = |u_0|(t_{s1} - t_0) + |u_1|(t_{s2} - t_{s1}) + |u_2|(t_f - t_{s2}) \tag{6-42}$$

三次切换：

三次切换时间点的解为

$$t_{s1} = \frac{-B' - \sqrt{\Delta'}}{2A'}, \quad t_{s2} = \frac{-B'}{A'}, \quad t_{s3} = \frac{-B' + \sqrt{\Delta'}}{2A'} \tag{6-43}$$

式中，$\Delta' = B'^2 - 4A'C'$ 且 A'、B'、C' 的表达式在附录中给出。

当且仅当 $\Delta' \geqslant 0$ 且切换时间点满足

$$t_{s1} > t_0, \quad t_{s3} < t_f \tag{6-44}$$

时，式(6-43)对应的三次切换控制解是可行解。

由于本小节推导的控制都是解析的，因此可以解析计算着陆轨迹从而保证求解的实时性。可以根据切换时间点把每条轨迹分为多段，着陆轨迹第 l 段上的速度和位置表达式为

$$v(t_k) = v_{l0} + u_l (t_k - t_{l0}) \tag{6-45}$$

$$r(t_k) = r_{l0} + v_{l0}(t_k - t_{l0}) + \frac{1}{2} u_l (t_k - t_{l0})^2 \tag{6-46}$$

式中，t_k 为时间点，r_{l0} 和 v_{l0} 分别为第 l 段上的初始位置和速度，u_l 为该段的控制。

对给定解耦权数的轨迹规划算法过程如下：

Step 1：分配解耦权数 $\alpha_i (i=1,2,3)$ 并计算各方向控制的上下界。

Step 2：对每个方向依次求解不同切换次数下的可行控制序列，并根据式(6-24)

中的指标选取解耦轨迹规划最优解。如果没有可行解存在,则返回不可行。

Step 3：返回控制序列和切换时间点。

Step 4：利用式(6-45)和式(6-46)输出给定离散时间点的轨迹结果。

进一步,通过将解耦控制 $\boldsymbol{u}$ 代入式(6-9)后获得 $\boldsymbol{a}_c$ 的解。

在本小节的算法中,需要给定解耦权数。可以根据燃料消耗来设计最优解耦权数。具体方法：以 $\mathrm{d}\alpha$ 的步长在 0～1 之间对 α_1 离散；对每一个离散的 α_1,以 $\mathrm{d}\alpha$ 的步长在 $0\sim\sqrt{1-\alpha_1^2}$ 之间对 α_2 离散；而对应的 α_3 为$\sqrt{1-\alpha_1^2-\alpha_2^2}$。对每一组 α_1、α_2 和 α_3,运行本小节算法中的 Step 1～Step 3 即可得到控制序列和切换时间点。记每个方向的切换次数分别为 l、m 和 n。根据切换时间点将整个飞行过程分为 $l+m+n+1$ 段。然后计算如下目标函数：

$$\tilde{J}=\sum_{i=1}^{l+m+n+1}\sqrt{u_{1i}^2+u_{2i}^2+u_{3i}^2}\,\Delta t_i \tag{6-47}$$

其中,u_{1i}、u_{2i} 和 u_{3i} 分别代表三个方向的解耦控制,Δt_i 为每段飞行时长。选择解耦权数,使得式(6-47)中指标最小。在本书中,步长选取为 0.05。

6.2.3　仿真算例

在本节仿真算例中,根据文献[5]选择小行星和探测器的参数。选取由 1000 m×500 m×250 m 大小的三轴椭球表示的虚拟小行星,小行星密度和自转周期分别为 3.0 g/cm^3 和 8 h,小行星的引力模型采用二阶球谐引力场模型,系数 C_{20} 和 C_{22} 分别为−0.1125 和 0.0375,探测器的初始质量是 1400 kg,最大推力和最小推力为 80 N 和 20 N,比冲为 225 s。

在仿真算例中考虑两种着陆任务场景。第一种任务场景是着陆小行星北极,即$\bar{\boldsymbol{r}}_f=[0.0,0.0,250.0]^T$ m,本体系下初始位置和速度分别为$[-50.0,-50.0,1250]^T$ m 和$[2.0,1.0,0.0]^T$ m/s。第二种任务场景是着陆小行星赤道,其中 $\bar{\boldsymbol{r}}_f=[1000.0,0.0,0.0]^T$ m,本体系下初始位置和速度分别为$[2000.0,-50.0,-50.0]^T$ m 和$[0.0,2.0,1.0]^T$ m/s。

所有的仿真程序均通过 FORTRAN 语言编写并在配置有 Core i5-4210 CPU 和 4 GB RAM 的个人笔记本电脑上通过单线程运行。

选择两种任务场景的飞行时间为 380 s。仿真得到解耦模型下控制随时间的变化如图 6-1 和图 6-2 所示。由图可知,每个方向的控制均具有 bang-bang 结构且切换次数为两次或三次。

推力结果如图 6-3 和图 6-4 所示。可以看到,由本章算法规划得到着陆轨迹所需的推力满足推力大小约束。

三维着陆轨迹结果如图 6-5 所示。图中燃料最优轨迹结果通过文献[5]中方法求解得到。可以看到,解耦轨迹规划得到的着陆轨迹与燃料最优着陆轨迹很接近。此外,运行解耦轨迹规划方法 100 次得到平均的 CPU 时间仅为 1.56×10^{-4} s。

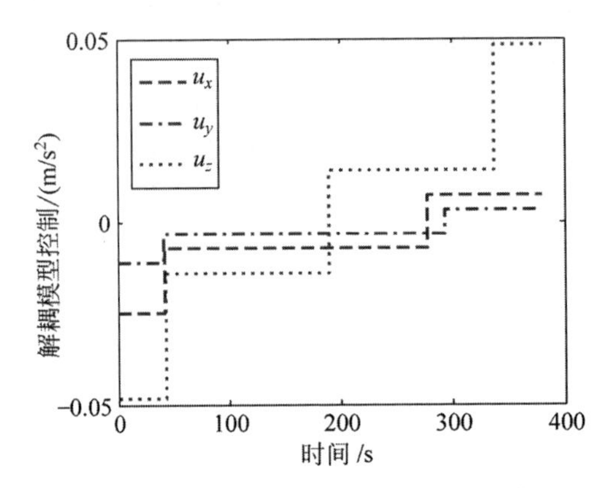

图 6-1 着陆北极任务解耦模型控制结果

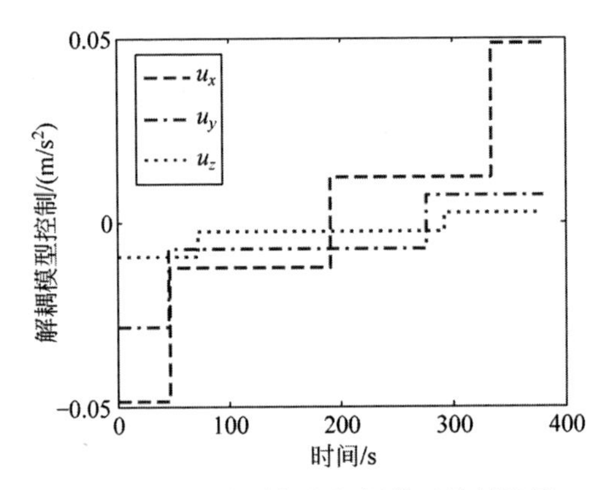

图 6-2 着陆赤道任务解耦模型控制结果

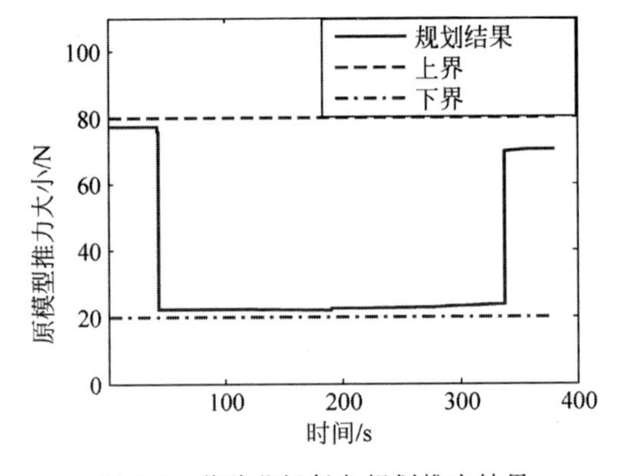

图 6-3 着陆北极任务规划推力结果

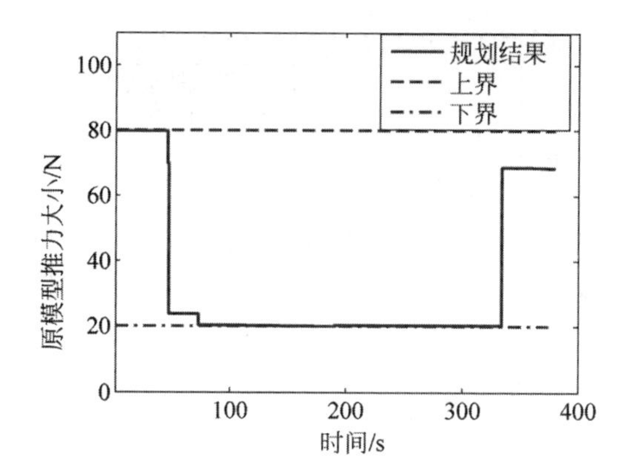

图 6-4 着陆赤道任务规划推力结果

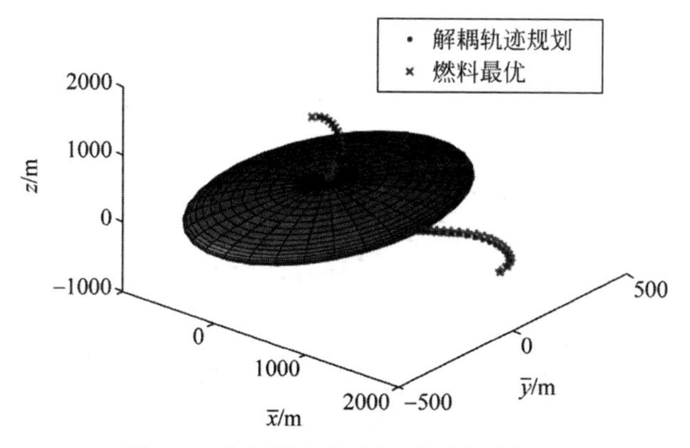

图 6-5 小行星本体坐标系下着陆轨迹

不同飞行时间下,解耦轨迹规划的燃料消耗结果和燃料最优控制的燃料消耗结果如图 6-6 和图 6-7 所示。解耦轨迹规划所得燃料消耗轨迹曲线趋势与燃料最优结果相近。对于着陆北极的任务场景,解耦轨迹规划方法得到最小燃料消耗为 5.644 kg,而燃料最优控制方法为 4.922 kg。对于着陆赤道的任务场景,解耦轨迹规划方法得到最小燃料消耗为 5.422 kg,而燃料最优控制方法为 5.244 kg。因此,本章提出的方法在保证轨迹实时规划的前提下燃料消耗比燃料最优控制仅多 14.7%和 3.3%。

下面分析引力不确定性对本节方法的影响。根据式(6-9),为了得到精确的控制 $\boldsymbol{a}_c$,需要提前知道精确的引力。若计算 $\boldsymbol{a}_c$ 时忽略引力,则 $\boldsymbol{a}_c=\boldsymbol{u}$。对于 380 s 飞行的两个任务场景,终端时刻位置误差分别为 13.943 m 和 2.909 m,而速度误差为 0.169 m/s 和 0.021 m/s。因此,为了实现精确轨迹规划不能简单地忽略引力。为了进一步评估引力不确定性的影响,将式(6-9)修改为

$$\boldsymbol{a}_c=-\boldsymbol{g}(\boldsymbol{r},t)+\boldsymbol{u}(t)+e\boldsymbol{g}(\boldsymbol{r},t) \tag{6-48}$$

式中,e 为反映引力不确定性的参数。若 e 等于 1,则忽略引力;若 e 等于 0,则引

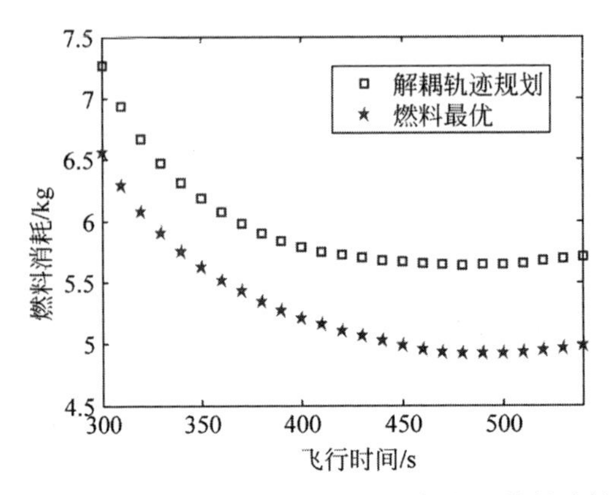

图 6-6 不同飞行时间下着陆北极任务的燃料消耗

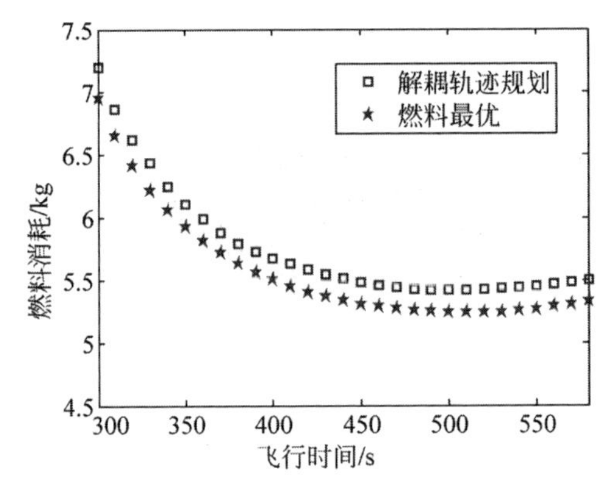

图 6-7 不同飞行时间下着陆赤道任务的燃料消耗

力为精确值。将 e 从 0～1 以 0.001 的步长离散，对每个离散的 e 进行数值仿真并递推得到终端时刻位置和速度的误差。对于 380 s 飞行的两个任务场景，为实现终端位置误差小于 1 m，则 e 应分别小于 0.073 和 0.343。由此结果可知，对引力精度的要求并不严格。但是，如果因为引力误差而导致着陆精度不够，一种可行的解决方法是如文献[7]所述的分配额外的推力并使用闭环控制实现规划轨迹的精确跟踪。

此外，进一步测试更小推力时算法的有效性。新的推力大小范围选取为 $T_{\max}=10$ N 及 $T_{\min}=2$ N，着陆最优飞行时间通过 10 s 步长的线性搜索确定。可以发现，存在可行解，对于着陆北极任务最优时间约为 1390 s；对于着陆赤道任务最优时间约为 1700 s。燃料消耗分别为 3.5238 kg 和 2.8861 kg，比推力大小范围为 $T_{\max}=80$ N 和 $T_{\min}=20$ N 的情形更低。其原因如下。第一，飞行时间远大于 380 s。如果将飞行时间设置为 380 s，则没有可行解。第二，$T_{\max}=80$ N 和 $T_{\min}=20$ N 的情形无法提供[2,10] N 范围内的推力。

6.3 着陆多滑模面制导

由 6.2 节介绍方法求解得到的是开环控制。本节将介绍一种由 Furfaro 等[16]闭环的滑模制导方法,可用于小行星表面精确着陆。该方法基于高阶滑模控制理论设计,优点包括:无须预设标称轨迹,可以设定下降飞行时长,受控系统具有全局稳定性等。

6.3.1 多滑模面制导设计

在滑模制导律设计过程中,假设系统扰动为零。则根据 2.3.2 节可知,探测器的动力学方程为

$$\dot{\boldsymbol{r}}=\boldsymbol{v} \tag{6-49}$$

$$\ddot{\boldsymbol{v}}=-2\boldsymbol{\omega}\times\boldsymbol{v}-\boldsymbol{\omega}\times(\boldsymbol{\omega}\times\boldsymbol{r})+\frac{\partial U(\boldsymbol{r})}{\partial\boldsymbol{r}}+\boldsymbol{a}_{\mathrm{c}} \tag{6-50}$$

式中,$\boldsymbol{a}_{\mathrm{c}}$ 为控制加速度。

下面根据探测器当前位置和目标着陆点位置定义第一滑模面,如下:

$$\boldsymbol{s}_1=\boldsymbol{r}-\boldsymbol{r}_{\mathrm{d}} \tag{6-51}$$

式中,$\boldsymbol{r}_{\mathrm{d}}$ 是目标着陆点位置。对 $\boldsymbol{s}_1$ 求导可以得到

$$\dot{\boldsymbol{s}}_1=\dot{\boldsymbol{r}}-\dot{\boldsymbol{r}}_{\mathrm{d}}=\boldsymbol{v}-\boldsymbol{v}_{\mathrm{d}} \tag{6-52}$$

式中,$\boldsymbol{v}_{\mathrm{d}}$ 是目标速度。对于软着陆问题,则$\boldsymbol{v}_{\mathrm{d}}=0$。进一步可以求得滑模面的二阶导数为

$$\ddot{s}_1=\ddot{\boldsymbol{v}}=-2\boldsymbol{\omega}\times\boldsymbol{v}-\boldsymbol{\omega}\times(\boldsymbol{\omega}\times\boldsymbol{r})-\nabla U+\boldsymbol{a}_{\mathrm{c}} \tag{6-53}$$

根据该滑模面 $\boldsymbol{s}_1$ 及其导数的定义,可以将着陆制导问题表述为如下的控制问题:设计控制加速度 $\boldsymbol{a}_{\mathrm{c}}$,使得有限的时间 t_{F} 内,$\boldsymbol{s}_1$ 和 $\dot{\boldsymbol{s}}_1$ 均趋于零。

文献[16]中设计控制加速度采用反演方法。选取 $\dot{\boldsymbol{s}}_1$ 为虚拟控制器,并设计为

$$\dot{\boldsymbol{s}}_1=-\frac{\boldsymbol{\Lambda}}{t_{\mathrm{F}}-t}\boldsymbol{s}_1 \tag{6-54}$$

式中

$$\boldsymbol{\Lambda}=\begin{bmatrix}\Lambda_1 & & \\ & \Lambda_2 & \\ & & \Lambda_3\end{bmatrix} \tag{6-55}$$

为对角增益矩阵。为了保证滑模面 $\boldsymbol{s}_1$ 在末端时刻会趋于零,需合理设计虚拟控制器 $\dot{\boldsymbol{s}}_1$ 参数使得其具有全局稳定性。选取 Lyapunov 函数为如下正定函数:

$$V_1=\frac{1}{2}\boldsymbol{s}_1^{\mathrm{T}}\boldsymbol{s}_1 \tag{6-56}$$

其导数为

$$\dot{V}_1=\boldsymbol{s}_1^{\mathrm{T}}\dot{\boldsymbol{s}}_1=-\frac{1}{t_{\mathrm{F}}-t}\boldsymbol{s}_1^{\mathrm{T}}\boldsymbol{\Lambda}\boldsymbol{s}_1$$

$$= -\frac{1}{t_F - t}(\Lambda_1 s_{11}^2 + \Lambda_2 s_{12}^2 + \Lambda_3 s_{13}^2) \tag{6-57}$$

式中,s_{11}、s_{12} 和 s_{13} 为 $\boldsymbol{s}_1$ 的分量。若 Λ_1、Λ_2 和 Λ_3 均大于零,则 $\dot{V}_1$ 为负定函数,满足全局稳定性要求。实际上,由式(6-54)可以求得 $\boldsymbol{s}_1$ 的表达式为

$$\boldsymbol{s}_1(t) = \frac{\boldsymbol{s}_{10}}{t_F^{\boldsymbol{\Lambda}}}(t_F - t)^{\boldsymbol{\Lambda}} \tag{6-58}$$

式中,$\boldsymbol{s}_{10}$ 为已知初始条件。同时也可以得到该滑模面导数的表达式为

$$\dot{\boldsymbol{s}}_1(t) = \frac{\boldsymbol{s}_{10}}{t_F^{\boldsymbol{\Lambda}}}(t_F - t)^{\boldsymbol{\Lambda}-\boldsymbol{I}} \tag{6-59}$$

因此,可以选择 $\Lambda_i > 1(i=1,2,3)$ 使得滑模面及其导数随 t 趋于 t_F 时而趋于 0。

但是,在初始时刻,方程(6-54)描述的 $\boldsymbol{s}_1$ 与 $\dot{\boldsymbol{s}}_1$ 的关系并不成立。为使得该方程成立,下面建立如下第二滑模面:

$$\boldsymbol{s}_2 = \dot{\boldsymbol{s}}_1 + \frac{\boldsymbol{\Lambda}}{t_F - t}\boldsymbol{s}_1 \tag{6-60}$$

其导数为

$$\begin{aligned}\dot{\boldsymbol{s}}_2 &= \ddot{\boldsymbol{s}}_1 + \frac{\boldsymbol{\Lambda}}{t_F - t}\dot{\boldsymbol{s}}_1 + \frac{\boldsymbol{\Lambda}}{(t_F - t)^2}\boldsymbol{s}_1 \\ &= -2\boldsymbol{\omega} \times \boldsymbol{v} - \boldsymbol{\omega} \times (\boldsymbol{\omega} \times \boldsymbol{r}) - \nabla U + \boldsymbol{a}_c + \frac{\boldsymbol{\Lambda}}{t_F - t}\dot{\boldsymbol{s}}_1 + \frac{\boldsymbol{\Lambda}}{(t_F - t)^2}\boldsymbol{s}_1\end{aligned} \tag{6-61}$$

滑模面 $\boldsymbol{s}_2$ 的稳定性证明如下。选取 Lyapunov 函数 V_2 为

$$V_2 = \frac{1}{2}\boldsymbol{s}_2^{\mathrm{T}}\boldsymbol{s}_2 \tag{6-62}$$

其对时间的导数为

$$\dot{V}_2 = \boldsymbol{s}_2^{\mathrm{T}}\dot{\boldsymbol{s}}_2 = \boldsymbol{s}_2^{\mathrm{T}}\left\{-2\boldsymbol{\omega} \times \boldsymbol{v} - \boldsymbol{\omega} \times (\boldsymbol{\omega} \times \boldsymbol{r}) - \nabla U + \boldsymbol{a}_c + \frac{\Lambda}{t_F - t}\dot{\boldsymbol{s}}_1 + \frac{\boldsymbol{\Lambda}}{(t_F - t)^2}\boldsymbol{s}_1\right\} \tag{6-63}$$

为了使 $\dot{V}_2$ 为负定函数,选取控制加速度为

$$\boldsymbol{a}_c(t) = 2\boldsymbol{\omega} \times \boldsymbol{v} + \boldsymbol{\omega} \times (\boldsymbol{\omega} \times \boldsymbol{r}) + \nabla U - \boldsymbol{\Lambda}\frac{(t_F - t)\dot{\boldsymbol{s}}_1 + \boldsymbol{s}_1}{(t_F - t)^2} + \Phi \mathrm{sgn}(\boldsymbol{s}_2) \tag{6-64}$$

式中,

$$\boldsymbol{\Phi} = \begin{bmatrix}\Phi_1 & & \\ & \Phi_2 & \\ & & \Phi_3\end{bmatrix} = \begin{bmatrix}\frac{|s_{21}(0)|}{t_F^*} & & \\ & \frac{|s_{22}(0)|}{t_F^*} & \\ & & \frac{|s_{23}(0)|}{t_F^*}\end{bmatrix} \tag{6-65}$$

式(6-64)即多滑模面制导律。将式(6-64)代入式(6-61)可以得到

$$\dot{\boldsymbol{s}}_2 = -\boldsymbol{\Phi}\mathrm{sgn}(\boldsymbol{s}_2) \tag{6-66}$$

由于 $\boldsymbol{s}_2$ 在达到 0 之前其符号都不会改变,因此,积分式(6-66)可以得到

$$s_{2i}(t) = s_{2i}(0) - \frac{|s_{2i}(0)|}{t_F^*}t \tag{6-67}$$

因此,第二滑模面随 t 趋于 t_F^*(需小于 t_F)而趋于 0,即满足式(6-54)中虚拟控制器的关系;进而当 t 趋于 t_F 时第一滑模面也趋向于 0,即精确软着陆。

此外,如果存在扰动 $\boldsymbol{d}$ 时,则 V_2 的导数为

$$\dot{V}_2 = \boldsymbol{s}_2^{\mathrm{T}}\dot{\boldsymbol{s}}_2 = \boldsymbol{s}_2^{\mathrm{T}}\{\boldsymbol{d} - \boldsymbol{\Phi}\,\mathrm{sgn}(\boldsymbol{s}_2)\} \tag{6-68}$$

为保证 V_2 的导数始终小于 0,则只要取 $\Phi_i > |d_i^{\max}|$ 即可。因此,该多滑模面制导方法具有全局稳定性。其设计参数包括 $\boldsymbol{\Lambda}$、t_F^* 和 t_F。

6.3.2 仿真算例

下面通过两个仿真算例验证着陆多滑模面制导方法的有效性。选取的目标小行星分别是 25 143 Itokawa 和 433 Eros,小行星引力场均通过多面体方法[25]建模。其中,25 143 Itokawa 选取具有 6098 顶点和 12 192 面的多面体模型[26,27],密度设为 1.95 g/cm^3,自转角速度设为 0.000 143 861 626 441 999 rad/s;433 Eros 选取具有 856 顶点和 1708 面的多面体模型[28],密度设为 2.67 g/cm^3,自转角速度设为 $3.314\,587\,610\,138\,12\times10^{-4}$ rad/s。参数 t_F^* 设置为 $0.5t_F$。仿真中扰动选取为引力的 10%。

在仿真计算中,选取控制转移矩阵为

$$\boldsymbol{\Lambda} = \begin{bmatrix} 3 & 0 & 0 \\ 0 & 3 & 0 \\ 0 & 0 & 3 \end{bmatrix} \tag{6-69}$$

由于式(6-64)中的控制加速度当 $t=t_F$ 时奇异,在仿真计算中仅积分至 $t_F-0.1$ s 时刻。此外,为了消除 $\boldsymbol{s}_2$ 降为零附近后控制加速度项中符号函数引起的控制抖动,采用如下饱和函数代替符号函数:

$$\mathrm{sat}(s_{2i}) = \begin{cases} 1, & s_{2i} > \varepsilon \\ -1, & s_{2i} < -\varepsilon \\ s_{2i}/\varepsilon, & -\varepsilon \leqslant s_{2i} \leqslant \varepsilon \end{cases} \quad (i=1,2,3) \tag{6-70}$$

算例 1:着陆小行星 25 143 Itokawa

选取探测器初始位置为 $\boldsymbol{r}_0 = [0.6, 0.0, 0.0]^{\mathrm{T}}$ km,初始速度为 $\boldsymbol{v}_0 = [0.0, 0.0, 0.001]^{\mathrm{T}}$ km/s,目标位置为 $\boldsymbol{r}_f = [0.255, -0.051, 0.011]^{\mathrm{T}}$ km,目标速度为 $\boldsymbol{v}_f = [0.0, 0.0, 0.0]^{\mathrm{T}}$ km/s。设置飞行时长为 600 s。

仿真结果如图 6-8~图 6-10 所示。由图 6-8 可知,探测器在末端时刻到达目标位置并且着陆速度为零。控制加速度在 $t=t_F^*=300$ s 时发生突变,其原因是第二

滑模面减为零而导致相关的控制加速度项关闭。由图 6-9 和 图 6-10 可知,第一滑模面在末端时刻减为零;而第二滑模面在 $t \leqslant t_F^*$ 时线性下降至零,随后保持在零附近直至末端时刻。

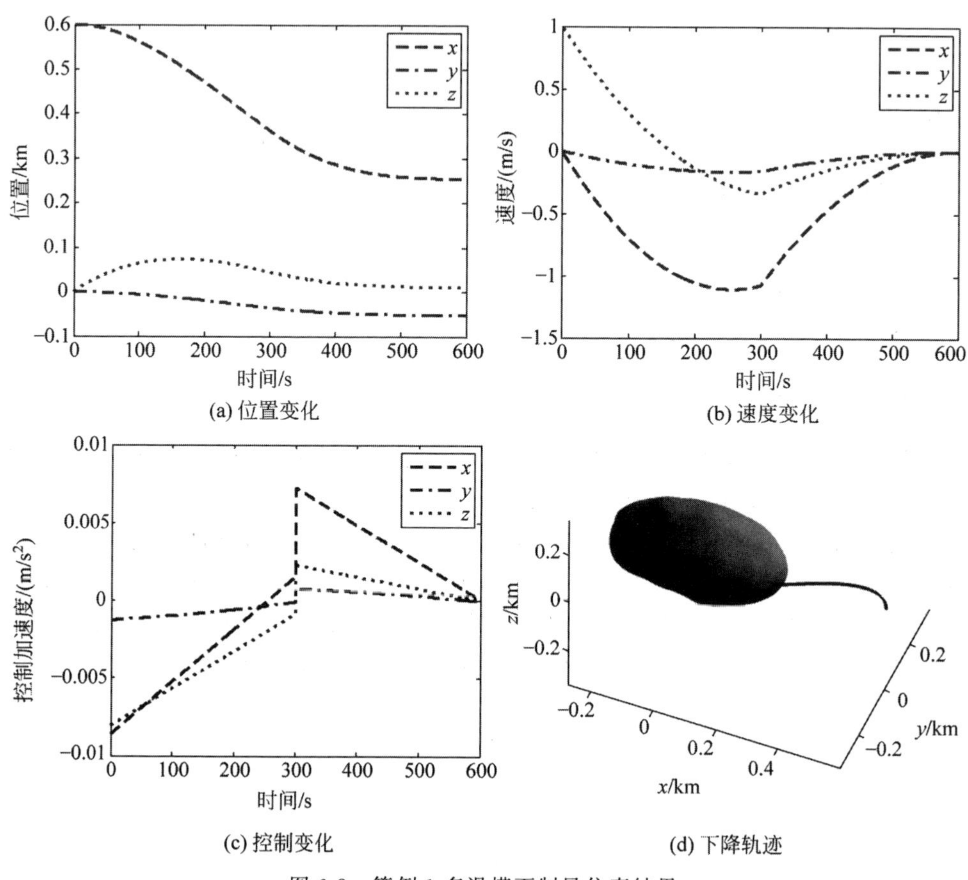

(a) 位置变化　(b) 速度变化　(c) 控制变化　(d) 下降轨迹

图 6-8　算例 1 多滑模面制导仿真结果

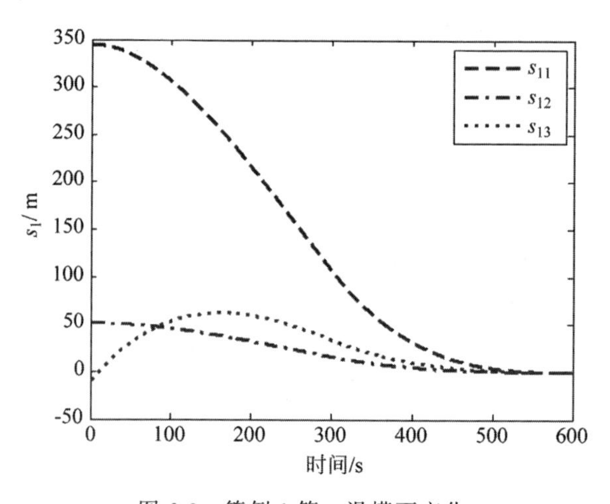

图 6-9　算例 1 第一滑模面变化

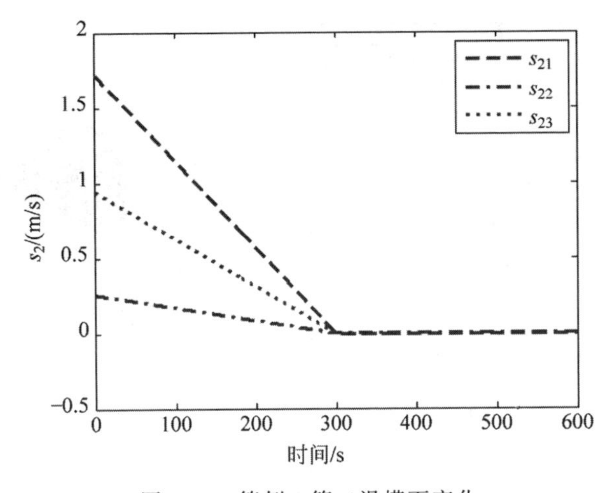

图 6-10 算例 1 第二滑模面变化

算例 2：着陆小行星 433 Eros

选取探测器初始位置为 $\boldsymbol{r}_0=[-0.462,-13.966,-0.074]^{\mathrm{T}}$ km，初始速度为 $\boldsymbol{v}_0=[0.0,0.0,0.001]^{\mathrm{T}}$ km/s，目标位置为 $\boldsymbol{r}_{\mathrm{f}}=[0.0,-3.7,0.0]^{\mathrm{T}}$ km，目标速度为 $\boldsymbol{v}_{\mathrm{f}}=[0.0,0.0,0.0]^{\mathrm{T}}$ km/s。设置飞行时长为 3000 s。

仿真结果如图 6-11～图 6-13 所示。与算例 1 相同，探测器在末端时刻到达目标位置并且着陆速度为零。控制加速度在 $t=t_{\mathrm{F}}^{*}=1500$ s 时发生突变，其原因是第二滑模面减为零而导致相关的控制加速度项关闭。由图 6-12 和图 6-13 可知，第一滑模面在末端时刻减为零；而第二滑模面在 $t\leqslant t_{\mathrm{F}}^{*}$ 时线性下降或增加至零，随后保持在零附近直至末端时刻。

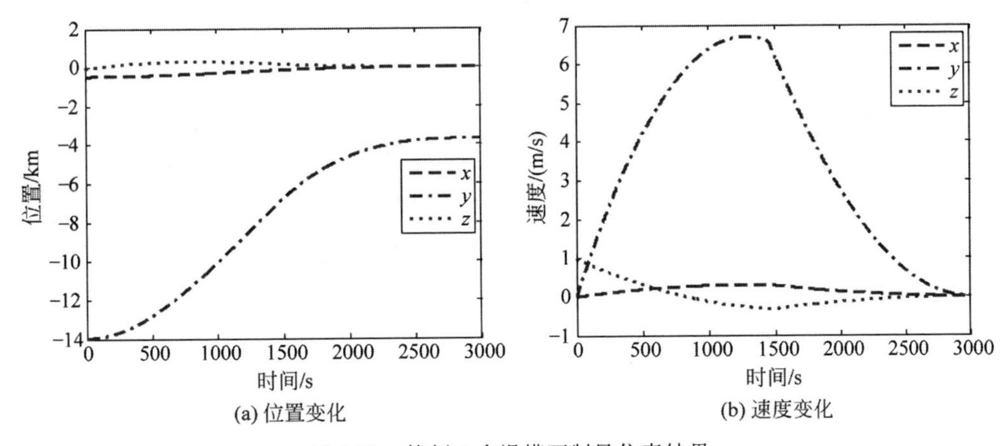

(a) 位置变化　(b) 速度变化

图 6-11 算例 2 多滑模面制导仿真结果

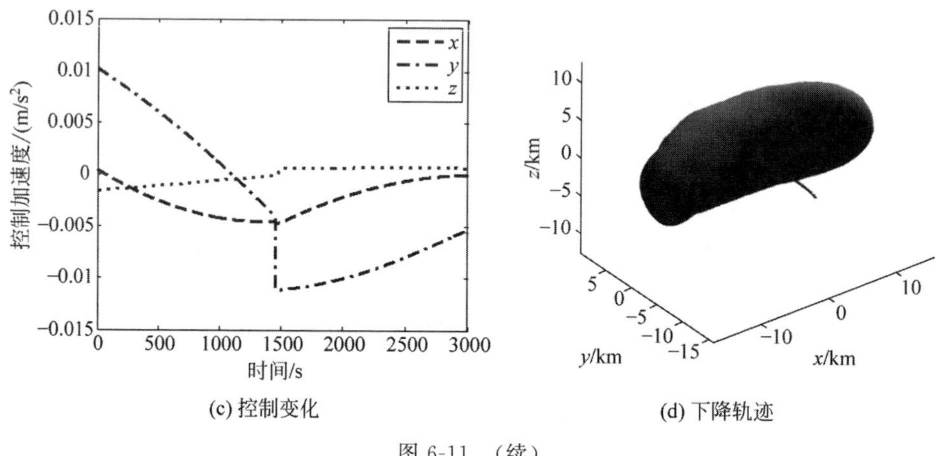

(c) 控制变化

(d) 下降轨迹

图 6-11 （续）

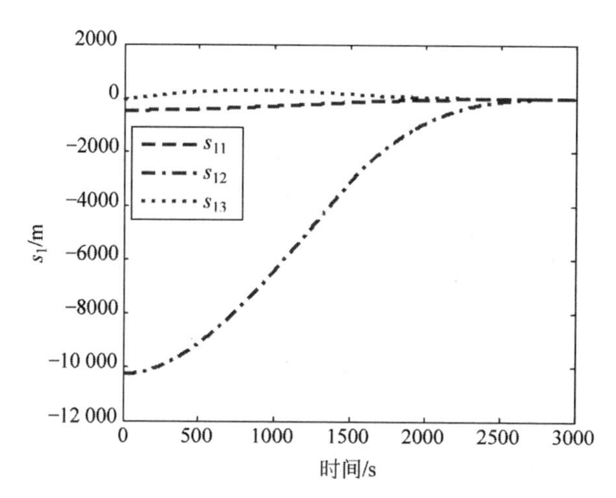

图 6-12 算例 2 第一滑模面变化

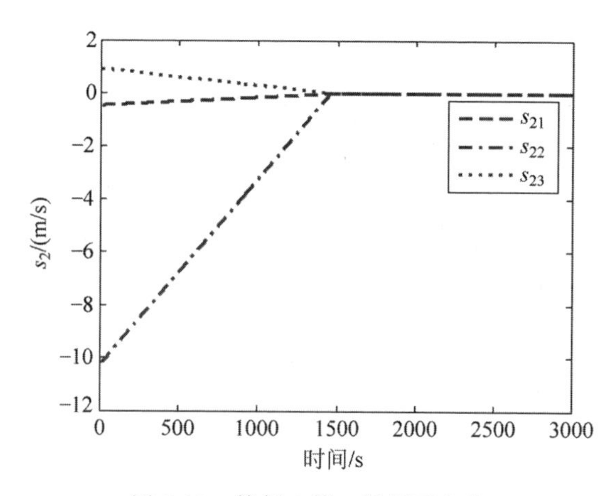

图 6-13 算例 2 第二滑模面变化

6.4 着陆轨迹终端滑模控制

本节介绍一种着陆轨迹终端滑模控制方法[22]。该方法与上节介绍的多滑模控制一样，是闭环控制并且具有稳定性。此方法除了可应用于直接下降着陆至小行星表面控制之外，还可以同时应用于下降、悬停保持及下降着陆的多阶段控制。

6.4.1 终端滑模控制设计

该终端滑模控制方法在第3章介绍小行星附近悬停控制时已详细介绍。因此，本节仅简单给出终端滑模控制的表达式，具体推导证明和符号含义可以参见3.5节内容。

终端滑模控制表达式为

$$u_x = -2\omega(\dot{\sigma}_2 + v_{fy}) + \omega^2(\sigma_1 + r_{fx}) - \nabla U_x - \beta_1\alpha_1 |\sigma_1|^{\alpha_1 - 1}\dot{\sigma}_1 - \phi_1 \operatorname{sgn}(s_1) \tag{6-71}$$

$$u_y = 2\omega(\dot{\sigma}_x + v_{fx}) - \omega^2(\sigma_2 + r_{fy}) - \nabla U_y - \beta_2\alpha_2 |\sigma_2|^{\alpha_2 - 1}\dot{\sigma}_2 - \phi_2 \operatorname{sgn}(s_2) \tag{6-72}$$

$$u_z = -\nabla U_z - \beta_3\alpha_3 |\sigma_3|^{\alpha_3 - 1}\dot{\sigma}_3 - \phi_3 \operatorname{sgn}(s_3) \tag{6-73}$$

$$\phi_i = \frac{|s_{i0}|}{t_{ri}}, \quad i = 1,2,3 \tag{6-74}$$

其中，终端滑模面的定义如下：

$$s_i = \dot{\sigma}_i + \beta_i |\sigma_i|^{\alpha_i} \operatorname{sgn}(\sigma_i), \quad \beta_i > 0, \quad 0 < \alpha_i < 1, \quad i = 1,2,3 \tag{6-75}$$

式(6-75)中 σ 及其导数的定义为

$$\boldsymbol{\sigma} = \boldsymbol{r} - \boldsymbol{r}_f \tag{6-76}$$

$$\dot{\boldsymbol{\sigma}} = \boldsymbol{v} - \boldsymbol{v}_f \tag{6-77}$$

为了防止控制的抖振和奇异性，在计算过程中用饱和函数代替控制表达式中的符号函数，并且奇异项由如下表达式代替。具体奇异性消除分析可参见3.5节。

$$a_{fi} = \begin{cases} -\beta_i\alpha_i |\sigma_i|^{\alpha_i - 1}\dot{\sigma}_i, & |\sigma_i| \geqslant \delta_i \\ 0, & |\sigma_i| < \delta_i \end{cases} \tag{6-78}$$

6.4.2 终端滑模控制分析

本节研究终端滑模控制应用于小行星表面着陆轨迹控制时的特性，同时分析控制参数的影响。

1. 合理选取参数可保证全局稳定性

全局稳定性可以通过选取合理的参数而保证。根据式(3-105)中需要满足的条件可知：

$$t_{\mathrm{r}i} < \frac{|s_{i0}|}{d_{\mathrm{m}i}}, \quad i=1,2,3 \tag{6-79}$$

若$|s_{i0}| \neq 0$则可以通过选取合理的$t_{\mathrm{r}i}$使式(6-79)成立。但是当$s_{i0} \approx 0$或$s_{i0}=0$时，$t_{\mathrm{r}i}$的数值非常小或者不可行。对于这类情形，我们采用的方法是直接选取$\phi_i > d_{\mathrm{m}i}$来替代参数$t_{\mathrm{r}i}$，从而保证稳定性。

对于$s_{i0}=0$的情形，探测器的位置和速度相应的分量已经满足目标值。但由于初始位置与目标位置不相同，所以$\boldsymbol{s}_0$的所有分量不可能均为零。而探测器飞行至目标点的时间取决于$\max(t_{\mathrm{s}i})$。所以，$\boldsymbol{s}_0$的一个分量或者两个分量为零，对收敛时间没有影响。在下面的分析中，仅考虑包含如下两个阶段的情况：①滑模面s_i被控制至零；②σ_i和$\dot{\sigma}_i$沿滑模面$s_i=0$收敛至零。

2. 飞行位置变化单调性

对于探测器的转移飞行过程中的位置变化，存在如下特性：若$\boldsymbol{d}=[0,0,0]^{\mathrm{T}}$以及$\boldsymbol{v}_0=[0,0,0]^{\mathrm{T}}$，则探测器的位置分量将单调增加或减小至目标值。

该特性的证明如下：

对于第二阶段即系统保持在$s_i=0$时，由式(3-90)即可推知$|\sigma_i|$将单调减小至零。

对于第一阶段，由式(3-112)可以推得下述关系：

$$s_i = \dot{\sigma}_i + \beta_i |\sigma_i|^{\alpha_i} \operatorname{sgn}(\sigma_i) = \begin{cases} s_{i0} - \phi_i t > 0, & s_{i0} > 0 \\ s_{i0} + \phi_i t < 0, & s_{i0} < 0 \end{cases} \tag{6-80}$$

根据假设$v_{i0}=0$和式(6-77)可知$\dot{\sigma}_{i0}=0$，进一步可得$\operatorname{sgn}(s_{i0})=\operatorname{sgn}(\sigma_{i0})$。为简化证明，下面仅讨论$\sigma_{i0}>0$的情形。关于$\sigma_{i0}<0$情形的证明类似。对于$\sigma_{i0}>0$的情形，有以下两种可能性：①对于$t \leqslant t_{\mathrm{r}i}$，$\sigma_i$保持为正数不为零；②在$t_{\mathrm{c}}$时刻$\sigma_i$变为零。如果$\sigma_i>0$，那么式(6-80)可以写为

$$\dot{\sigma}_i + \beta_i \sigma_i^{\alpha_i} = s_{i0} - \phi_i t > 0, \quad \sigma_{i0} > 0 \tag{6-81}$$

可以看到当$\sigma_i>0$时式(6-81)的左端项单调减小。

为证明σ_i单调减小，需要证明对于$t<t_{\mathrm{r}}$，$\dot{\sigma}_i$均为负数。

(1) 在初始时间后无限小时间Δt时，$\dot{\sigma}_i$必须为负数。否则，$\dot{\sigma}_i(\Delta t) > \dot{\sigma}_{i0}$或者$\dot{\sigma}_i(\Delta t) = \dot{\sigma}_{i0}$，与式(6-81)左端项单调减小矛盾。

(2) 可以证明：当$\sigma_i>0$时$\dot{\sigma}_i$不大于零。仍采用反证法。假设$\dot{\sigma}_i(t^*)=0$以及$\dot{\sigma}_i(t^*+\Delta t)>0$，则$\sigma_i$和$\dot{\sigma}_i$在时间段$[t^*, t^*+\Delta t]$内都增加。这样的情形将违反式(6-81)左端保持减小的结论。

根据上面两点分析可知：当$\sigma_i>0$时$\dot{\sigma}_i$不为正数。然后需要排除当$t<t_r$时$\dot{\sigma}_i=0$的可能性。

首先，可以判断$\dot{\sigma}_i=0$仅可能发生在孤立点上。否则，若$\dot{\sigma}_i=0$在某一段保持，则式(6-81)的左端项在该段不会有变化。然后，需要排除$\dot{\sigma}_i=0$在孤立点上发生的可能性。假设当$\sigma_i(t^*)>0$时出现了$\dot{\sigma}_i(t^*)=0$。由于当$\sigma_i>0$时$\dot{\sigma}_i$不会是正数，因此$\sigma_i(t^*)>0$是一个极值点，即$\ddot{\sigma}_i(t^*)=0$。那么，

$$\dot{s}_i(t^*)=\ddot{\sigma}_i(t^*)+\beta_i\alpha_i|\sigma_i(t^*)|^{\alpha_i-1}\dot{\sigma}_i(t^*)=0 \tag{6-82}$$

式(6-82)与条件$\dot{s}_i(t^*)=-\phi_i$矛盾。因此，当$\sigma_i>0$时，$\dot{\sigma}_i=0$也不会在孤立点上发生。

至此，已经证明了当$\sigma_i>0$时$\dot{\sigma}_i$为负数，即对第一种可能性，σ_i单调递减。

对于第二种可能性，σ_i在t_c时刻变为零，则$\dot{\sigma}_i$在该时刻也必须为零。否则，$\dot{\sigma}_i<0$和$\sigma_i=0$导致式(6-81)的左端为负数，与式(6-81)左端在$t<t_{ri}$时为正及$t=t_{ri}$时为零矛盾。因此，σ_i和$\dot{\sigma}_i$在t_c时刻必须同时为零。这意味着第一阶段在t_c时刻结束。由于当$t<t_{ri}$时$\dot{\sigma}_i<0$，因此σ_i单调递减。证毕。 □

上述的证明需要初始速度为零的假设。对于$\boldsymbol{v}_0$近似为零的情况，探测器的位置变化几乎也是单调的。为简化讨论，仍然只考虑$\sigma_{i0}>0$。如果$\dot{\sigma}_{i0}$略小于零，则等同于探测器刚离开初始速度为零的初始位置。根据之前的证明可以直接推得单调性。如果$\dot{\sigma}_{i0}$略大于零，则σ_i初始阶段将增加。但是由于式(6-81)左端是单调递减的，因此$\dot{\sigma}_i$必须减小至零。至此与前面证明所需的条件一致。因为$\dot{\sigma}_{i0}$接近于零，所以σ_i仅在短时间内缓慢增加。

3. 设计参数作用分析

本小节将对终端滑模控制设计参数的作用进行分析。

首先分析第二阶段。对于该阶段，利用式(3-90)计算$t_r \sim t_s$之间σ的数值。当确定σ之后，通过式(3-88)可以得到$\dot{\sigma}$的数值。由图6-14和图6-15可以看到不同α和β下σ和$\dot{\sigma}$的曲线。在这两个图中，t_r均选取为0。根据图6-14，收敛时间随着α的增加迅速增加。此外，对$\sigma(t_r)=1.5$和$\sigma(t_r)=0.5$两种情形进行测试也发现收敛时间随着α的增加而增加。为了降低收敛时间，可以通过减小α的方法。另一种降低收敛时间的方法是当探测器与目标点的相对位置σ小于某一提前定义的容许偏差后停止控制并认为探测器已达到目标位置。由图6-15可知，收敛时间随着β增加而降低。这种现象出现的原因是：对于相同的$\sigma(t_r)$，$|\dot{\sigma}(t_r)|$随β增加而增加。此外，图6-14和图6-15验证了2部分中关于探测器与目标点相对位置单调减小的结论。

然后分析第一阶段。对于该阶段，下述方程将用于积分得到σ和$\dot{\sigma}$：

$$\ddot{\sigma}=-\beta\alpha\ |\sigma|^{\alpha-1}\dot{\sigma}-\phi\,\mathrm{sgn}(s) \tag{6-83}$$

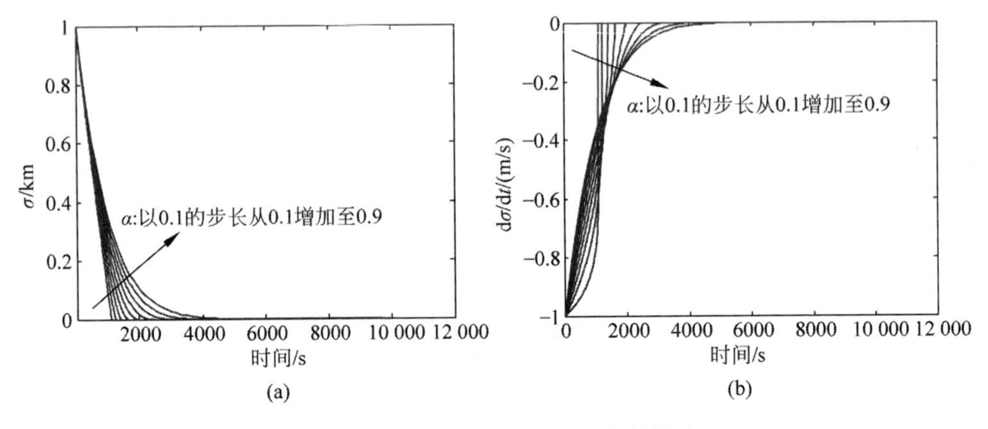

(a) (b)

图 6-14 在第二阶段 α 对 σ 和 $\dot{\sigma}$ 的影响

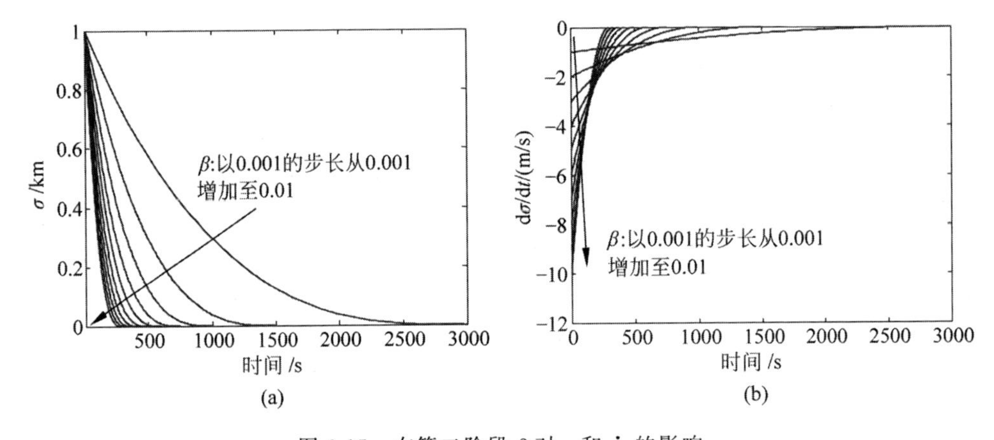

(a) (b)

图 6-15 在第二阶段 β 对 σ 和 $\dot{\sigma}$ 的影响

σ 和 $\dot{\sigma}$ 随不同 α、β 和 t_r 变化的结果如图 6-16～图 6-18 所示。根据图 6-16 可知，与第二阶段类似，α 越大，则 σ 降低越慢。此外，可以看到 σ 单调递减并始终大于零，而 $\dot{\sigma}$ 始终为负数。该结果与 2 部分证明中对第一种可能性的分析结果一致。由图 6-17(a)可知，β 越大则 σ 降低越快并且相邻的曲线变得越近。由图 6-17(b)可知，当 $\beta=1\times10^{-3}$ 或 2×10^{-3} 时，$\dot{\sigma}$ 单调减小；当 $\beta\geqslant3\times10^{-3}$ 时，$\dot{\sigma}$ 不再单调。但从图 6-17(a)和(b)仍然可以看到，σ 单调递减并始终大于零，同时 $\dot{\sigma}$ 始终为负数。在图 6-17(c)和(d)中，β 在 0.5～1.0 之间每隔 0.1 选取。在图 6-17(c)和(d)中，β 的变化对 σ 和 $\dot{\sigma}$ 几乎没有影响；另外还可以发现 σ 和 $\dot{\sigma}$ 在 t_r 时刻均变为零。该现象与 2 部分证明中对第二种可能性的分析结果一致。所以，图 6-14～图 6-17 从数值上验证了若 $\boldsymbol{d}=[0,0,0]^{\mathrm{T}}$ 以及 $\boldsymbol{v}_0=[0,0,0]^{\mathrm{T}}$，则探测器的位置分量将单调增加或减小至目标值的结论。在第一阶段，不同 t_r 对 σ 和 $\dot{\sigma}$ 变化的影响如图 6-18 所示。由该图可知，t_r 越大，则系统到达目标滑模面时的相对位置和相对速度越小。

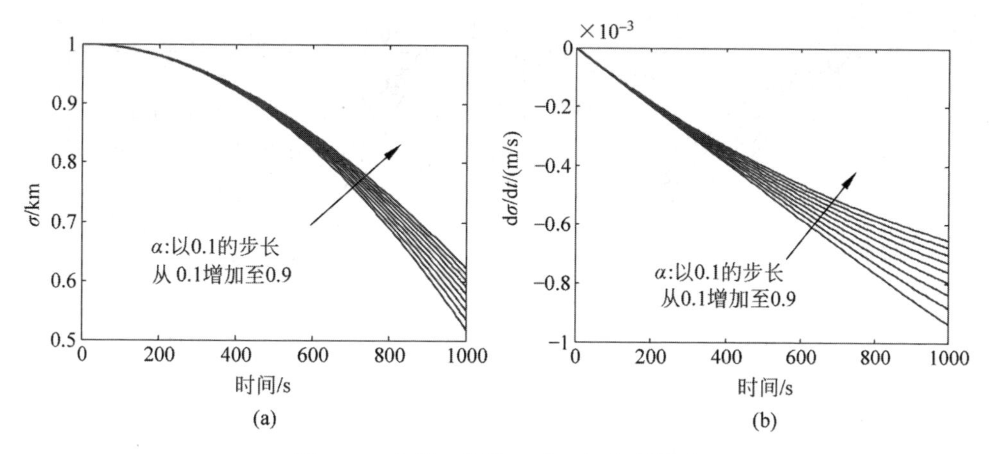

图 6-16 在第一阶段 α 对 σ 和 $\dot{\sigma}$ 的影响

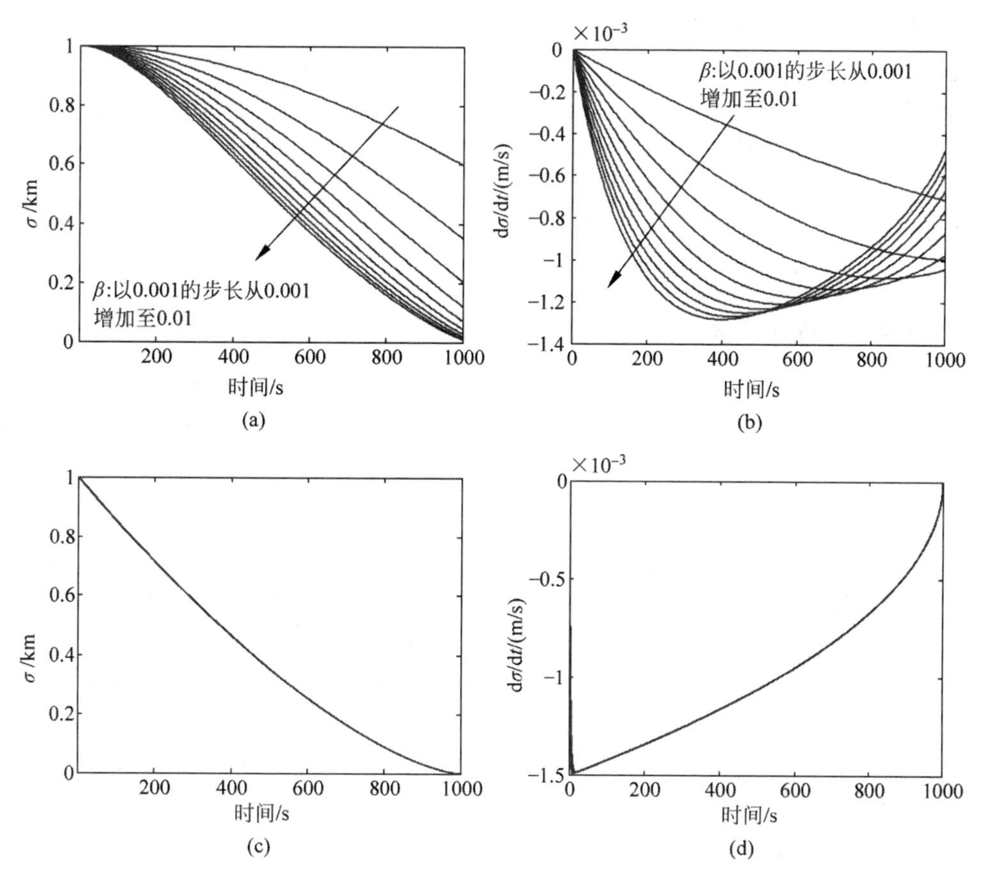

图 6-17 在第一阶段 β 对 σ 和 $\dot{\sigma}$ 的影响

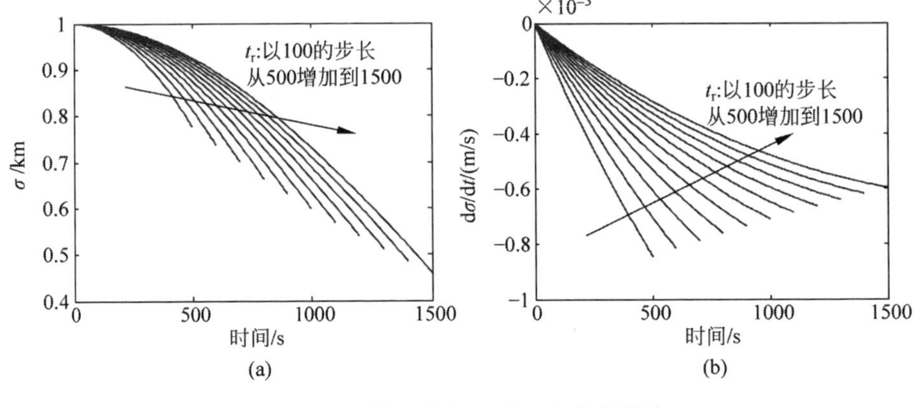

图 6-18 在第一阶段 t_r 对 σ 和 $\dot{\sigma}$ 的影响

4. 总飞行时长上界解析估计

虽然第一阶段没有解析解,但总飞行时间的上界可以解析估计。根据上述的分析可知,探测器保持飞往目标点。所以,$\sigma(t_r)$大于$\sigma(t_0)$。根据式(3-90)和式(3-91)可得,时间 t_{fi} 需要满足:

$$t_{fi} < \frac{1}{\beta_i(1-\alpha_i)} |\sigma_i(t_0)|^{1-\alpha_i} + t_{ri} \tag{6-84}$$

因此,总飞行时间小于 $\max(t_{fi})$。

6.4.3 仿真算例

本小节选取不规则小行星 2063 Bacchus 为目标小行星验证算法的悬停滑模控制算法的有效性。该小行星的密度和自转周期分别为 2.0 g/cm^3 和 14.9 h[27],小行星形状选用 1348 个顶点和 2692 个面的多面体模型[29],采用多面体方法[25]计算引力场。

仿真中控制参数分别选取为$\boldsymbol{\beta}=[2.0\times10^{-3},2.0\times10^{-3},2.0\times10^{-3}]^{\mathrm{T}}$,$\boldsymbol{\alpha}=[2.0/3.0,2.0/3.0,2.0/3.0]^{\mathrm{T}}$。根据文献[16],引力的标准偏差为 10%。在本章仿真算例中设置各方向引力误差均为 10%。根据文献[30]可知,在小行星表面附近太阳光压和第三体摄动引起的摄动相比于 10%的引力误差可忽略。因此,在仿真中仅引入引力场误差。轨道递推采用 4 阶 Runge-Kutta 方法,积分步长选取为 1 s。边界层 ε 设置为$[1\times10^{-6},1\times10^{-6},1\times10^{-6}]^{\mathrm{T}}$。阈值$\boldsymbol{\delta}$ 选取为$[1\times10^{-5},1\times10^{-5},1\times10^{-5}]^{\mathrm{T}}$。

算例 1:直接软着陆

本算例将测试探测器从初始悬停点开始下降并着陆目标点的任务。着陆点选取为$[0.130,-0.210,0.100]^{\mathrm{T}}$ km。初始悬停点选取为小行星的一个自然平衡点[27,31],其位置为$[0.020\ 310,-1.073\ 996,0.000\ 850]^{\mathrm{T}}$ km。初始速度设置为

[0.001,0.001,0.001] m/s,参数 t_r 选取为 1000 s。当相对距离 $\|\sigma\|<1\times10^{-5}$ km 后停止仿真。

飞行过程中位置、速度、控制和滑模面的变化如图 6-19 所示。

由图 6-19(a)和(b)可知,探测器的位置和速度在终端时刻均收敛至目标值。另外,如图 6-19(a)所示,整个过程中探测器位置单调变化,该结果与 6.4.2 节中理论分析预测的结果一致。图 6-19(c)表明最大控制约为 2×10^{-3} m/s^2。若探测器质量为 1000 kg,则该推力大小仅约为 2 N。由图 6-19(c)还可以看到,控制的各个分量在 $t_r=1000$ s 时刻有一个切换。其原因是,控制中 $-\phi_i \operatorname{sgn}(s_i)$ 项在 t_r 时刻被关闭。图 6-19(d)表明滑模面向量的各个分量在 t_r 时刻前线性增加至零。在 t_r 时刻后,各分量最大值分别仅为 4.580×10^{-7}、8.429×10^{-8} 和 4.448×10^{-7}。因此,可以认为 t_r 时刻后滑模面向量保持为零。

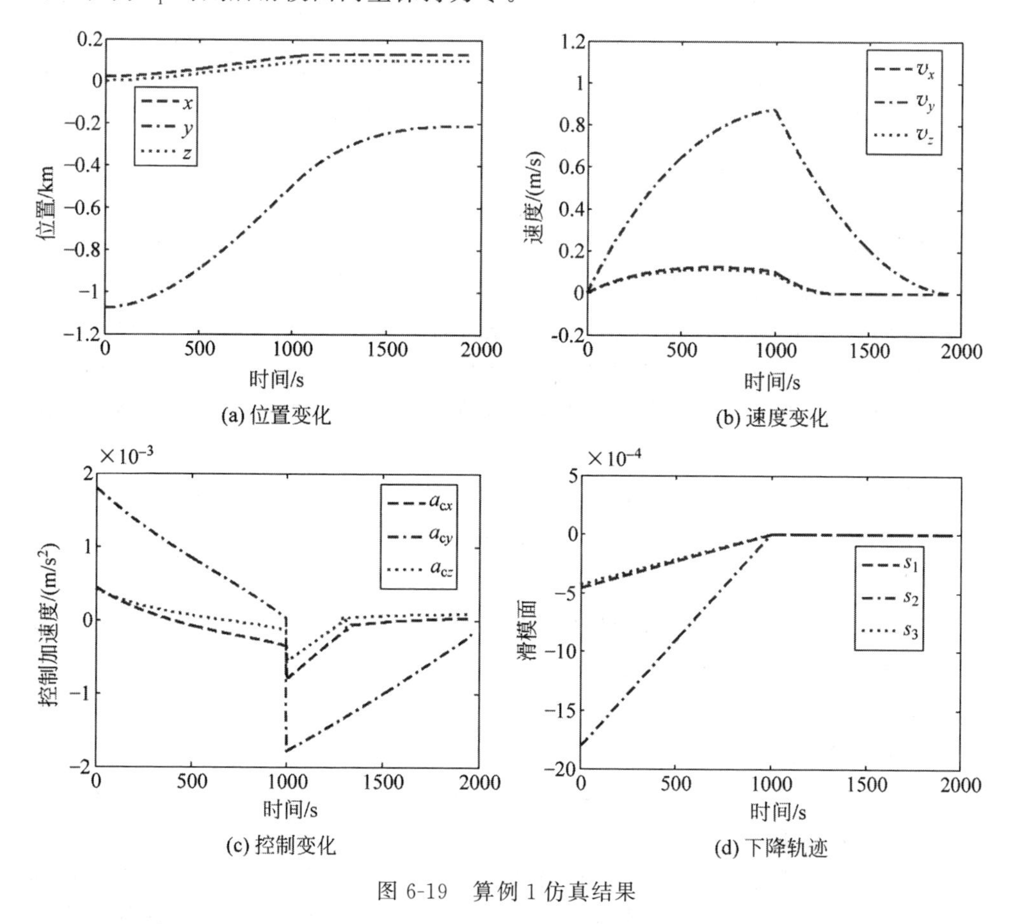

图 6-19 算例 1 仿真结果

三维着陆轨迹如图 6-20 所示。由图可知,轨迹精确到达目标着陆点处。

该算例验证了本书提出的控制方法可以在有限时间内将探测器精确地控制到目标着陆点。

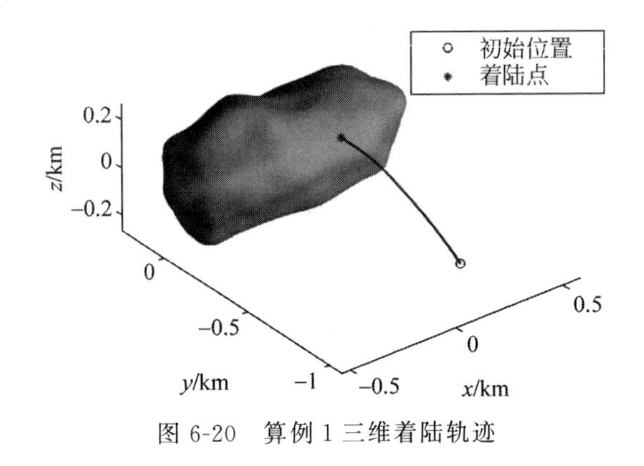

图 6-20 算例 1 三维着陆轨迹

假设探测器初始质量和比冲 I_{sp} 分别为 1000 kg 和 225 s，在忽略模型不确定性和扰动情况下可以得到着陆需要的燃料为 0.874 kg。为了对比燃料消耗，此处采用文献[5]的方法求解最优燃料消耗。在求解过程中设置 $T_{max}=1.9$ N 及 $T_{min}=0.2$ N，可以得到最优燃料消耗为 0.556 kg。使用终端滑模控制方法相比燃料最优控制仅需多 0.318 kg。对于大多引力较弱的小行星来说，着陆所需要的燃料很小。因此可以采用本章提出的方法代替燃料最优控制。

算例 2：下降、悬停与着陆

本算例中包含悬停至悬停、悬停至着陆的任务。在任务第一阶段，探测器由初始悬停点开始下降并转移至靠近小行星表面的悬停点，然后保持在新的悬停点。在任务第二阶段，探测器由新的悬停点开始下降并着陆。相比算例 1 中的任务，该任务的优势在于探测器可以在靠近着陆区域的上空悬停并根据小行星表面情况选择合适的着陆点。

初始位置和速度分别选取为$[0.020\,310, -1.073\,996, 0.000\,850]^T$ km 和$[0.001, 0.001, 0.001]$ m/s，下降过程中的悬停点选取为$[0.13, -0.24, 0.10]^T$ km，着陆点选取为$[0.135, -0.21, 0.10]^T$ km。在任务第一阶段，参数 t_r 选取为 1000 s；在任务第二阶段，由于探测器非常靠近着陆点，因此 $\boldsymbol{s}_0$ 非常小，在该阶段直接选取与第一阶段相同的参数 $\phi_i(i=1,2,3)$。

任务第一阶段的位置、速度和控制结果如图 6-21(a)、(c)和(e)所示。任务第二阶段的位置、速度和控制结果如图 6-21(b)、(d)和(f)所示。由图 6-21 可知，探测器在第一阶段实现从初始点转移至新的悬停点并保持在该点；探测器在第二阶段精确地软着陆于目标着陆点。

为了对比结果，在任务第一阶段选用文献[16]中的多滑模面制导(MSSG)算法(参见 6.3 节)，下降至新悬停点的飞行时间设置为 1979 s。用该算法的位置和速度结果如图 6-22 所示。由图 6-22(a)和(b)可知，受控探测器被转移至新悬停点且终端速度为零。同时，图 6-22(a)和(b)中曲线与图 6-21(a)和(c)中曲线形状很接近。因此，转移至新悬停点的过程中，本章提出的方法与 MSSG 算法结果类似。

但是图 6-22(c)和(d)表明当 $t>1979$ s 时，位置和速度将发散。因此文献[16]中的 MSSG 算法无法直接用于新悬停点保持。本章提出的方法则可以有效地将探测器保持在新悬停点位置。

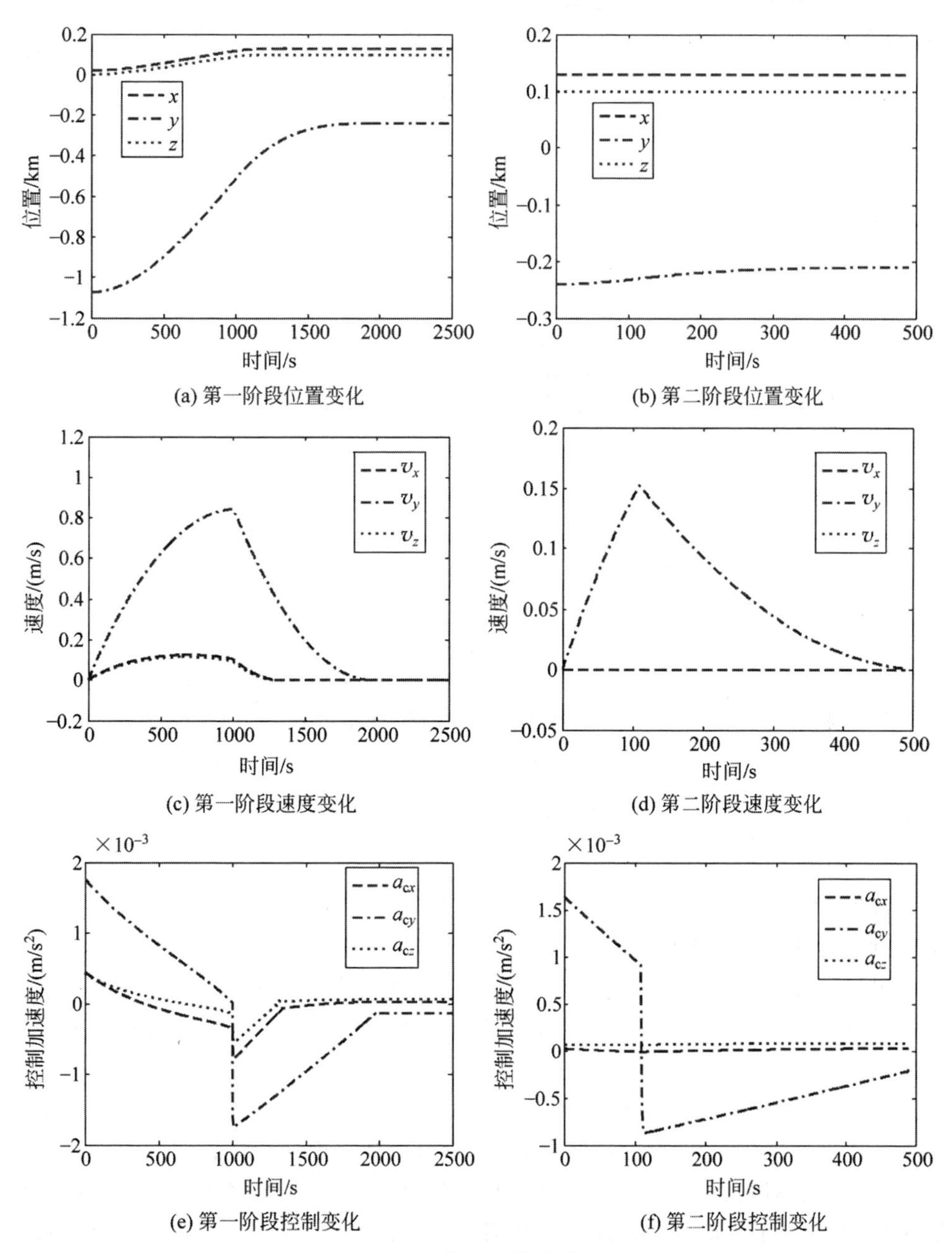

图 6-21 算例 2 仿真结果

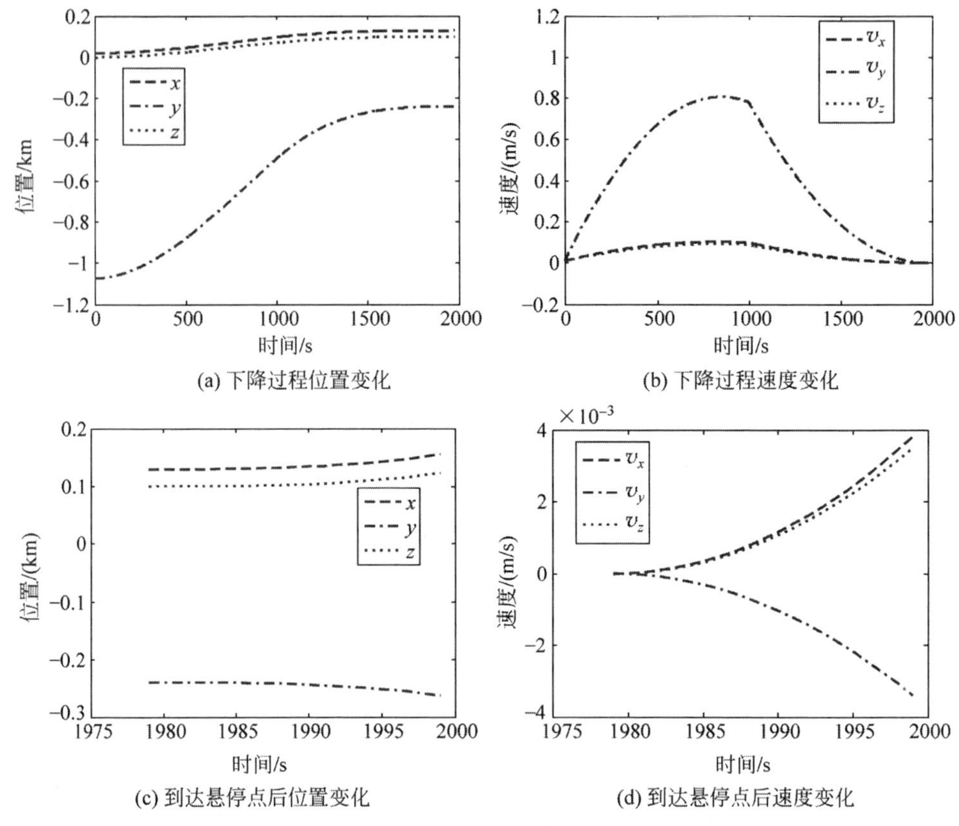

图 6-22 算例 2 MSSG 算法求解结果

6.5 本章小结

首先,本章介绍了小行星着陆轨迹规划的一种新方法,利用该方法可以进行轨迹实时规划并且保证满足推力大小约束。应用本章方法的前提是最大推力和最小推力提供的控制之差大于飞行过程中最大引力的两倍。此外,该方法也要求推力必须足以抵消最大引力。因此,该方法适用于体积小的小行星或者探测器推力较大的情形。

在该方法中,通过抵消非线性引力和利用控制解耦权数实现对动力学模型的解耦并使之线性化。解耦后各个方向的控制可以独立设计并且总的推力保持在推力大小约束范围之内。研究给出了解耦轨迹规划问题中所有可能的非奇异最优控制序列,对每一个可能的控制序列推导得到了解析解。由于解的形式是解析的,因此保障了计算的实时性。在该方法中,根据燃料消耗选取最优解耦权数,仿真算例验证了算法的有效性。对于给定飞行时长的轨迹规划,所需的平均时间小于 1 ms,整个飞行过程中推力大小始终保持设定的推力大小范围之内。结果还表明,虽然该方法为提高计算效率而降低了控制能力,但得到的燃料消耗和着陆轨迹接近于燃料最优结果。

然后,本章介绍了一种小行星表面着陆多滑模面制导方法。采用该制导方法获得的控制律仅需知道目标着陆点位置和着陆速度条件,而不需要标称轨迹。当存在有界的扰动情形下,可以通过参数选择使得受控系统具有全局稳定性。此外,通过控制项中参数可以设定受控系统到达第二滑模面的时间和第一滑模面的时间(即总飞行时长)。仿真算例中以着陆小行星 25 143 Itokawa 和 433 Eros 为例,验证了该方法在存在扰动情形下的有效性,以及第一和第二滑模面的变化规律。该方法中控制律是解析的,因此适用于在线制导与控制。

最后,本章介绍了一种可以同时适用于悬停和着陆鲁棒控制的非线性终端滑模控制算法。该控制方法为有限时间控制,受控系统到达滑模面的时间可以设定并且从到达滑模面起至系统收敛至零的时间可以解析计算。利用该控制方法,当存在有界模型不确定性和扰动时,受控系统具有全局稳定性。此外,本章给出了消除抖振和奇异项的方法。

对于探测器初始处于理想悬停状态且无模型不确定性和扰动的情形,本章通过理论和数值方法证明了探测器和目标点之间的距离会单调减小的特性。由于该单调性,总飞行时间的上界可以解析估计。

仿真算例中给出了二种不同任务场景,包括直接着陆和下降、悬停与着陆,来验证该算法的有效性。仿真结果表明,探测器以零相对速度精确地到达目标点,并可以保持在目标点。此外,由于该方法给出的闭环控制是解析的,该算法可以用于在轨计算。

参考文献

[1] YANG H, BAI X, BAOYIN H. Rapid trajectory planning for asteroid landing with thrust magnitude constraint[J]. Journal of guidance, control, and dynamics, 2017, 40(10): 2713-2720.

[2] LANTOINE G, BRAUN R. Optimal trajectories for soft landing on asteroids[R]. AE8900 MS Special Problems Report, Space Systems Design Lab, Georgia Institute of Technology, Atlanta, GA, 2006.

[3] HU H, ZHU S, CUI P. Desensitized optimal trajectory for landing on small bodies with reduced landing error[J]. Aerospace science and technology, 2016, 48: 178-185.

[4] YANG H, BAOYIN H. Fuel-optimal control for soft landing on an irregular asteroid[J]. IEEE Transactions on aerospace and electronic systems, 2015, 51(3): 1688-1697.

[5] PINSON R, LU P. Rapid generation of optimal asteroid powered descent trajectories via convex optimization[C]//AAS/AIAA Astrodynamics Specialist Conference, August 9-13, 2015, Vail, Colorado. AAS 15-616.

[6] YANG H, BAI X, BAOYIN H. Rapid generation of time-optimal trajectories for asteroid

landing via convex optimization[J]. Journal of guidance, control, and dynamics, 2017, 40(3): 628-641.

[7] CARSON J, ACIKMESE A. A model-predictive control technique with guaranteed resolvability and required thruster silent times for small-body proximity operations[C]// AIAA Guidance, Navigation, and Control Conference and Exhibit, August 21-24, 2006, Keystone,Colorado. AIAA 2006-6780.

[8] LI S,CUI P,CUI H. Autonomous navigation and guidance for landing on asteroids[J]. Aerospace science and technology,2006,10(3): 239-247.

[9] HUANG X,CUI H,CUI P. An autonomous optical navigation and guidance for soft landing on asteroids[J]. Acta astronautica,2004,54(10): 763-771.

[10] LAN Q, LI S, YANG J, et al. Finite-time soft landing on asteroids using nonsingular terminal sliding mode control[J]. Transactions of the institute of measurement and control,2014,36(2): 216-223.

[11] HEHN M,D'ANDREA R. Real-time trajectory generation for quadrocopters[J]. IEEE Transactions on robotics,2015,31(4): 877-892.

[12] MUELLER M W, HEHN M, D'ANDREA R. A computationally efficient motion primitive for quadrocopter trajectory generation[J]. IEEE Transactions on robotics,2015, 31(6): 1294-1310.

[13] YANG H W,ZENG X Y,BAOYIN H. Feasible region and stability analysis for hovering around elongated asteroids with low thrust[J]. Research in astronomy and astrophysics, 2015,15(9): 1571-1586.

[14] ZENG X,GONG S,LI J,et al. Solar sail body-fixed hovering over elongated asteroids[J]. Journal of guidance,control,and dynamics,2016,39(6): 1223-1231.

[15] HAWKINS M,GUO Y,WIE B. ZEM/ZEV feedback guidance application to fuel-efficient orbital maneuvers around an irregular-shaped asteroid[C]//AIAA Guidance,Navigation, and Control Conference,August 13-16,2012,Minneapolis,Minnesota. AIAA 2012-5045.

[16] FURFARO R,CERSOSIMO D,WIBBEN D R. Asteroid precision landing via multiple sliding surfaces guidance techniques[J]. Journal of guidance,control,and dynamics,2013, 36(4): 1075-1092.

[17] BATTIN R. An Introduction to the mathematics and methods of astrodynamics[M]. New York: AIAA,1999.

[18] FENG Y,YU X,HAN F. On nonsingular terminal sliding-mode control of nonlinear systems[J]. Automatica,2013,49(6): 1715-1722.

[19] FURFARO R. Hovering in asteroid dynamical environments using higher-order sliding control[J]. Journal of guidance,control,and dynamics,2014,38(2): 263-279.

[20] LEVANT A. Homogeneity approach to high-order sliding mode design[J]. Automatica, 2005,41(5): 823-830.

[21] LEVANT A. Principles of 2-sliding mode design[J]. Automatica,2007,43(4): 576-586.

[22] YANG H,BAI X,BAOYIN H. Finite-time control for asteroid hovering and landing via terminal sliding-mode guidance[J]. Acta astronautica,2017,132: 78-89.

[23] ACIKMESE B,PLOEN S R. Convex programming approach to powered descent guidance for mars landing[J]. Journal of guidance,control,and dynamics,2007,30(5): 1353-1366.

[24] GUO Y, HAWKINS M, WIE B. Applications of generalized zero-effort-miss/zero-effort-velocity feedback guidance algorithm[J]. Journal of guidance, control, and dynamics, 2013, 36(3): 810-820.

[25] WERNER R A, SCHEERES D J. Exterior gravitation of a polyhedron derived and compared with harmonic and mascon gravitation representations of asteroid 4769 Castalia [J]. Celestial mechanics and dynamical astronomy, 1996, 65(3): 313-344.

[26] GASKELL R, SAITO J, ISHIGURO M, et al. Gaskell Itokawa Shape Model V1.0. NASA Planetary Data System, HAY-A-AMICA-5-ITOKAWASHAPE-V1.0 [EB/OL]. (2008-09-22)[2018-08-15]. http://sbn.psi.edu/pds/resource/itokawashape.html.

[27] WANG X, JIANG Y, GONG S. Analysis of the potential field and equilibrium points of irregular-shaped minor celestial bodies[J]. Astrophysics and space science, 2014, 353(1): 105-121.

[28] THOMAS P C, JOSEPH J, CARCICH B T, et al. NEAR MSI SHAPE MODEL FOR 433 EROS V1.0. NASA Planetary Data System, NEAR-A-MSI-5-EROS-SHAPE-MODELS-V1.0[EB/OL]. (2004-08-02)[2018-03-05]. https://sbn.psi.edu/pds/resource/nearmod.html.

[29] BENNER L A M, HUDSON R S, OSTRO S J, et al. Asteroid radar shape models, 2063 Bacchus. NASA Planetary Data System, EAR-A-5-DDR-RADARSHAPE-MODELS-V2.0: RSHAPES-2063BACCHUS-200405 [EB/OL]. (2006-02-08) [2018-03-05]. https://sbnarchive.psi.edu/pds3/non_mission/EAR_A_5_DDR_RADARSHAPE_MODELS_V2_0/data/.

[30] LLANOS P J, MILLER J K, HINTZ G R. Orbital evolution and environmental analysis around asteroid 2008 EV5 [C]//24th AAS/AIAA Space Flight Mechanics Meeting, January 26-30, 2014, Santa Fe, New Mexico. AAS 14-360.

[31] YANG H, GONG S, BAOYIN H. Two-impulse transfer orbits connecting equilibrium points of irregular-shaped asteroids[J]. Astrophysics and space science, 2015, 357(1): 66.

附录

解耦轨迹规划问题控制切换点解析解

解耦轨迹规划问题控制切换时间点的推导过程如下：

1. 一次切换

切换点处的速度和位置分别为

$$v_{s1}=v_0+u_0(t_{s1}-t_0) \tag{A-1}$$

$$r_{s1}=r_0+v_0(t_{s1}-t_0)+\frac{1}{2}u_0(t_{s1}-t_0)^2 \tag{A-2}$$

进而可以推得终端速度和位置分别为

$$v(t_f)=v_{s1}+u_1(t_f-t_{s1})=v_0+u_0(t_{s1}-t_0)+u_1(t_f-t_{s1}) \tag{A-3}$$

$$\begin{aligned}r(t_f)&=r_{s1}+v_{s1}(t_f-t_{s1})+\frac{1}{2}u_1(t_f-t_{s1})^2\\&=r_0+v_0(t_f-t_0)+\frac{1}{2}u_0(t_{s1}-t_0)^2+\\&\quad u_0(t_{s1}-t_0)(t_f-t_{s1})+\frac{1}{2}u_1(t_f-t_{s1})^2\end{aligned} \tag{A-4}$$

将式(A-3)代入式(6-35)，可以得到切换时间点为

$$t_{s1}=\frac{v_f-v_0+u_0t_0-u_1t_f}{u_0-u_1} \tag{A-5}$$

该解可行的条件是将该解代入式(A-4)后满足式(6-35)。

2. 二次切换

根据式(A-3)和式(A-4)可知，第二次切换时间点处的速度和位置为

$$v_{s2}=v_0+u_0(t_{s1}-t_0)+u_1(t_{s2}-t_{s1}) \tag{A-6}$$

$$\begin{aligned}r_{s2}&=r_0+v_0(t_{s2}-t_0)+\frac{1}{2}u_0(t_{s1}-t_0)^2+\\&\quad u_0(t_{s1}-t_0)(t_{s2}-t_{s1})+\frac{1}{2}u_1(t_{s2}-t_{s1})^2\end{aligned} \tag{A-7}$$

进而可得终端速度和位置分别是

$$v(t_f)=v_{s2}+u_2(t_f-t_{s2})=v_0+u_0(t_{s1}-t_0)+u_1(t_{s2}-t_{s1})+u_2(t_f-t_{s2}) \tag{A-8}$$

$$\begin{aligned}r(t_f)&=r_{s2}+v_{s2}(t_f-t_{s2})+\frac{1}{2}u_2(t_f-t_{s2})^2\\&=r_0+v_0(t_f-t_0)+u_0(t_{s1}-t_0)(t_f-t_{s1})+u_1(t_{s2}-t_{s1})(t_f-t_{s2})+\\&\quad\frac{1}{2}u_0(t_{s1}-t_0)^2+\frac{1}{2}u_1(t_{s2}-t_{s1})^2+\frac{1}{2}u_2(t_f-t_{s2})^2\end{aligned} \tag{A-9}$$

将式(A-8)代入式(6-35)可得

$$t_{s2}=\frac{v_f-v_0+t_0u_0-u_2t_f-(u_0-u_1)t_{s1}}{u_1-u_2} \tag{A-10}$$

将式(A-9)和式(A-10)代入式(6-36)，可以得到如下关于第一次切换时间点的二次方程：

$$At_{s1}^2+Bt_{s1}+C=0 \tag{A-11}$$

其中

$$A=\frac{1}{2}u_1\left(\frac{-u_0+u_1}{u_1-u_2}-1\right)^2-\frac{1}{2}u_2-\frac{u_1\left(\frac{-u_0+u_1}{u_1-u_2}-1\right)(-u_0+u_1)}{u_1-u_2}+\frac{1}{2}\frac{u_2(-u_0+u_1)^2}{(u_1-u_2)^2} \tag{A-12}$$

$$B=u_0t_f-\frac{u_1(t_0u_0-v_0+v_f-u_2t_f)(-u_0+u_1)}{(u_1-u_2)^2}+u_1\left(\frac{-u_0+u_1}{u_1-u_2}-1\right)\left(t_f-\frac{t_0u_0-v_0+v_f-u_2t_f}{u_1-u_2}\right)-\frac{u_2\left(t_f-\frac{t_0u_0-v_0+v_f-u_2t_f}{u_1-u_2}\right)(-u_0+u_1)}{u_1-u_2}+\frac{u_1(t_0u_0-v_0+v_f-u_2t_f)\left(\frac{-u_0+u_1}{u_1-u_2}-1\right)}{u_1-u_2} \tag{A-13}$$

$$C=r_0+v_0(t_f-t_0)-t_0u_0t_f+\frac{1}{2}\frac{u_1(t_0u_0-v_0+v_f-u_2t_f)^2}{(u_1-u_2)^2}-r_f+\frac{u_1(t_0u_0-v_0+v_f-u_2t_f)\left(t_f-\frac{t_0u_0-v_0+v_f-u_2t_f}{u_1-u_2}\right)}{u_1-u_2}+\frac{1}{2}u_2\left(t_f-\frac{t_0u_0-v_0+v_f-u_2t_f}{u_1-u_2}\right)^2+\frac{1}{2}u_0t_0^2 \tag{A-14}$$

记 $\Delta=B^2-4AC$，则方程(A-11)有可行解的条件是 $\Delta\geqslant 0$。第一次切换时间点的解为

$$t_{s1}=\frac{-B\pm\sqrt{\Delta}}{2A} \tag{A-15}$$

3. 三次切换

根据式(A-8)和式(A-9)，第三次切换时间点速度和位置为

$$v_{s3}=v_0+u_0(t_{s1}-t_0)+u_1(t_{s2}-t_{s1})+u_2(t_{s3}-t_{s2}) \tag{A-16}$$

$$r_{s3}=r_0+v_0(t_{s3}-t_0)+u_0(t_{s1}-t_0)(t_{s3}-t_{s1})+u_1(t_{s2}-t_{s1})(t_{s3}-t_{s2})+$$

$$\frac{1}{2}u_0(t_{s1}-t_0)^2+\frac{1}{2}u_1(t_{s2}-t_{s1})^2+\frac{1}{2}u_2(t_{s3}-t_{s2})^2 \tag{A-17}$$

进而可得终端速度和位置分别是

$$\begin{aligned} v(t_f)&=v_{s3}+u_3(t_f-t_{s3})=v_0+u_0(t_{s1}-t_0)+u_1(t_{s2}-t_{s1})+ \\ &\quad u_2(t_{s3}-t_{s2})+u_3(t_f-t_{s3}) \end{aligned} \tag{A-18}$$

$$r(t_f)=r_{s3}+v_{s3}(t_f-t_{s3})+\frac{1}{2}u_3(t_f-t_{s3})^2 \tag{A-19}$$

式(A-18)和式(A-19)共三个未知变量即 t_{s1}、t_{s2} 和 t_{s3}，但可用的终端边界条件只有两个。为了求解未知量，需要引入额外的条件。根据式(6-30)和式(6-32)，切换时间点需满足：

$$\begin{cases} -pt_{s1}+q=-1 \\ -pt_{s2}+q=0 \\ -pt_{s3}+q=1 \\ p<0 \end{cases} \tag{A-20}$$

或者

$$\begin{cases} -pt_{s1}+q=1 \\ -pt_{s2}+q=0 \\ -pt_{s3}+q=-1 \\ p>0 \end{cases} \tag{A-21}$$

因此，

$$t_{s3}-t_{s2}=t_{s2}-t_{s1}=\frac{t_{s3}-t_{s1}}{2} \tag{A-22}$$

结合式(6-35)、式(6-36)、式(A-20)和式(A-21)，可以得到

$$t_{s3}=\frac{v_f-v_0+u_0t_0-u_3t_f-\left(u_0-\frac{u_1}{2}-\frac{u_2}{2}\right)t_{s1}}{\frac{u_1}{2}+\frac{u_2}{2}-u_3} \tag{A-23}$$

将式(A-19)和式(A-23)代入式(6-36)，并利用条件 $u_2=-u_1$ 和 $u_3=-u_0$，可以得到

$$A't_{s1}^2+B't_{s1}+C'=0 \tag{A-24}$$

式中

$$A'=-u_0+u_1 \tag{A-25}$$

$$\begin{aligned} B'&=-\frac{u_1(t_0u_0+t_fu_0-v_0+v_f)}{u_0}+u_0t_0+u_0t_f-v_0+v_f- \\ &\quad \frac{1}{2}u_0\left[2t_f-\frac{2(t_0u_0+t_fu_0-v_0+v_f)}{u_0}\right]+ \end{aligned}$$

$$u_0\left(t_f-\frac{t_0u_0+t_fu_0-v_0+v_f}{u_0}\right) \tag{A-26}$$

$$\begin{aligned}C'=&r_0+v_0\left(\frac{t_0u_0+t_fu_0-v_0+v_f}{u_0}-t_0\right)-\frac{1}{2}u_0\left(t_f-\frac{t_0u_0+t_fu_0-v_0+v_f}{u_0}\right)^2-\\&t_0(t_0u_0+t_fu_0-v_0+v_f)+(v_0-t_0u_0)\left(t_f-\frac{t_0u_0+t_fu_0-v_0+v_f}{u_0}\right)-r_f+\\&\frac{1}{4}\frac{u_1(t_0u_0+t_fu_0-v_0+v_f)^2}{u_0^2}+\frac{1}{2}u_0t_0^2\end{aligned} \tag{A-27}$$

定义 $\Delta'=B'^2-4A'C'$。仅当 $\Delta'\geqslant 0$ 时方程(A-24)有解。第一次切换时间点的解为

$$t_{s1}=\frac{-B'\pm\sqrt{\Delta'}}{2A'} \tag{A-28}$$

将式(A-28)代入式(A-23)并利用条件 $u_2=-u_1$ 及 $u_3=-u_0$,可以得到第三次切换时间点的解为

$$t_{s3}=\frac{-B'\mp\sqrt{\Delta'}}{2A'} \tag{A-29}$$

因为 $t_{s3}>t_{s1}$,因此只有下面这一对 t_{s1} 和 t_{s3} 是可行的:

$$t_{s1}=\frac{-B'-\sqrt{\Delta'}}{2A'},\quad t_{s3}=\frac{-B'+\sqrt{\Delta'}}{2A'} \tag{A-30}$$

将式(A-30)代入式(A-22)可得

$$t_{s2}=\frac{-B'}{A'} \tag{A-31}$$

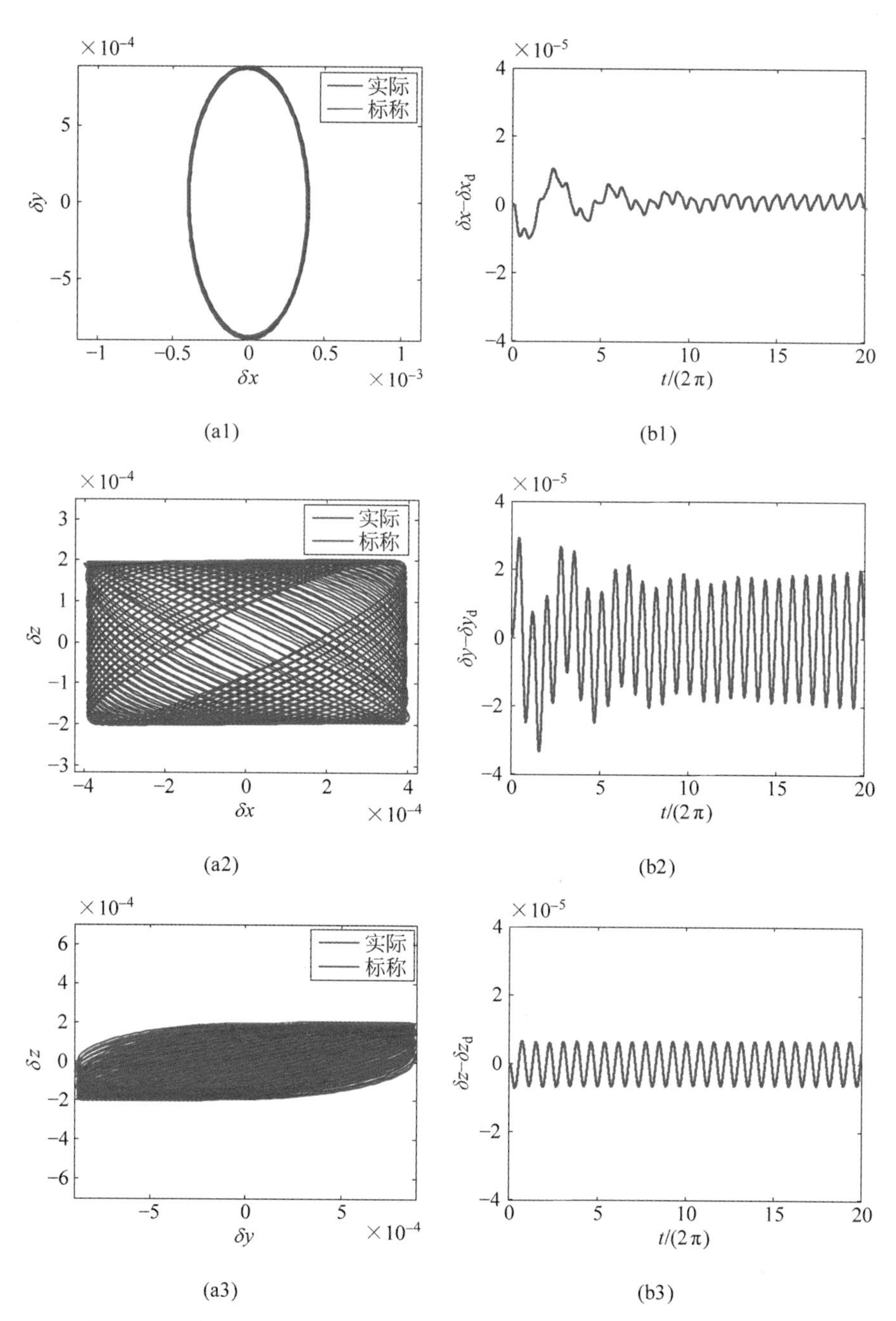

图 3-30　小行星 216 Kleopatra 平衡点 EP_1 附近实际轨道和标称轨道对比

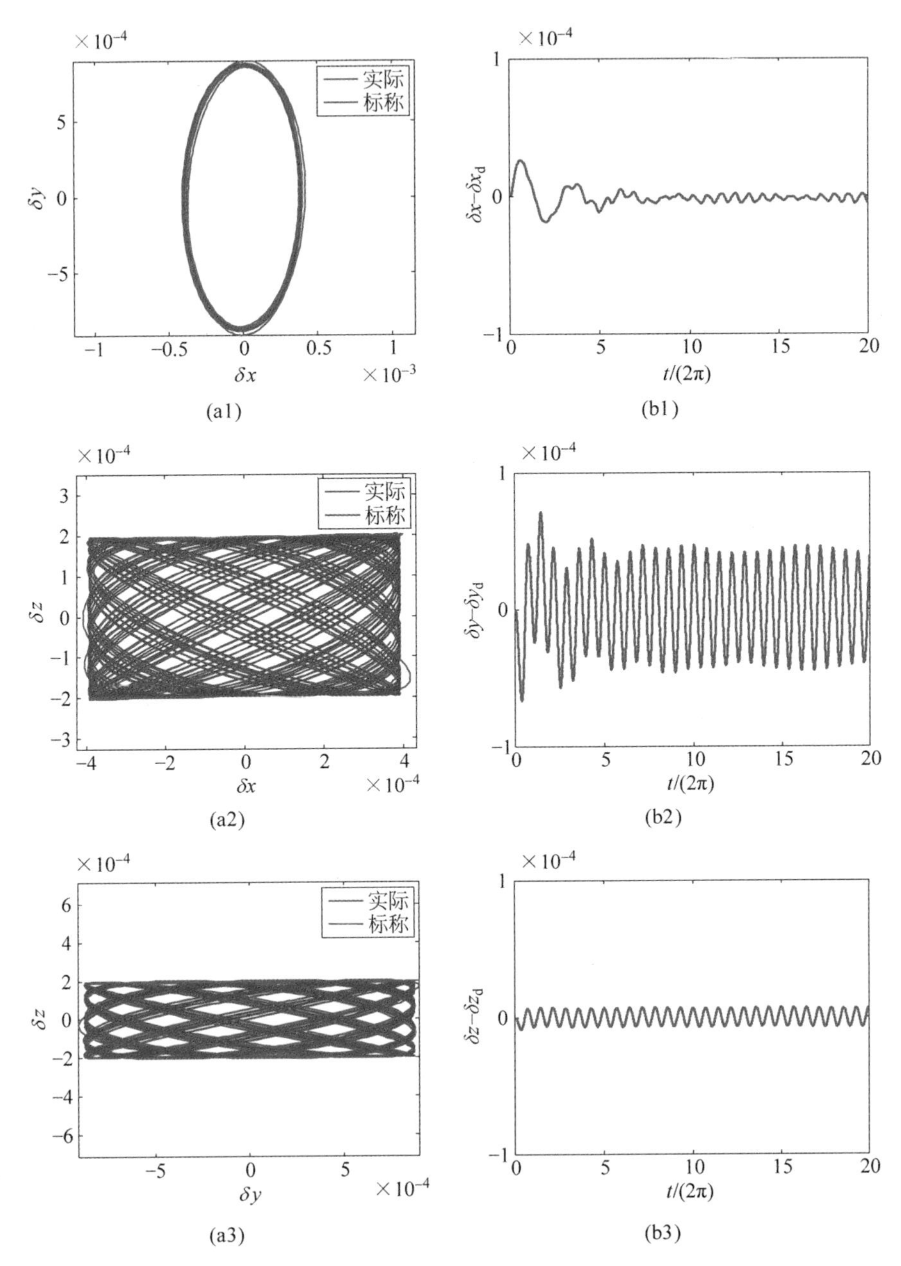

图 3-33 小行星 Kleopatra 平衡点 EP_2 附近实际轨道和标称轨道对比

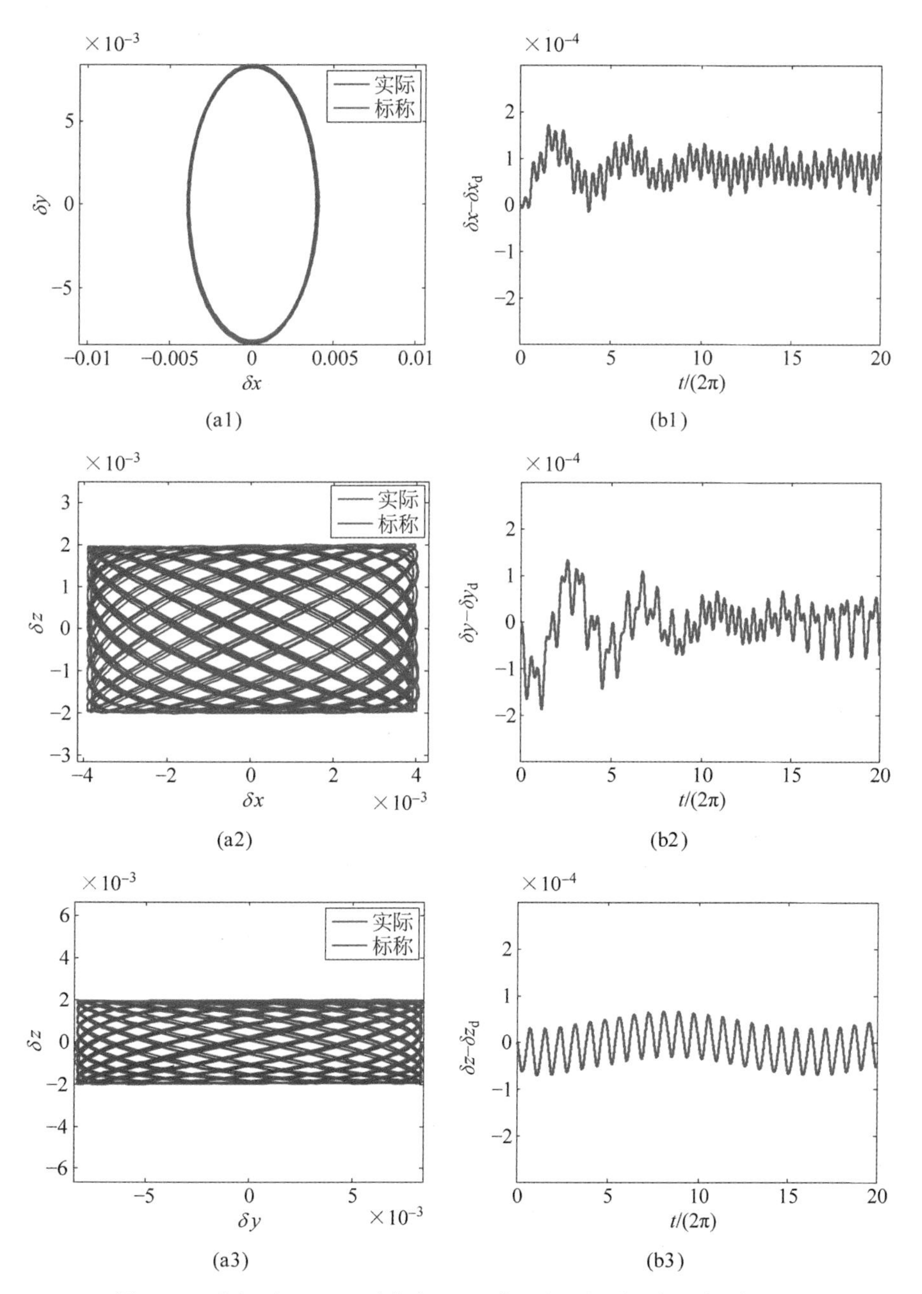

图 3-36 小行星 Gaspra 平衡点 EP_1 附近实际轨道和标称轨道对比

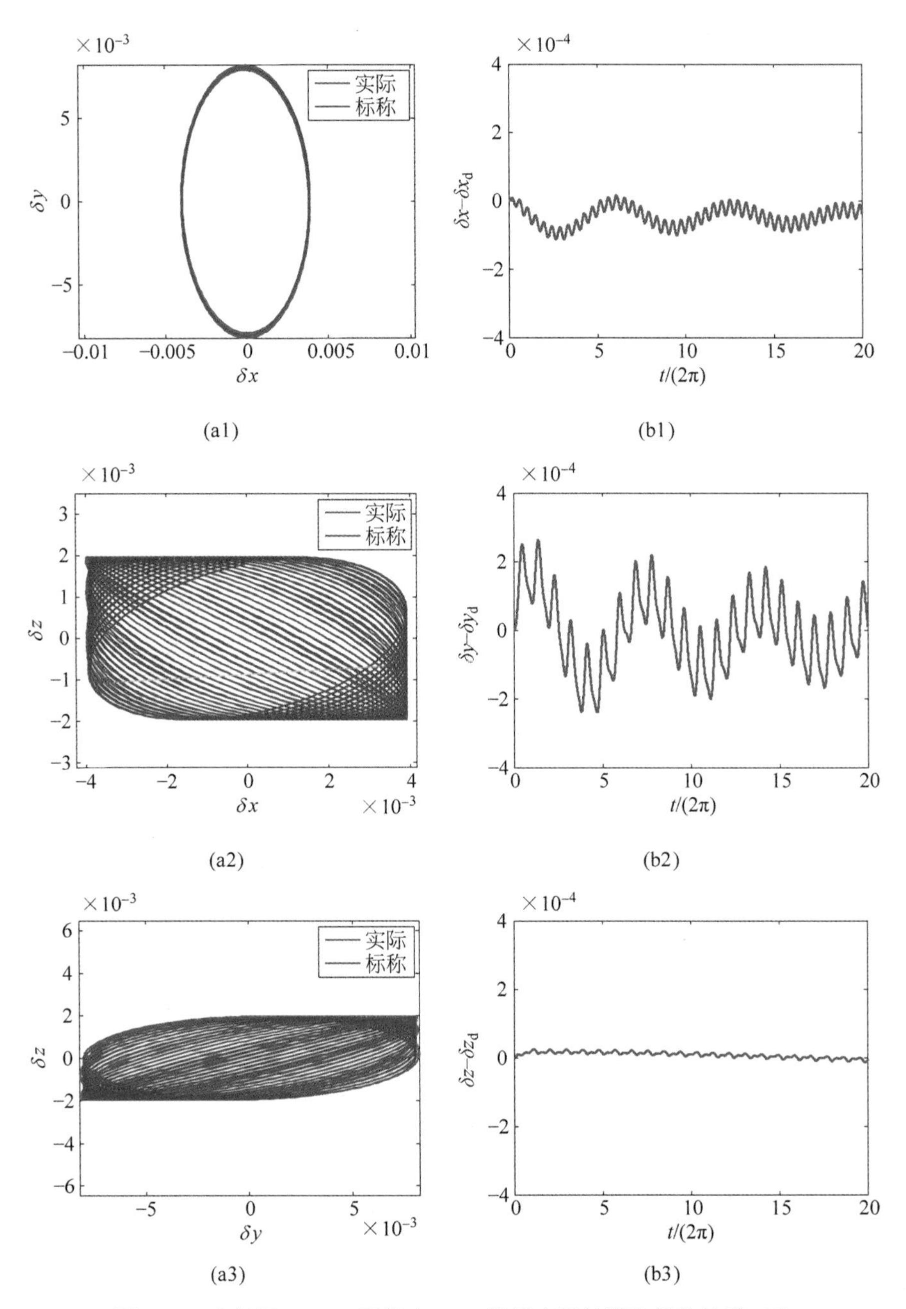

图 3-39 小行星 Gaspra 平衡点 EP_2 附近实际轨道和标称轨道对比